1000 VÖGEL

1000 VÖGEL

in der VEMAG Verlags- und Medien Aktiengesellschaft, Köln
Autor: Volker Dierschke
Fotografie: Okapia KG, Frankfurt/Main
Gesamtherstellung: Naumann & Göbel Verlagsgesellschaft mbH, Köln

ISBN 978-3-625-10774-3

www.naumann-goebel.de

Inhalt

Südostasien und Indien 178

Nordamerika 210

Mittel- und Südamerika 266

Australien und Ozeanien 320

Antarktis und subantarktische Inseln 366

Register 376

Vorwort

Seit jeher haben Vögel die Menschen begeistert. Besonders ihre Flugfähigkeit hat stets unser Interesse geweckt. Gerade das Fliegen ist der Grund dafür, dass Vögel nahezu alle Lebensräume besiedeln konnten und dadurch eine außerordentliche Vielfalt entwickelten. 1 000 der weltweit insgesamt über 9 000 Vogelarten werden in diesem Buch in Wort und Bild vorgestellt.

Die Liste der Besonderheiten, die Vögel in Körperbau und Verhalten gegenüber anderen Tieren an den Tag legen, ist lang. Alle Vögel tragen ein Federkleid, das nicht nur der Regulierung der Körpertemperatur dient, sondern zusammen mit den äußerst leichten Knochen auch das Fliegen ermöglicht. In erster Linie verdeutlichen uns aber die Form und Färbung des Gefieders schon nach kurzer Beobachtung in Garten, Park oder Wald, welch unterschiedliche Vögel in unserer Umgebung leben. Die wichtigsten Funktionen der Gefiederfärbung sind die Tarnung gegenüber Beutegreifern und das Werben um einen Partner bei der Balz. Zur Paarbildung ebenso wie zur Verteidigung eines Brutreviers gehört auch der Gesang, der nicht nur von Singvögeln zu hören ist. Vogelstimmen sind ein weiteres Charakteristikum, das weltweit zur Beliebtheit der Vögel beiträgt.

Neben dem Federkleid ist es besonders der Schnabel, der das Erscheinungsbild eines Vogels prägt. Schon ein schnelles Durchblättern dieses Buches verdeutlicht, welch unterschiedliche Formen ein Vogelschnabel annehmen kann. Fast immer stehen diese im Zusammenhang mit der Nahrung. So verraten dicke Schnäbel die Finken als Körnerfresser, während dünne Schnäbel eher bei Insektenfressern auftreten. Vielfach gibt es ganz spezielle Anpassungen, wie die langen, zum Nektarsaugen geeigneten Schnäbel der Kolibris oder die lamellenbesetzten Schnäbel der Flamingos, die das Herausfiltern von Krebstierchen aus dem Wasser möglich machen. Etwas weniger auffällig ist, wie auch der Bau der Beine und Füße variiert, doch denke man nur an die kräftigen Laufbeine der Strauße oder die mit Schwimmhäuten versehenen Füße vieler Wasservögel.

Ohne Ausnahme legen alle Vogelarten Eier, für die sie oft ein Nest bauen und die sie in fast allen Fällen mit Hilfe ihrer eigenen Körperwärme ausbrüten. Gelegegröße, Neststandort und das Verhalten der Küken – Nesthocker oder Nestflüchter – sind nur einige Aspekte, in denen sich die Fortpflanzung unterscheiden kann. Mal brütet nur das Weibchen, mal nur das Männchen, mal beide abwechselnd – zudem haben etliche Vogelarten interessante Sozialsysteme mit Helfern oder brüten in großen Kolonien.

Ihrer Flugfähigkeit verdanken Vögel auch, dass sie regelmäßig ungünstigen Nahrungsbedingungen ausweichen und insbesondere die kalte Jahreszeit im sonnigen Süden verbringen können. Dieser Vogelzug wird Jahr für Jahr von hunderten von Millionen Vögeln durchgeführt. Die bekanntesten Zugwege führen zwischen Europa und Afrika sowie zwischen Nord- und Südamerika hin und her, doch gibt es viele weitere Beispiele auf anderen Kontinenten.

Beginnen wir die Reise durch die Welt der Vögel, quer durch die Kontinente. In diesem Buch sind die Vogelarten nach biogeographischen Regionen eingeteilt, da diese jeweils eine charakteristische Zusammensetzung der Vogelwelt zeigen. So sind beispielsweise in Europa, Nordafrika, Vorder- und Nordasien weitgehend dieselben Familien heimisch, auch wenn es sich manchmal um unterschiedliche, aber ähnliche Arten handelt. Die sieben Regionen sind in der nebenstehenden Übersichtskarte farbig dargestellt. Innerhalb der einzelnen Kapitel sind die Vogelarten jeweils nach der Verwandtschaft (Ordnungen und Familien) angeordnet.

Europa, Nordasien und Mittelmeerraum

Amsel, Drossel, Fink und Star – die heimische Vogelwelt ist in unserer Kultur tief verwurzelt und hat uns viel zu bieten: von winzigen Zaunkönigen und Goldhähnchen bis hin zu Großvögeln wie Kranich, Weißstorch und Seeadler. Ob Wälder, Städte, Küsten oder Gebirge die Brutheimat sind, viele der 1100 Arten ziehen im Herbst in wärmere Gefilde und überwintern in Afrika oder Südasien.

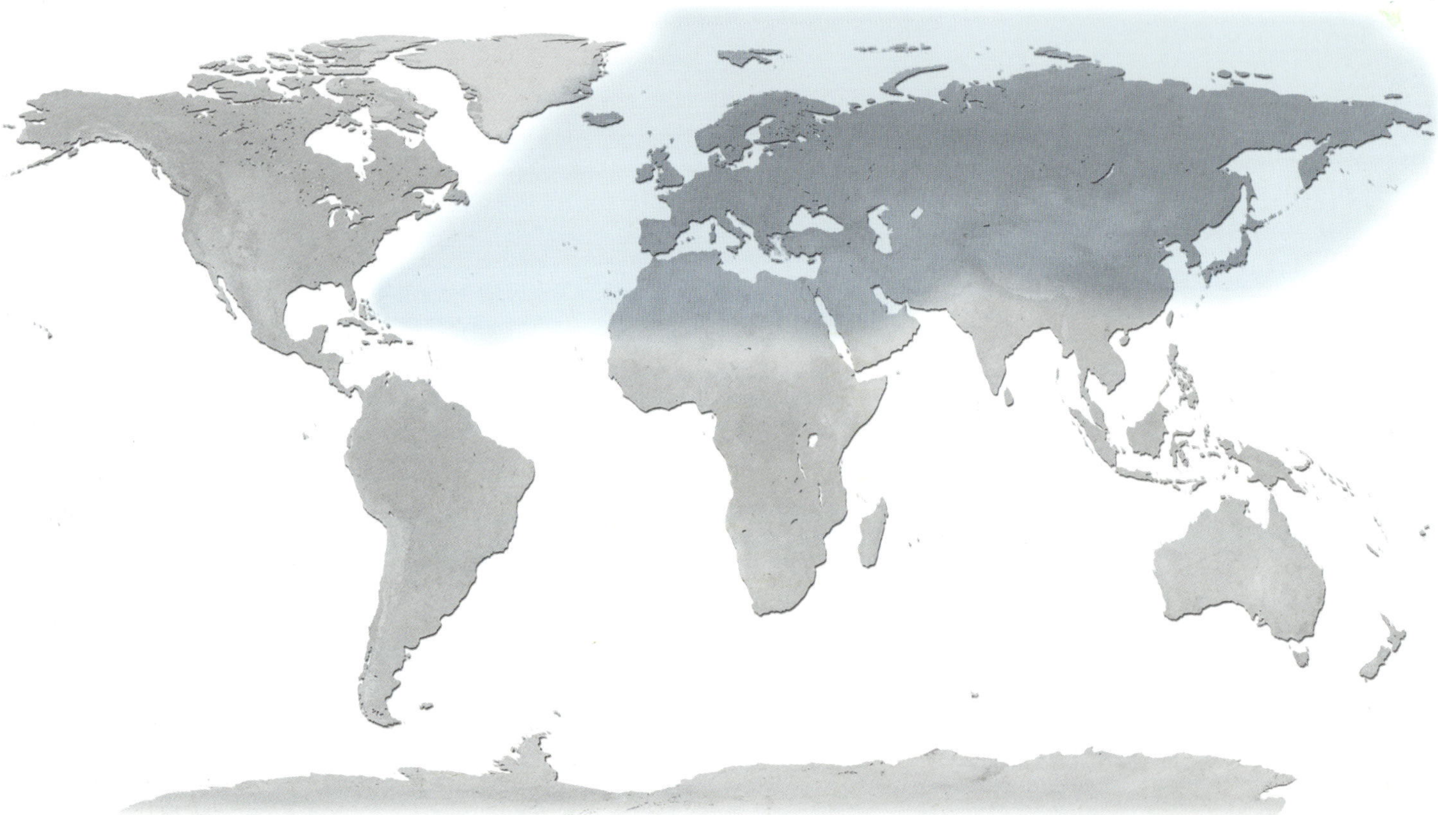

Sterntaucher *(oben)*

Lateinisch: *Gavia stellata*
Familie: Seetaucher – Gaviidae
Verbreitung: N-Eurasien, N-Amerika
Lebensraum: Süßwasserseen; im Winter Küstengewässer
Größe: 53–69 cm

Als einzige Seetaucher haben Sterntaucher zur Brutzeit einen rostbraunen Vorderhals. Beim Schwimmen halten sie ihren Schnabel leicht nach oben. Auf Tauchgängen, die etwa eine Minute lang dauern, werden kleine Fische verfolgt. Sterntaucher brüten auf Pflanzenhaufen direkt am Gewässerufer. Beim Bebrüten der 1–3 Eier wechseln sich die Altvögel ab. Den Winter verbringen sie auf dem Meer.

Prachttaucher *(unten)*

Lateinisch: *Gavia arctica*
Familie: Seetaucher – Gaviidae
Verbreitung: N-Eurasien, N-Amerika
Lebensraum: Große Seen; im Winter Küstengewässer, auch Binnenseen
Größe: 58–73 cm

Prachttaucher sind im Brutkleid durch einen schwarzen Vorderhals gekennzeichnet. Da sie beim Auffliegen einen langen Anlauf benötigen, können sie nur an größeren Seen brüten. Das Gelege besteht fast immer aus zwei Eiern, die vier Wochen lang bebrütet werden. Es vergehen 2–3 Jahre, bis die Jungvögel erstmals zur Brut schreiten. Das bekannte Höchstalter beträgt 27 Jahre.

Zwergtaucher *(oben)*

Lateinisch: *Tachybaptus ruficollis*
Familie: Lappentaucher – Podicipedidae
Verbreitung: Europa bis O-Asien, Afrika
Lebensraum: Flache Binnengewässer; im Winter auch Küstengewässer
Größe: 25–29 cm

Der kleinste europäische Taucher hat am Ansatz des kurzen Schnabels einen typischen gelben Fleck. Bei Gefahr tauchen Zwergtaucher zum Ufer und warten im Schutz der Vegetation, bis die Gefahr vorüber ist. Zur Balzzeit trillern Männchen und Weibchen im Duett, sind dabei aber meist im Schilf verborgen. In einem schwimmenden Nest aus Wasserpflanzen werden vier Eier ausgebrütet.

Rothalstaucher *(unten links und rechts)*

Lateinisch: *Podiceps grisegena*
Familie: Lappentaucher – Podicipedidae
Verbreitung: Mitteleuropa bis W-Sibirien, O-Asien, W-Nordamerika; im Winter N-Atlantik, N-Pazifik
Lebensraum: Seen; im Winter Küstengewässer
Größe: 40–46 cm

Die für den Artnamen verantwortliche Rotfärbung des Halses ist nur im Brutkleid vorhanden. Von den etwas größeren Haubentauchern sind Rothalstaucher stets durch Gelbanteile im Schnabel unterscheidbar. Zu Beginn der Brutzeit äußern sie wiehernde Rufe, später bauen sie in der Nähe von dichter Ufervegetation eine Plattform aus Wasserpflanzen, die zum Ausbrüten der 4–5 Eier dient.

Haubentaucher *(oben)*

Lateinisch:	*Podiceps cristatus*
Familie:	Lappentaucher – Podicipedidae
Verbreitung:	Europa bis O-Asien, Australien, punktuell Afrika
Lebensraum:	Süßgewässer mit Ufervegetation; im Winter auch Küstengewässer
Größe:	46–61 cm

Zur Brutzeit macht die Federhaube diese langhalsige Art unverwechselbar, die bei der Balz aufgestellt wird, wenn beide Partner aufgerichtet mit Wasserpflanzen im Schnabel tanzen. Auf einer schwimmenden Plattform werden 3–5 Eier bebrütet. Die kleinen Küken sitzen gern im Rückengefieder der Eltern und lassen sich dort mit kleinen Fischen und Wasserinsekten füttern.

Ohrentaucher *(unten links)*

Lateinisch:	*Podiceps auritus*
Familie:	Lappentaucher – Podicipedidae
Verbreitung:	N-Eurasien, N-Amerika
Lebensraum:	Seen; im Winter Küstengewässer
Größe:	31–38 cm

Im Brutkleid haben Ohrentaucher eine schwarze Haube mit goldgelben Federbüscheln, die bei der Balz aufgestellt wird. Sie bauen ein schwimmendes Nest aus Wasserpflanzen, das an der Vegetation verankert wird und 4–5 Eier enthält. Durch Störungen und Fischzucht ist der Brutbestand jedoch in Europa und Amerika zurückgegangen.

Schwarzhalstaucher *(unten rechts)*

Lateinisch:	*Podiceps nigricollis*
Familie:	Lappentaucher – Podicipedidae
Verbreitung:	Europa bis Kasachstan, O-Asien, S- und O-Afrika, N-Amerika
Lebensraum:	Kleine Gewässer; im Winter Küstengewässer, große Salzseen
Größe:	28–34 cm

Die kleinen, überwiegend schwarz befiederten Taucher haben im Sommer ein gelbes Federbüschel hinter dem roten Auge. Sie brüten meist in Kolonien. Im Brutgebiet fressen sie Wasserinsekten, sonst auch Krebstierchen und kleine Fische. In Amerika sammelt sich nach der Brutzeit fast der gesamte Bestand von 750 000 Vögeln auf einem einzigen kalifornischen Salzsee.

Eissturmvogel *(oben)*

Lateinisch: *Fulmarus glacialis*
Familie: Sturmvögel – Procellariidae
Verbreitung: N-Atlantik, N-Pazifik
Lebensraum: Felsküsten, Ozean
Größe: 45–50 cm

Mit geschätzten 16 Millionen Brutpaaren ist der möwenähnlich gefärbte Eissturmvogel eine der häufigsten Seevogelarten der Nordhalbkugel. Wohl durch Fischereiabfälle fand in den letzten 200 Jahren eine starke Bestandszunahme statt. Schon im Winter besetzen sie Nischen an steilen Felsküsten, in denen sie ab Mai brüten und ein einziges Junges großziehen.

Schwarzschnabel-Sturmtaucher *(Mitte)*

Lateinisch: *Puffinus puffinus*
Familie: Sturmvögel – Procellariidae
Verbreitung: Britische Inseln, Bretagne, Island, N- und S-Atlantik
Lebensraum: Steilküsten, offenes Meer
Größe: 30–35 cm

Wenn diese Vögel im reißenden Flug durch die Wellentäler der aufgewühlten See schießen, erblickt man abwechselnd die leuchtend weiße Unterseite und die nahezu schwarze Oberseite. Mit den Flügeln schlagen die Flugkünstler nur bei schwachem Wind. Sie brüten in Erdhöhlen und entfernen sich bei der Suche nach Fisch bis zu 1000 km von der Brutkolonie.

Sturmschwalbe *(unten)*

Lateinisch: *Hydrobates pelagicus*
Familie: Sturmschwalben – Hydrobatidae
Verbreitung: Inseln im NO-Atlantik und Mittelmeer; im O-Atlantik von Norwegen bis S-Afrika
Lebensraum: Felsige Inseln, offenes Meer
Größe: 14–18 cm

Mit hochgestellten Flügeln trippeln Sturmschwalben über die Wellen, um von der Wasseroberfläche kleine Fische, Tintenfische und Krebstiere aufzulesen. Sie brüten in Kolonien, die sie nur nachts besuchen. Nester können sich in Felsspalten, aber auch in selbst gegrabenen Erdröhren befinden. Das einzige Ei wird 41 Tage lang bebrütet, nach 9–10 Wochen wird der Jungvogel flügge.

Rosapelikan *(oben)*

Lateinisch: *Pelecanus onocrotalus*
Familie: Pelikane – Pelecanidae
Verbreitung: SO-Europa bis Zentralasien, Afrika südl. Sahara
Lebensraum: Seen
Größe: 148–175 cm

Rosapelikane sind überwiegend weiß befiedert und haben einen gelben Kehlsack. Bei der Nahrungssuche gehen sie oft gemeinschaftlich vor und umzingeln Fischschwärme, aus denen sie mit ihrem riesigen Schnabel auch größere Fische herausgreifen können. Im Herbst ziehen sie in Schwärmen nach Afrika und nutzen dabei ihre Flügelspannweite von 3,6 m zum Segeln in der Thermik.

Krauskopfpelikan *(unten links)*

Lateinisch: *Pelecanus crispus*
Familie: Pelikane – Pelecanidae
Verbreitung: SO-Europa bis Zentralasien; im Winter S-Asien
Lebensraum: Seen, Flüsse
Größe: 160–180 cm

Die am Kopf zerzaust wirkenden Pelikane sind reine Fischfresser, die ihre Beute durch plötzliches Eintauchen des Schnabels fangen. Sie brüten in ufernahen Kolonien. Da sich ihre Nester am Boden befinden, sind sie Eiräubern wie Wildschweinen fast schutzlos ausgesetzt. Die starke Bestandsabnahme auf nur noch 2 500 Paare kam aber durch Entwässerungsmaßnahmen und Verfolgung zustande.

Basstölpel *(unten rechts)*

Lateinisch: *Morus bassanus*
Familie: Tölpel – Sulidae
Verbreitung: NW-Europa, Island, Neufundland, N-Atlantik
Lebensraum: Felsküsten, Schelfmeere
Größe: 87–100 cm

Basstölpel sind große weiße Seevögel mit gelblichem Kopf, die Fische durch spektakuläres Stoßtauchen fangen. Ihren Namen tragen sie nach einer großen Brutkolonie, dem Bass Rock in Schottland. Entlang der Küsten des Nordatlantiks gibt es etwa 40 Kolonien, in denen die Paare dicht gedrängt Nester aus Tang bauen. Pro Nest wird nur ein Ei gelegt. Nach der Brutzeit wandern sie nach Süden.

Krähenscharbe *(oben)*

Lateinisch: *Phalacrocorax aristotelis*
Familie: Kormorane – Phalacrocoracidae
Verbreitung: W- und S-Europa, N-Afrika
Lebensraum: Felsküsten, Küstengewässer
Größe: 65–80 cm

Das Gefieder der Krähenscharbe ist schwarz mit grünlichem Glanz, am Kopf ist eine kleine Federhaube zu erkennen. Im Gegensatz zum Kormoran kommt diese Art ausschließlich an felsigen Küsten und nur sehr selten an Binnengewässern vor. Die mehrjährig genutzten Nester werden aus pflanzlichem Material in Felsritzen, auf Felsvorsprüngen oder zwischen große Felsblöcke gebaut.

Kormoran *(Mitte und unten)*

Lateinisch: *Phalacrocorax carbo*
Familie: Kormorane – Phalacrocoracidae
Verbreitung: Eurasien, Afrika, Australien, W-Nordamerika
Lebensraum: Küsten- und Binnengewässer
Größe: 80–100 cm

Kormorane sind wegen ihres Fischkonsums oft hemmungslos verfolgte Wasservögel. Sie brüten in großen Kolonien, wobei die Nester entweder in Bäumen oder in Felsklippen gebaut werden. Ihnen fehlt die fettspendende Bürzeldrüse – mit ihrem fettfreien Gefieder können sie besonders gut tauchen. Andererseits müssen sie sich daher regelmäßig mit ausgebreiteten Flügeln trocknen lassen.

Graureiher *(oben und Mitte)*

Lateinisch: *Ardea cinerea*
Familie: Reiher – Ardeidae
Verbreitung: Eurasien, Afrika
Lebensraum: Binnengewässer, Felder, Wiesen
Größe: 90–98 cm

Die früher als Fischreiher bekannte Art erkennt man leicht am grauen Gefieder und den schwarzen Schmuckfedern am Kopf. Neben Fischen fressen sie auch Amphibien und auf Feldern vielfach Mäuse. Zum Brüten versammeln sie sich in Kolonien, oft zusammen mit anderen Reiherarten. Die Nester werden meist hoch in Bäumen, seltener am Boden gebaut.

Purpurreiher *(unten)*

Lateinisch: *Ardea purpurea*
Familie: Reiher – Ardeidae
Verbreitung: S-Eurasien, Afrika
Lebensraum: Gewässer mit Schilfufer, Reisfelder, Mangroven
Größe: 78–90 cm

Purpurreiher sind durch rostbraune Gefiederpartien leicht von den etwas größeren Graureihern zu unterscheiden. Sie leben überwiegend im Schilf und haben zum besseren Klettern in diesen Pflanzen sehr lange Zehen. Im Schilf befinden sich die meist nur wenige Paare umfassenden Brutkolonien. Ihre Beute setzt sich aus Fischen, Fröschen, Wasserinsekten und Krebsen zusammen.

Silberreiher *(oben links und unten)*

Lateinisch: *Egretta alba*
Familie: Reiher – Ardeidae
Verbreitung: S-Eurasien, Australien, Afrika, USA bis S-Amerika
Lebensraum: Gewässer aller Art
Größe: 80–104 cm

Die fast weltweit verbreitete, große weiße Reiherart wurde wegen ihrer Schmuckfedern einst stark bejagt, doch entwickelte sich die Hutmode dann zum Glück in eine andere Richtung. Brutkolonien sind meist im Schilf zu finden und enthalten oft nur wenige, in Australien aber bis über 3 000 Nester. Silberreiher verteidigen ihr Nahrungsrevier gegen Artgenossen.

Seidenreiher *(rechts)*

Lateinisch: *Egretta garzetta*
Familie: Reiher – Ardeidae
Verbreitung: S-Eurasien, Australien, Afrika
Lebensraum: Verschiedenste Gewässer und Feuchtgebiete
Größe: 55–65 cm

In den wärmeren Gefilden der Alten Welt ist der kleine weiße Reiher fast allgegenwärtig, obwohl er wegen seiner Schmuckfedern früher stark bejagt wurde. Seidenreiher brüten in Kolonien, die mehrere tausend Paare umfassen können und sich sowohl am Boden als auch im Schilf, auf Büschen oder auf Bäumen befinden können. Die Nahrung ist vielfältig und besteht aus Kleintieren.

Rallenreiher *(oben)*

Lateinisch: *Ardeola ralloides*
Familie: Reiher – Ardeidae
Verbreitung: S-Europa bis SW-Asien, Afrika südl. Sahara
Lebensraum: Süßgewässer, Sümpfe
Größe: 42–47 cm

Im Sitzen wirken Rallenreiher gelblich braun, im Flug dagegen fast ganz weiß. Sie sind recht heimliche Vögel, die vor allem Insektenlarven fressen. Zum Brüten besuchen sie Kolonien anderer Reiherarten und ziehen in Europa 4–7, in Afrika nur 2–3 Junge auf. Während die afrikanischen Brutvögel relativ sesshaft sind, ziehen alle eurasischen Vögel ab Juli ins tropische Afrika.

Kuhreiher *(unten links)*

Lateinisch: *Bubulcus ibis*
Familie: Reiher – Ardeidae
Verbreitung: S-Eurasien, Australien, Afrika, USA bis S-Amerika
Lebensraum: Süßgewässer, Felder, Wiesen
Größe: 46–56 cm

Kuhreiher folgen gewöhnlich dem Vieh, großen Säugetieren oder dem Pflug, um aufgescheuchte Insekten, Reptilien oder Mäuse zu fangen. Die kleinen, an der Gelbfärbung von Schnabel und Beinen erkennbaren Reiher haben sich in den letzten 50 Jahren rasant ausgebreitet, über den Atlantik hinweg Amerika besiedelt und besonders in Südeuropa stark zugenommen.

Nachtreiher *(unten rechts)*

Lateinisch: *Nycticorax nycticorax*
Familie: Reiher – Ardeidae
Verbreitung: S-Eurasien, Afrika, S-Kanada bis Feuerland
Lebensraum: Gewässer mit Baumbeständen
Größe: 56–65 cm

Obwohl die kleinen, schwarzweiß gefärbten Reiher auch am Tag bei der Nahrungssuche beobachtet werden können, sind sie vorwiegend nachtaktiv. Sie fressen nahezu alle in Gewässern oder an deren Ufern lebenden Kleintiere. In ihrem weiten Verbreitungsgebiet variiert der Koloniestandort zwischen Bäumen, Büschen und Schilfgürteln; manchmal nisten sie sogar auf nacktem Fels.

Rohrdommel *(oben)*

Lateinisch: *Botaurus stellaris*
Familie: Reiher – Ardeidae
Verbreitung: Eurasien, S-Afrika; im Winter auch NO-Afrika, SO-Asien
Lebensraum: Schilfbestandene Gewässer
Größe: 64–80 cm

Die braun befiederten Rohrdommeln leben versteckt im Schilf, so dass man sie meist nur im Flug zu Gesicht bekommt. Dabei fällt der zusammengelegte, sehr dick wirkende Hals auf. Werden sie im Schilf von Feinden überrascht, strecken sie ihren Hals zu einer Pfahlstellung, die sie zwischen den Halmen fast unsichtbar macht. Zur Brutzeit machen sich Männchen vor allem nachts durch tiefe, hohl klingende Rufe bemerkbar.

Zwergdommel *(unten)*

Lateinisch: *Ixobrychus minutus*
Familie: Reiher – Ardeidae
Verbreitung: Europa bis S-Asien, Afrika südl. Sahara, Australien
Lebensraum: Schilf, dicht bewachsene Gewässerufer
Größe: 33–38 cm

Oft sind die sehr kleinen Reiher allenfalls durch ihre froschartigen Rufe zu bemerken, denn die meiste Zeit verbringen sie gut versteckt in dichter Ufervegetation. Dort bauen sie auch ihr Nest, eine Plattform aus Schilfhalmen und Zweigen knapp über dem Wasserspiegel, wo sie bis zu neun Jungvögel aufziehen. Als Nahrung dient ihnen fast alles, was an kleinen Tieren im flachen Wasser oder im Schilf vorkommt.

Weißstorch *(oben und unten links)*

Lateinisch: *Ciconia ciconia*
Familie: Störche – Ciconiidae
Verbreitung: Europa, W-Asien, N- und S-Afrika; im Winter Afrika südl. Sahara, Indien
Lebensraum: Offene, feuchte Landschaften
Größe: 100–102 cm

Als Kulturfolger brüten Weißstörche auf Hausdächern oder auf Bäumen in Dorfnähe. Zur Nahrungssuche bevorzugen sie Feuchtwiesen; Entwässerungen haben jedoch in Mitteleuropa zu starkem Rückgang geführt. Zur Brutzeit machen Weißstörche durch ihr Schnabelklappern auf sich aufmerksam. Der Zug von und nach Afrika findet in großen Schwärmen statt, dabei meiden die Segelflieger große Wasserflächen.

Schwarzstorch *(unten)*

Lateinisch: *Ciconia nigra*
Familie: Störche – Ciconiidae
Verbreitung: Eurasien, S-Afrika; im Winter Afrika südl. Sahara, SO-Asien
Lebensraum: Wälder, Gewässer
Größe: 95–100 cm

Das Gefieder der Schwarzstörche ist oberseits schwarz mit grünlichem Glanz. Schnabel und Beine sind jeweils lang und rot. Schwarzstörche sind zur Brutzeit scheue Waldvögel, die zur Nahrungssuche kleinere Gewässer aufsuchen. Hoch in Bäumen werden radförmige Nester mit 1,5 m Durchmesser gebaut. Im Durchschnitt besteht ein Gelege aus 3–4 Eiern und wird mindestens 32 Tage bebrütet.

Sichler *(oben rechts)*

Lateinisch:	*Plegadis falcinellus*
Familie:	Ibisse – Threskiornithidae
Verbreitung:	S-Europa bis Zentralasien, SO-Asien, Australien, Afrika, SO-USA, Karibik
Lebensraum:	Feuchtgebiete
Größe:	49–66 cm

In vielen Regionen der Erde sind die an Brachvögel erinnernden, aber braunschwarz befiederten Sichler in den verschiedensten Feuchtgebieten anzutreffen. In kleinen Trupps waten sie durch flaches Wasser oder Sumpf und picken Insekten, Frösche, kleine Schlangen, Krebse und andere Kleintiere auf. Zum Brüten bilden Sichler große Kolonien, oft gemeinsam mit verschiedenen Reiherarten.

Waldrapp *(Mitte)*

Lateinisch:	*Geronticus eremita*
Familie:	Ibisse – Threskiornithidae
Verbreitung:	NW-Afrika, Arabien
Lebensraum:	Trockene Ebenen mit Felsen, auch Felder und Bergwiesen
Größe:	70–80 cm

Bis ins 17. Jahrhundert hinein brütete diese schwarz befiederte Ibisart mit nacktem roten Gesicht in den Alpen; mittlerweile ist auch die noch vor 100 Jahren 3 000 Paare zählende türkische Kolonie erloschen. Heute gibt es nur noch einen kleinen Restbestand von 220 Vögeln in Marokko, gelegentlich werden einige Vögel in Arabien gesichtet. Die Nahrung besteht überwiegend aus Insekten.

Löffler *(unten)*

Lateinisch:	*Platalea leucorodia*
Familie:	Ibisse – Threskiornithidae
Verbreitung:	Europa bis O-Asien, Indien, N-Afrika
Lebensraum:	Flache Gewässer
Größe:	70–95 cm

Diese weißen, langbeinigen Vögel sind durch ihren löffelförmigen Schnabel unverwechselbar. Bei der Nahrungssuche wird dieser seitlich hin und her bewegt, um beim Ertasten von Beute schnell zuzupacken. Oft gehen Löffler dabei gruppenweise vor, so dass vom Nachbarvogel im Wasser aufgescheuchte Kleintiere erbeutet werden können. Die europäischen Vögel überwintern in Afrika.

Rosaflamingo *(oben und unten)*

Lateinisch: *Phoenicopterus ruber*
Familie: Flamingos – Phoenicopteridae
Verbreitung: S-Europa bis Zentralasien, Afrika
Lebensraum: Salzseen, Lagunen
Größe: 120–145 cm

Flamingos haben extrem lange Beine, ein rosa gefärbtes Gefieder und einen dicken, gebogenen Schnabel, mit dem sie kleine Krebstierchen aus dem Wasser filtern können. Zum Brüten errichten sie am Boden ein Nest aus Schlamm, oft sogar in flachem Wasser. Meist wird nur ein Ei gelegt, der daraus schlüpfende Jungvogel wird mit einer milchartigen Flüssigkeit gefüttert. Manche Populationen sind Zugvögel, die nachts Flüge von 500–600 km durchführen können

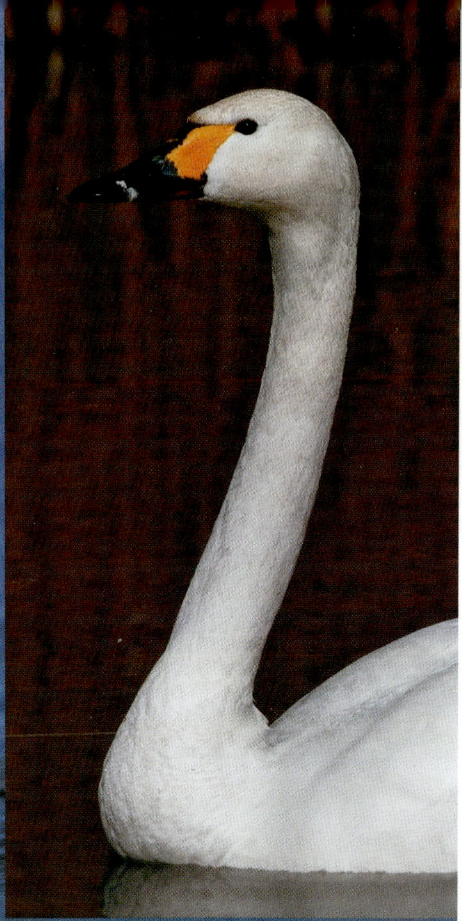

Singschwan *(oben links)*

Lateinisch: *Cygnus cygnus*
Familie: Entenvögel – Anatidae
Verbreitung: N-Eurasien;
im Winter Mittel- und SO-Europa, O-Asien
Lebensraum: Seen; im Winter auch Felder, Wiesen
Größe: 140–165 cm

Singschwäne schwimmen mit aufrecht gestrecktem Hals und haben einen gelbschwarzen Schnabel. Ihr Name stammt von den trompetenartigen Rufen, die die Geräuschkulisse ihrer Brut- und Überwinterungsgewässer prägen. Nach dem Ausbrüten von meist 4–5 Eiern und der Aufzucht der Jungen ziehen Singschwäne familienweise in ihre Winterquartiere.

Zwergschwan *(oben rechts)*

Lateinisch: *Cygnus columbianus*
Familie: Entenvögel – Anatidae
Verbreitung: N-Sibirien;
im Winter W-Europa, O-Asien
Lebensraum: Feuchtgebiete der Tundra;
im Winter Seen, Flüsse
Größe: 120–150 cm

Im Vergleich zu den ähnlichen Singschwänen haben die kleineren Zwergschwäne weniger Gelb im Schnabel. Das Schnabelmuster ist individuell verschieden, so dass einzelne Vögel Jahr für Jahr in ihren Winterquartieren identifiziert werden können. So war es möglich, mit Hilfe der Schnabelfärbung Partnertreue nachzuweisen und jahrweise unterschiedliche Bruterfolge zu dokumentieren.

Höckerschwan *(unten)*

Lateinisch: *Cygnus olor*
Familie: Entenvögel – Anatidae
Verbreitung: Europa bis O-Asien;
eingebürgert in N-Amerika, Japan, S-Afrika, Australien, Neuseeland
Lebensraum: Süßwasserseen, Küstenlagunen
Größe: 125–160 cm

Von anderen weißen Schwänen ist diese Art am orangefarbenen Schnabel mit schwarzem Höcker und am pfeifenden Flügelgeräusch zu unterscheiden. Höckerschwäne wurden in vielen Teilen der Welt eingebürgert, auch viele europäische Populationen gehen auf Parkvögel zurück. Mit ihrem langen Hals pflücken sie Wasserpflanzen vom Gewässergrund. Zum Brüten bauen sie große Nester.

Saatgans *(oben)*

Lateinisch: *Anser fabalis*
Familie: Entenvögel – Anatidae
Verbreitung: N-Eurasien; im Winter Mittel- und S-Europa, O-Asien
Lebensraum: Gewässer der Taiga; im Winter Wiesen, Felder
Größe: 66–89 cm

Während die in Skandinavien brütenden „Waldsaatgänse" im Bestand stark abgenommen haben, kommen die in Sibirien brütenden „Taigasaatgänse" weiterhin im Herbst in großen Scharen nach Mitteleuropa, wo sie sich von Gras und Getreide ernähren. Typisch für Saatgänse ist der schwarzorange gefärbte Schnabel, wobei der Orangeanteil bei der „Waldsaatgans" besonders groß ist.

Blässgans *(Mitte)*

Lateinisch: *Anser albifrons*
Familie: Entenvögel – Anatidae
Verbreitung: N-Sibirien, N-Nordamerika; im Winter Mittel- und S-Europa, O-Asien, USA
Lebensraum: Tundra; im Winter Ackerland, offene Feuchtgebiete
Größe: 65–86 cm

Blässgänse sind an ihrer weißen Stirn erkennbar und haben einen schwarz gestreiften Bauch. Trotz starker Bejagung sowohl im Brut- als auch im Überwinterungsgebiet hat die Art in den letzten 30 Jahren stark zugenommen. Allein in den Niederlanden überwintern bis zu 600 000 Vögel. Im Winter leben sie in großen Schwärmen, wobei Eltern und ihr Nachwuchs noch eng zusammen bleiben.

Graugans *(unten)*

Lateinisch: *Anser anser*
Familie: Entenvögel – Anatidae
Verbreitung: Europa bis O-Asien; im Winter auch SO-Asien
Lebensraum: Feuchtgebiete, Äcker
Größe: 76–89 cm

Die Stammform unserer Hausgänse kann man von anderen grau befiederten Gänsen am dicken Schnabel unterscheiden, der in Europa orange und in Asien rosa gefärbt ist. Schon in den ersten milderen Tagen beginnen sie mit dem Nestbau, so dass im April Familien mit bis zu zwölf Jungen auf den Gewässern erscheinen. Zur sommerlichen Mauser und im Winter werden dann Schwärme gebildet.

Ringelgans *(oben links)*

Lateinisch: *Branta bernicla*
Familie: Entenvögel – Anatidae
Verbreitung: Arktis von N-Sibirien bis N-Nordamerika; im Winter W-Europa, S-Nordamerika, O-Asien
Lebensraum: Tundra; im Winter Salzwiesen, Watt
Größe: 55–66 cm

Die kleine Gänseart hat überwiegend schwarzes Gefieder und einen weißen Streifen am Hals. In Europa brechen sie im Mai aus dem Wattenmeer zu ihrem 4 000 km langen Zug nach Nordsibirien auf und pausieren nur im Weißen Meer. Gibt es in der Arktis keine Lemminge, so fressen die Polarfüchse Eier und Junge von Ringelgänsen, so dass deren Nachwuchs komplett ausfällt.

Rothalsgans *(oben rechts)*

Lateinisch: *Branta ruficollis*
Familie: Entenvögel – Anatidae
Verbreitung: N-Sibirien; im Winter Schwarzes und Kaspisches Meer
Lebensraum: Tundra; im Winter Ackerland
Größe: 55–62 cm

Mit nur etwa 20 000 Vögeln gehören die bunt gemusterten Rothalsgänse zu den selteneren eurasischen Gänsen. Um in der offenen Tundra Schutz vor Polarfüchsen zu haben, nisten sie gern sehr nah neben Wanderfalken oder Raufußbussarden. Meist ziehen sie zum Überwintern nach Südosteuropa, doch sind sie auch in Mitteleuropa hin und wieder zwischen Bläss- oder Weißwangengänsen zu finden.

Weißwangengans *(unten)*

Lateinisch: *Branta leucopsis*
Familie: Entenvögel – Anatidae
Verbreitung: O-Grönland bis NW-Sibirien, SO-Schweden; im Winter W-Europa
Lebensraum: Felsige Tundra; im Winter küstennahe Wiesen
Größe: 58–71 cm

Die kleinen, schwarzweißen Gänse brüten in der Arktis in kleinen Kolonien. Aus Schutz vor Räubern befinden sich die Nester oft in Klippen, aus denen sich die frisch geschlüpften Küken als Nestflüchter wagemutig in die Tiefe stürzen. Vor dem langen Herbstzug trainieren Weißwangengänse ihre Flugmuskulatur, um von Grönland und Spitzbergen den weiten Flug über das Meer zu schaffen.

Rostgans (oben)

Lateinisch: *Tadorna ferruginea*
Familie: Entenvögel – Anatidae
Verbreitung: SO-Europa bis Zentralasien, NW-Afrika, Äthiopien; im Winter auch SO-Asien
Lebensraum: Brackige Gewässer in offener Landschaft
Größe: 58–70 cm

Sitzende Rostgänse wirken nahezu einfarbig rostbraun, im Flug blitzt aber ein großes weißes Flügelfeld auf. Ähnlich wie die verwandten Brandgänse brüten sie in Höhlen und nutzen sowohl Erdlöcher als auch Felsspalten oder Baumhöhlen. Kurz nach dem Schlüpfen werden die 8–9 Küken aber von beiden Elternteilen an einen See geführt, wo die weitere Aufzucht stattfindet.

Pfeifente (rechte Seite oben links)

Lateinisch: *Anas penelope*
Familie: Entenvögel – Anatidae
Verbreitung: N-Eurasien; im Winter W- und S-Europa, N-Afrika, SO-Asien
Lebensraum: Binnengewässer; im Winter Salzwiesen, Flachgewässer
Größe: 45–51 cm

Pfeifenten haben ihren Namen von ihren pfeifenden Rufen, die bei der Nahrungssuche und im Flug weit zu hören sind. Beim Weibchen überwiegen rotbraune Farbtöne, die Männchen sind bunt gefärbt und haben einen gelben Scheitel. Außerhalb der Brutzeit bevölkern Pfeifenten ihre Winterquartiere in großen Schwärmen, wobei sie sich ähnlich den Gänsen an Land von Gras ernähren.

Mandarinente (unten)

Lateinisch: *Aix galericulata*
Familie: Entenvögel – Anatidae
Verbreitung: O-Asien; eingebürgert in England, Mitteleuropa
Lebensraum: Gewässer in dichten Laubwäldern
Größe: 41–49 cm

Während die Weibchen eher unscheinbar graubraun gefärbt sind, bestechen die Männchen mit bunten Farben und einer eigenartigen Körperform, die durch einen mähnenartigen Schopf und orangefarbene „Segel" am Rücken zustandekommt. Die in Baumhöhlen brütenden Enten sind mit unter 20 000 Vögeln in ihrer überwiegend japanischen Heimat selten geworden.

Krickente (rechte Seite oben rechts)

Lateinisch: *Anas crecca*
Familie: Entenvögel – Anatidae
Verbreitung: Europa bis O-Asien; im Winter auch N-Afrika bis SO-Asien
Lebensraum: Süß- und Brackgewässer
Größe: 34–43 cm

Die kleinsten eurasischen Enten erhielten ihren Namen vom hell klingenden Ruf, der vor allem im Flug erklingt. Während die Weibchen mit braunem Gefieder gut an das Brüten in trockener Vegetation angepasst sind, werben die Männchen mit buntem Gefieder um ihre Partnerinnen. Oft legen sie gewaltige Entfernungen bis in ihr Überwinterungsgebiet zurück, z. B. von Sibirien nach Europa.

Brandgans *(Mitte)*

Lateinisch:	*Tadorna tadorna*
Familie:	Entenvögel – Anatidae
Verbreitung:	Europa, SW- und Zentralasien; im Winter auch N-Afrika, SO-Asien
Lebensraum:	Flache Küstengewässer, Flussmündungen
Größe:	61–63 cm

Bei den bunt gefärbten Brandgänsen sind die Männchen an ihrem roten Schnabelhöcker erkennbar. Sie brüten in Erdhöhlen (oft Kaninchenbauten), führen ihre Jungen aber rasch ins flache Wasser, wo sie sich selbst ernähren müssen. Brandgänse fressen vor allem kleine Schnecken und Krebstierchen, die sie mit dem Schnabel aus schlammigem Wasser herausfiltern.

Stockente *(unten)*

Lateinisch:	*Anas platyrhynchos*
Familie:	Entenvögel – Anatidae
Verbreitung:	Eurasien, N-Afrika, N-Amerika; eingeführt in Australien, Neuseeland
Lebensraum:	Gewässer aller Art
Größe:	50–65 cm

Während die braunen Weibchen vor allem am blauen Flügelspiegel erkennbar sind, fallen Männchen besonders durch den grün schillernden Kopf und den gelben Schnabel auf. Stockenten sind die Stammform der meisten Hausenten und leben vielfach halbwild in Parkgewässern. Sie ernähren sich vielseitig von Wasserpflanzen und kleinen Wassertieren.

Spießente *(oben)*

Lateinisch: *Anas acuta*
Familie: Entenvögel – Anatidae
Verbreitung: N-Eurasien, N-Amerika; im Winter auch Afrika, S-Eurasien, Mittelamerika
Lebensraum: Offene Feuchtgebiete; im Winter flache Küstengewässer
Größe: 50–65 cm

Das Männchen hat einen schokoladenbraunen Kopf und spießförmig verlängerte Schwanzfedern, das Weibchen ist einfarbig hellbraun. Spießenten ernähren sich gründelnd im Flachwasser oder zu Fuß auf Wiesen oder Feldern. Dort sind vor allem Getreidekörner beliebt. Von ihren oftmals arktischen Brutgebieten führen sie weite Wanderungen durch, die sie bis in tropische Gebiete führen.

Löffelente *(Mitte)*

Lateinisch: *Anas clypeata*
Familie: Entenvögel – Anatidae
Verbreitung: N-Eurasien, N-Amerika; im Winter S-Europa, N-Afrika, S- bis SO-Asien, S-USA bis Mittelamerika
Lebensraum: Flache Gewässer
Größe: 44–52 cm

Die tarnfarbenen Weibchen sind von verwandten Arten leicht am löffelartigen Schnabel zu erkennen, die Männchen sind im Winter und Frühjahr zudem ausgesprochen bunt. Bei der Nahrungssuche strecken sie typischerweise den Hals nach vorn, um den Schnabel zum Durchseihen der Wasseroberfläche einzusetzen. Auf diese Weise filtern sie Wasserinsekten und Pflanzenteile aus dem Wasser.

Knäkente *(unten rechts)*

Lateinisch: *Anas querquedula*
Familie: Entenvögel – Anatidae
Verbreitung: Europa bis O-Asien; im Winter Afrika südl. Sahara, SO-Asien
Lebensraum: Nasse Wiesen, Flachwasser; im Winter auch Küstenlagunen
Größe: 37–41 cm

Wie bei vielen anderen Entenarten vollführen Knäkenten während der Balzzeit Verfolgungsflüge, an denen meist ein Weibchen und mehrere Männchen beteiligt sind. Bei dieser Gelegenheit sind auch die hölzern knarrenden Rufe der Männchen zu hören, die dieser Art den Namen gaben. Das Brüten und die Aufzucht der bis zu neun Jungvögel übernimmt allein das Weibchen.

Marmelente *(linke Seite unten links)*

Lateinisch:	*Marmaronetta angustirostris*
Familie:	Entenvögel – Anatidae
Verbreitung:	Mittelmeerraum, SW-Asien bis W-China
Lebensraum:	Flache Süß- und Brackwasserseen, Küstenlagunen
Größe:	39–48 cm

Mit insgesamt nur 20 000 Vögeln gehören die sandgrauen Marmelenten, bei denen die Geschlechter gleich gefärbt sind, zu den seltensten Entenarten Eurasiens. Sie fressen Pflanzenteile und kleine Wassertiere, die sie mit ihrem Schnabel entweder aus dem Uferschlamm oder von der Wasseroberfläche filtern oder gründelnd und tauchend vom Gewässergrund sammeln.

Kolbenente *(oben)*

Lateinisch:	*Netta rufina*
Familie:	Entenvögel – Anatidae
Verbreitung:	S- und Mitteleuropa bis Zentralasien; im Winter auch SO-Asien
Lebensraum:	Tiefe Seen, dicht bewachsene Lagunen
Größe:	53–58 cm

Der feuerrote Kopf und der rosarote Schnabel machen das Männchen unverwechselbar. Kolbenenten ernähren sich zumeist von Pflanzenteilen an der Wasseroberfläche oder durch Tauchen. Nur gelegentlich nehmen sie dabei auch Wirbellose, Lurche oder kleine Fische zu sich. Das bräunliche Weibchen polstert das Nest mit Daunen und brütet vier Wochen lang auf 8–10 Eiern.

Tafelente *(Mitte)*

Lateinisch:	*Aythya ferina*
Familie:	Entenvögel – Anatidae
Verbreitung:	Europa bis Zentralasien; im Winter auch N-Afrika bis SO-Asien
Lebensraum:	Seen, langsam fließende Flüsse
Größe:	42–49 cm

Ein hellgrauer Körper mit kastanienbraunem Kopf und schwarzer Brust kennzeichnet die Männchen, während das Gefieder der Weibchen von graubraunen Tönen bestimmt wird. Mit ihrem nach hinten abgerundeten Körper sind sie hervorragend an das Tauchen angepasst. Sie durchwühlen den Gewässergrund nach Muscheln und anderen Wirbellosen, fressen aber auch verschiedene Wasserpflanzen.

Moorente *(unten)*

Lateinisch:	*Aythya nyroca*
Familie:	Entenvögel – Anatidae
Verbreitung:	O-Europa bis Zentralasien; im Winter N-Afrika, Mittelmeerraum, Indien
Lebensraum:	Flache Kleingewässer; im Winter auch größere Seen
Größe:	38–42 cm

Bei der Moorente sehen sich die Geschlechter sehr ähnlich, doch sind die Weibchen weniger rötlich braun und haben nicht die charakteristische weiße Iris. An Brutgewässern kommen einzelne Paare oder kleinere Gruppen vor; die 8–10 Eier werden jedoch in jedem Fall allein von den Weibchen ausgebrütet. Die Nahrung wird tauchend oder an der Wasseroberfläche aufgenommen.

Reiherente *(oben)*

Lateinisch: *Aythya fuligula*
Familie: Entenvögel – Anatidae
Verbreitung: Europa bis O-Asien; im Winter W- und S-Europa, N-Afrika bis SO-Asien
Lebensraum: Seen, langsam fließende Flüsse; im Winter auch Küstengewässer
Größe: 40–47 cm

Reiherenten tragen ihren Namen aufgrund des reiherartigen Schopfes, der bei den schwarzweißen Männchen auffällig in Erscheinung tritt, bei den braunen Weibchen aber nur angedeutet ist. Obwohl die Ernährung vielfältig ist, tauchen sie am liebsten nach Muscheln, die sie am Gewässergrund – sogar auch nachts – mit dem Schnabel ertasten.

Eiderente *(Mitte)*

Lateinisch: *Somateria mollissima*
Familie: Entenvögel – Anatidae
Verbreitung: N-Europa, NO-Asien, N-Nordamerika
Lebensraum: Küstengewässer
Größe: 50–71 cm

Nach der Paarung verlässt das schwarzweiße Männchen das Brutgebiet, während das dunkelbraune Weibchen ein Nest mit ihren Daunenfedern auspolstert. Diese werden besonders auf Island als Füllmaterial für Kissen verwendet, halten aber auch die 4–6 Eier warm. Nach dem Schlüpfen werden die Jungen zum Wasser geführt, wo sie nach Muscheln, Krebsen und Seesternen tauchen.

Prachteiderente *(unten links)*

Lateinisch: *Somateria spectabilis*
Familie: Entenvögel – Anatidae
Verbreitung: Arktis Sibiriens und N-Amerikas; im Winter N-Atlantik, N-Pazifik
Lebensraum: Küstennahe Tundra, Küstengewässer
Größe: 55–63 cm

Das Männchen ist mit buntem Gefieder und orangefarbenem Schnabelhöcker sehr auffällig, dagegen passt sich das braune Weibchen gut dem Boden an. Sobald die 4–5 Jungen geschlüpft sind, werden sie sofort ans Wasser geführt. Zunächst fressen die Kleinen vor allem Insektenlarven, erst später können sie wie ihre Eltern Muscheln und größere Krebse zu sich nehmen.

Schellente *(linke Seite unten rechts)*

Lateinisch: *Bucephala clangula*
Familie: Entenvögel – Anatidae
Verbreitung: N-Eurasien, N-Amerika
Lebensraum: Gewässer in Nadelwald; im Winter Seen, Küstengewässer
Größe: 40–48 cm

Das nach Glocken klingende Geräusch der schlagenden Flügel gab den kleinen Tauchenten ihren Namen. Sie brüten in Baumhöhlen und greifen dabei gern auf Nistkästen zurück. Kurz nach dem Schlüpfen springen die 8–11 Küken zu Boden und werden vom Weibchen zum See geführt, wo sie selbst nach Nahrung tauchen. Schellenten orten ihre Beute auf Sicht und fressen deshalb nur tagsüber.

Mittelsäger *(oben)*

Lateinisch: *Mergus serrator*
Familie: Entenvögel – Anatidae
Verbreitung: N-Eurasien, N-Amerika
Lebensraum: Tiefe Seen, kleine Flüsse, Meeresküsten; im Winter Küstengewässer
Größe: 52–58 cm

Männchen und Weibchen haben im Gegensatz zu den ähnlichen Gänsesägern immer einen strubbeligen Schopf am Hinterkopf. Sie brüten am Boden, stets geschützt in einer Höhlung oder in dichtem Gebüsch. Nach der Paarung kümmert sich nur noch das Weibchen um die Aufzucht der Jungen. Obwohl als Brutvogel weit über das Binnenland verbreitet überwintern Mittelsäger fast nur an Küsten.

Gänsesäger *(Mitte und unten)*

Lateinisch: *Mergus merganser*
Familie: Entenvögel – Anatidae
Verbreitung: N-Eurasien, N-Amerika
Lebensraum: Seen und Flüsse mit Bäumen; im Winter eisfreie Binnen- und Küstengewässer
Größe: 58–66 cm

Säger sind tauchende Enten, die zum Erbeuten kleiner Fische Zähnchen im Schnabel haben. Die Männchen der größten Art, des Gänsesägers, sind leicht am weißen Körper und dem grünen Kopf zu erkennen, die braungrauen Weibchen ähneln denen des Mittelsägers. Gänsesäger brüten in Baumhöhlen. Schon kurz nach dem Schlüpfen werden die 8–12 Jungen vom Weibchen zum nächsten Gewässer geführt.

Fischadler *(unten)*

Lateinisch: *Pandion haliaetus*
Familie: Fischadler – Pandionidae
Verbreitung: Eurasien bis Australien, NO-Afrika, N-Amerika; im Winter S-Amerika, Afrika, S-Asien
Lebensraum: Binnen- und Küstengewässer
Größe: 55–58 cm

Fischadler sind dunkelbraun-weiß gefärbt und kommen fast weltweit vor. Sie ernähren sich ausschließlich von Fisch, den sie auf spektakuläre Weise fangen: In 10–40 m Höhe kreisen oder rütteln sie über dem Wasser und stürzen sich von dort auf einen erblickten Fisch. Fischadler bauen große Nester auf Bäumen oder Felsen, in denen sie meist drei Eier ausbrüten.

Wespenbussard *(oben)*

Lateinisch: *Pernis apivorus*
Familie: Habichtartige – Accipitridae
Verbreitung: Europa bis W-Sibirien; im Winter Afrika südl. Sahara
Lebensraum: Wälder
Größe: 52–59 cm

Wie der Name andeutet, ernährt sich dieser Bussard vor allem von Wespennestern und Larven. Um diese aus dem Boden graben zu können, hat er einen relativ kleinen Kopf. Wespenbussarde kreisen selten am Himmel und bleiben eher im Wald verborgen. Am auffälligsten sind sie, wenn sie sich im Frühling und Herbst zu Trupps zusammenschließen, um weite Zugstrecken zurückzulegen.

Rotmilan *(rechte Seite oben links)*

Lateinisch: *Milvus milvus*
Familie: Habichtartige – Accipitridae
Verbreitung: Mittel- und S-Europa, NW-Afrika
Lebensraum: Offene Landschaften mit Wäldern
Größe: 61–66 cm

Wegen ihres langen, rotbraunen Gabelschwanzes werden Rotmilane auch Gabelweihen genannt. Sie ernähren sich überwiegend von Aas und segeln daher oft in geringer Höhe in der Nähe von Straßen, wo sie nach überfahrenen Tieren Ausschau halten. An Mülldeponien kommen sie sogar truppweise vor. Ihre Nester werden in Bäumen gebaut und enthalten 2–3 Eier.

Schwarzmilan *(rechte Seite oben Mitte)*

Lateinisch: *Milvus migrans*
Familie: Habichtartige – Accipitridae
Verbreitung: Eurasien, Afrika, Australien
Lebensraum: Offene Landschaften, meist nahe Gewässer
Größe: 55–60 cm

Im Gegensatz zum Rotmilan sind Schwarzmilane fast einfarbig dunkelbraun gefärbt, der Schwanz ist nur schwach gegabelt. Die Art kommt fast in der ganzen Alten Welt vor, ist aber in Eurasien zumeist Zugvogel. Die Nahrung besteht überwiegend aus Aas, wobei häufig tote Fische von der Wasseroberfläche abgesammelt werden. Kleinere Säugetiere und Jungvögel fangen sie aber auch selbst.

Riesenseeadler *(oben rechts)*

Lateinisch: *Haliaeetus pelagicus*
Familie: Habichtartige – Accipitridae
Verbreitung: O-Asien
Lebensraum: Bewaldete Küsten
Größe: 85–94 cm

Neben ihrer Größe beeindrucken Riesenseeadler durch ihr prächtig dunkelbraun-weißes Gefieder und ihren kräftigen Schnabel. Sie brüten stets in der Nähe von Gewässern bzw. an Küsten mit hohen Bäumen oder Klippen, wo sie sich und ihre 1–3 Jungen mit großen Fischen (besonders Lachs) versorgen. Sie brüten meist in Kamtschatka und wandern zum Überwintern nach Korea und Japan.

Seeadler *(unten)*

Lateinisch: *Haliaeetus albicilla*
Familie: Habichtartige – Accipitridae
Verbreitung: N- und SO-Europa bis O-Asien, S-Grönland
Lebensraum: Küsten, Seen, Flüsse
Größe: 69–92 cm

Das deutsche Wappentier ist mit Ausnahme des weißen Schwanzes einfarbig braun befiedert. Bei der Ernährung sind Seeadler vielseitig, denn sie fangen sowohl Fische aus dem Wasser als auch fliegende Wasservögel; ermattete Tiere können sie auch von der Wasseroberfläche greifen. Sie leben in monogamer Dauerehe und nutzen ihre riesigen, aus Ästen und Zweigen gebauten Nester viele Jahre lang.

Bartgeier *(oben Mitte)*

Lateinisch: *Gypaetus barbatus*
Familie: Habichtartige – Accipitridae
Verbreitung: Mittelmeerraum bis Zentralasien, Arabien, O- und S-Afrika
Lebensraum: Felsige Gebirge
Größe: 100–115 cm

Der Artname stammt von den schwarzen Borsten an der Schnabelbasis. Da diese riesigen Geier aber fast immer in der Luft sind, kann man sie am besten an den langen, schmalen Flügeln und dem keilförmigen Schwanz erkennen. Sie ernähren sich fast nur von den Knochen toter Schafe und Ziegen. Um an das Knochenmark heranzukommen, lassen sie die Knochen aus großeHöhe auf Felsen fallen.

Schneegeier *(oben rechts)*

Lateinisch: *Gyps himalayensis*
Familie: Habichtartige – Accipitridae
Verbreitung: Himalaja, Pamir; im Winter auch N-Indien
Lebensraum: Hochgebirge
Größe: 116–150 cm

Mit einer Flügelspannweite von bis zu 310 cm und bis zu 12 kg Gewicht sind Schneegeier die größten Geier Eurasiens. Sie leben in bis zu 5 000 m Höhe und suchen im Segelflug riesige Flächen nach Aas ab. In der Hoffnung auf Beute folgen sie im Hochgebirge auch Karawanen und Gruppen von Bergsteigern. Sie brüten einzeln oder in Gruppen auf Felsvorsprüngen und haben stets nur ein Ei.

Gänsegeier *(oben links)*

Lateinisch: *Gyps fulvus*
Familie: Habichtartige – Accipitridae
Verbreitung: S-Europa bis Himalaja, Arabien, NW-Afrika
Lebensraum: Gebirge, Steppen, Halbwüsten
Größe: 95–110 cm

Gänsegeier bewohnen die verschiedensten Lebensräume, benötigen aber Thermik, um sich bei der Suche nach Aas in die Höhe schrauben zu können. Bei der Nahrungssuche gehen sie gruppenweise vor und verteilen sich so im Luftraum über einem größeren Gebiet. Hat ein Vogel einen Tierkadaver entdeckt, so folgen viele weitere Artgenossen nach.

Schmutzgeier *(unten links)*

Lateinisch: *Neophron percnopterus*
Familie: Habichtartige – Accipitridae
Verbreitung: S-Europa bis Indien, Afrika
Lebensraum: Offene, trockene Landschaften mit Felsen
Größe: 58–70 cm

Die kleinen, schwarzweiß befiederten Geier haben ein nacktes, gelbes Gesicht und einen keilförmigen Schwanz. Wie alle Geier fressen sie Aas, können aber auch kleine Säugetiere schlagen. Außerdem sind sie als Beseitiger menschlichen Abfalls bekannt. Schmutzgeier gehören zu den wenigen Vogelarten mit Werkzeuggebrauch: Mit einem Stein im Schnabel hacken sie Straußeneier auf.

Mönchsgeier *(unten Mitte)*

Lateinisch: *Aegypius monachus*
Familie: Habichtartige – Accipitridae
Verbreitung: S-Europa bis O-Asien
Lebensraum: Bewaldete Hügel und Berge
Größe: 100–115 cm

Aufgrund ihrer Größe können sich die sehr dunklen Geier an Tierkadavern gegen andere Geierarten durchsetzen. Sie haben einen sehr kräftigen Schnabel, mit dem sie die Haut aufreißen, Sehnen durchtrennen und große Fleischstücke herausarbeiten können. Für die Aufzucht ihres einzigen Jungvogels wird ein bis zu 3 m hohes und 2 m breites Nest in einen Baum gebaut.

Schlangenadler *(unten rechts)*

Lateinisch: *Circaetus gallicus*
Familie: Habichtartige – Accipitridae
Verbreitung: Mittelmeerraum, O-Europa bis Zentralasien, Indien, Indonesien; im Winter Senegal bis Äthiopien
Lebensraum: Offenes Waldland bis Halbwüsten
Größe: 62–69 cm

Die unterseits gestreiften Adler haben sich auf die Jagd nach Schlangen spezialisiert. In 50–150 m hohem Flug mit häufigem Rütteln spähen sie auf den Boden, lassen sich beim Erblicken eines Beutetiers fallschirmartig zu diesem nieder und verschlingen es mit dem Kopf voran. Ihrem Küken verabreichen sie zunächst nur kleinere Beutestücke.

Kornweihe *(oben)*

Lateinisch: *Circus cyaneus*
Familie: Habichtartige – Accipitridae
Verbreitung: Eurasien, N-Amerika
Lebensraum: Grasland, Steppen, Moore, Felder
Größe: 42–55 cm

Bei Kornweihen sind die Geschlechter sehr unterschiedlich gefärbt. Die Männchen sind hellgrau, die Weibchen überwiegend braun. Je nach Anzahl der Beutetiere (hauptsächlich Wühlmäuse) schwankt die Gelegegröße zwischen drei und sieben Eiern. Nach der Brutzeit verlassen fast alle Kornweihen das Brutgebiet, um im Süden ihres jeweiligen Kontinents zu überwintern.

Rohrweihe *(unten)*

Lateinisch: *Circus aeruginosus*
Familie: Habichtartige – Accipitridae
Verbreitung: Europa bis W-Asien, N-Afrika; im Winter Zentralafrika, Indien
Lebensraum: Feuchtgebiete mit Schilf
Größe: 47–55 cm

Rohrweihen erkennt man an ihrem gaukelnden Suchflug über Schilf und Uferbereichen, bei dem die Flügel V-förmig aufgerichtet sind. Die Männchen sind bunt grau-braun-schwarz, die Weibchen dunkelbraun mit cremefarbenem Oberkopf. Rohrweihen bauen ihr Nest im Schilf. Zwar brütet allein das Weibchen, aber beide Eltern füttern die Jungen mit kleinen Vögeln und Säugetieren.

Wiesenweihe *(rechte Seite unten links)*

Lateinisch: *Circus pygargus*
Familie: Habichtartige – Accipitridae
Verbreitung: Europa bis Zentralasien; im Winter Afrika südl. Sahara, Indien
Lebensraum: Offenes Grasland, Getreidefelder, Moore
Größe: 43–50 cm

Wiesenweihen haben eine sehr schlanke Gestalt und bewegen sich beim gaukelnden Suchflug mit hoch aufgestellten Flügeln besonders grazil. Sie stürzen sich dann plötzlich auf Kleinvögel, Mäuse, Eidechsen oder große Insekten. Sie brüten oft in lockeren Gruppen von bis zu zehn Vögeln. Das Futter für die 3–5 Jungen tragen die Männchen herbei, verfüttert wird es jedoch vom Weibchen.

Sperber *(rechte Seite oben)*

Lateinisch: *Accipiter nisus*
Familie: Habichtartige – Accipitridae
Verbreitung: Europa bis O-Asien, N-Afrika; im Winter auch S-Asien
Lebensraum: Wälder und halb offene Landschaften
Größe: 28–38 cm

Sperber sind unterseits gestreift, haben einen falkenartig langen Schwanz, aber rundere Flügel als diese. Sie sind geschickte Flieger, die sich auf die Jagd nach Kleinvögeln spezialisiert haben und ihre Beute mit Überraschungsangriffen überrumpeln. Während der Brut und der Aufzucht der Jungvögel jagen die viel größeren Weibchen nur entfernt vom Nest, vermutlich um nicht versehentlich die Männchen zu fangen.

Habicht *(rechts unten)*

Lateinisch: *Accipiter gentilis*
Familie: Habichtartige – Accipitridae
Verbreitung: Eurasien, N-Amerika
Lebensraum: Wälder
Größe: 48–68 cm

Während die Weibchen bussardgroß sind, erinnern die viel kleineren Männchen eher an einen Sperber. Sie jagen auf Lichtungen und an Waldrändern, wo sie ihre Beute überraschen und am Boden schlagen. Am häufigsten fangen sie Tauben und andere Vögel in der Größe zwischen Star und Fasan, aber auch Hasen. In ihrem Revier haben Paare meist mehrere Nester, die sich über 20 m hoch in Bäumen befinden und von Jahr zu Jahr gewechselt werden.

Mäusebussard *(oben)*

Lateinisch: *Buteo buteo*
Familie: Habichtartige – Accipitridae
Verbreitung: Europa bis O-Asien; im Winter auch Afrika südl. Sahara, SO-Asien
Lebensraum: Wälder bis offene Landschaften
Größe: 50–57 cm

Mit etwa 700 000 Brutpaaren gehören Mäusebussarde zu den häufigsten Greifvogelarten Europas. Ihre Gefiederfärbung ist sehr variabel und reicht von fast weiß bis dunkelbraun. Sie jagen überwiegend Mäuse, nach denen sie entweder hoch im Himmel kreisend oder auf einem Ansitz Ausschau halten. Weibchen brüten allein auf 2–4 Eiern, die Fütterung ist weitgehend Sache der Männchen.

Adlerbussard *(Mitte)*

Lateinisch: *Buteo rufinus*
Familie: Habichtartige – Accipitridae
Verbreitung: N-Afrika bis Zentralasien
Lebensraum: Steppen, Halbwüsten
Größe: 50–65 cm

Die recht rötlich gefärbten Adlerbussarde vertreten den Mäusebussard in sehr trockenen Lebensräumen. Da Bäume dort oft fehlen, brüten sie auf Felsen und an Klippen in einem aus Zweigen gebauten Nest. Sie ernähren sich vorwiegend von kleinen Säugetieren, die sie entweder zu Fuß am Boden oder aus dem von Mäusebussarden bekannten kreisenden Suchflug heraus fangen.

Raufußbussard *(unten)*

Lateinisch: *Buteo lagopus*
Familie: Habichtartige – Accipitridae
Verbreitung: N-Eurasien, N-Nordamerika; im Winter mittleres Eurasien, USA
Lebensraum: Tundra; im Winter offene Landschaften
Größe: 49–59 cm

In der baumlosen Tundra und am Rand der Taiga vertritt der mit befiederten Füßen ausgestattete Bussard den Mäusebussard, besiedelt aber zusätzlich auch den entsprechenden Lebensraum in Nordamerika. Wühlmäuse und Lemminge stellen die wichtigste Nahrung dar. Sind diese knapp, werden ersatzweise Vögel gefressen.

Kaiseradler *(rechte Seite oben)*

Lateinisch: *Aquila heliaca*
Familie: Habichtartige – Accipitridae
Verbreitung: SO-Europa bis Zentralasien; im Winter NO-Afrika bis O-Asien
Lebensraum: Offene Landschaften mit Bäumen
Größe: 70–83 cm

Die hellköpfige Adlerart hat in ihrem Bestand stark abgenommen, so dass nur noch knapp 2 000 Paare existieren. Direkte Verfolgung, für Wölfe und Füchse ausgelegte Giftköder und das Abholzen der zum Brüten benötigten alten Wälder sind als Gründe zu nennen. Hauptnahrung der Kaiseradler sind an sich Ziesel und Hamster, doch dienen nun häufig Vögel als Ersatznahrung.

Steinadler *(unten links)*

Lateinisch: *Aquila chrysaetos*
Familie: Habichtartige – Accipitridae
Verbreitung: Eurasien, N-Afrika, N-Amerika
Lebensraum: Gebirge, Steppen, Wüsten, Wälder
Größe: 80–93 cm

Dem weiten Verbreitungsgebiet entsprechend kommen Steinadler in sehr unterschiedlichen Lebensräumen vor. Ebenso variiert die Nistplatzwahl zwischen Felsen und Bäumen. Als Beute bevorzugen sie mittelgroße Säuger wie Kaninchen und Hasen, doch fressen sie auch Füchse und Vögel bis zur Größe von Schwänen. Aas wird ebenfalls nicht verschmäht, besonders im Winter.

Zwergadler *(unten rechts)*

Lateinisch: *Hieraaetus pennatus*
Familie: Habichtartige – Accipitridae
Verbreitung: S-Europa bis Zentralasien, N- und S-Afrika; im Winter Afrika südl. Sahara, Indien
Lebensraum: Offenes Waldland
Größe: 42–51 cm

Zwergadler kommen in zwei Farbvarianten vor, die unterseits entweder hell oder dunkel sind. Wie viele andere Greifvögel, die in Europa brüten und in Afrika überwintern, konzentriert sich ihr Zug an den Meerengen von Gibraltar und dem Bosporus, um Flugstrecken über das aufwindlose Meer möglichst kurz zu halten. Sie jagen überwiegend Vögel, dazu kleine Säuger und große Insekten.

Turmfalke *(oben links)*

Lateinisch: *Falco tinnunculus*
Familie: Falken – Falconidae
Verbreitung: Eurasien, Afrika
Lebensraum: Offene Landschaften, Städte
Größe: 32–39 cm

Vielerorts in ihrem riesigen Verbreitungsgebiet sind die rotbraunen Turmfalken die häufigsten Greifvögel. Ihre Jagdweise ist mit den Rüttelflügen sehr auffällig. In Europa erbeuten sie meist Mäuse, in Afrika sind große Insekten die wichtigste Beute. Turmfalken brüten sowohl in Felsen und an Gebäuden als auch in Bäumen, dort meist in alten Krähennestern.

Rötelfalke *(oben rechts)*

Lateinisch: *Falco naumanni*
Familie: Falken – Falconidae
Verbreitung: Mittelmeerraum bis O-Asien; im Winter Arabien, Afrika südl. Sahara
Lebensraum: Offene, trockene Landschaften
Größe: 29–32 cm

Von den sehr ähnlichen Turmfalken unterscheiden sie sich durch helle Krallen, die Männchen sind außerdem oberseits ungefleckt. Rötelfalken brüten meist in Kolonien von etwa 25 Paaren, die sich von Natur aus in Felsschluchten, heute aber vielfach in Städten und an Ruinen befinden. Ihre Nahrung setzt sich zu über 90 % aus Insekten zusammen, die sie in der Luft oder am Boden fangen.

Eleonorenfalke *(unten)*

Lateinisch: *Falco eleonorae*
Familie: Falken – Falconidae
Verbreitung: Kanaren bis Mittelmeerraum; im Winter O-Afrika, Madagaskar
Lebensraum: Kleine felsige Inseln
Größe: 36–42 cm

Eleonorenfalken kommen in einer dunklen und in einer vorderseits hellen Farbvariante vor. Sie fressen Singvögel, die auf ihrem Herbstzug das Mittelmeer überqueren. Diese verfolgen sie über dem Wasser, wo kein Entkommen möglich ist. Zur Brut schreiten sie erst ab Juli, damit die Jungen in der Phase des stärksten Singvogelzugs im September und Oktober gut gefüttert werden können.

Merlin *(rechte Seite oben links)*

Lateinisch: *Falco columbarius*
Familie: Falken – Falconidae
Verbreitung: N-Eurasien, N-Nordamerika; im Winter SW-Europa bis O-Asien, S-USA bis N-Südamerika
Lebensraum: Tundra, Bergland, Waldland, Steppen
Größe: 26–33 cm

Die kleinsten eurasischen Falken benutzen in ihrer nordischen Heimat alte Nester von Krähen und Elstern zum Bebrüten der 3–6 Eier, gleichgültig ob in Bäumen oder an Felsen. Sie haben sich auf die Ernährung von kleinen Sing- und Watvögeln spezialisiert, die sie in rasantem Verfolgungsflug jagen.

Baumfalke *(oben rechts)*

Lateinisch: *Falco subbuteo*
Familie: Falken – Falconidae
Verbreitung: Eurasien;
im Winter S-Afrika, SO-Asien
Lebensraum: Halb offenes Gelände
Größe: 28–36 cm

Baumfalken sind oberseits dunkel, unterseits gefleckt und haben eine fast mauerseglerartige, schlanke Gestalt. Dadurch können sie schnell und akrobatisch fliegen und sind in der Lage, in der Luft Libellen und Schwalben zu fangen. Baumfalken bauen kein eigenes Nest, sondern benutzen alte Krähennester, bevorzugt in Nadelbäumen.

Würgfalke *(unten links)*

Lateinisch: *Falco cherrug*
Familie: Falken – Falconidae
Verbreitung: SO-Europa bis Zentralasien;
im Winter auch O-Afrika, Arabien, Indien
Lebensraum: Steppen, offenes Waldland
Größe: 47–55 cm

Die oberseits braunen Großfalken sitzen oft stundenlang auf einem erhöht gelegenen Ansitz, bis sie ein attraktives Beutetier entdecken und sich im Sturzflug auf dieses hinunterstürzen. Ihre bevorzugten Opfer sind kleine Säugetiere wie Ziesel, Hamster und Wühlmäuse, aber Vögel in der Größe von Tauben oder Wachteln werden ebenfalls gejagt.

Wanderfalke *(unten rechts)*

Lateinisch: *Falco peregrinus*
Familie: Falken – Falconidae
Verbreitung: Weltweit
Lebensraum: Vielfältig,
u. a. Gebirge, Wüsten, Städte
Größe: 34–50 cm

Wanderfalken sind oberseits schiefergrau und unterseits weiß. Sie sind kräftige Flugjäger, die sich aus großer Höhe mit angelegten Flügeln und extrem schnell auf ihre Beute stürzen. Sie fressen meist mittelgroße Vögel wie Tauben, Enten und Möwen. Als Brutplatz bevorzugen sie Felswände und Gebäude (Brücken, Kirchtürme). Im Flachland benutzen sie auch alte Baumnester anderer Vögel.

Alpenschneehuhn *(oben und unten Mitte)*

Lateinisch: *Lagopus mutus*
Familie: Raufußhühner – Tetraonidae
Verbreitung: N-Eurasien, Pyrenäen, Alpen, N-Nordamerika
Lebensraum: Hochgebirge
Größe: 33–38 cm

Im Sommer ist das braunschwarz gemusterte Gefieder extrem gut an den Lebensraum angepasst. Brütende Weibchen verlassen sich ganz auf ihre Tarnung, verharren regungslos auf ihrem Gelege und fliegen erst bei Berührung auf. Die schwer verdauliche Nahrung (Knospen, Blätter, Beeren) wird in einem sehr langen Darm verarbeitet. Im Winter sind sie durch rein weißes Gefieder ebenso optimal getarnt.

Moorschneehuhn *(unten links)*

Lateinisch: *Lagopus lagopus*
Familie: Raufußhühner – Tetraonidae
Verbreitung: N-Eurasien, N-Nordamerika
Lebensraum: Tundra, Moore, Heiden
Größe: 36–43 cm

Mit ihrem rotbraunen Gefieder sind diese Hühner in ihren offenen Lebensräumen ausgezeichnet getarnt, ebenso wie im Winter mit weißem Gefieder im Schnee. Nur auf den schneearmen Britischen Inseln bleiben sie auch im Winter braun. Die wichtigste Nahrung sind Knospen und kleine Zweige von Weiden und Birken, in Großbritannien dagegen Heidekraut. Die häufige Art wird stark bejagt.

Auerhuhn *(oben)*

Lateinisch: *Tetrao urogallus*
Familie: Raufußhühner – Tetraonidae
Verbreitung: Europa, N-Asien
Lebensraum: Nadelwälder
Größe: 80–115 cm

Die kräftigen Männchen führen im Frühling eigenartige Balztänze mit aufgefächertem Schwanz und dumpfen und glucksenden Lauten aus. Damit locken sie die braun gefärbten und deutlich kleineren Weibchen an, die sich fortan um Brut und Aufzucht von 6–9 Küken kümmern. Im Winter fressen Auerhühner Nadeln und Samen, im Sommer umfasst die Nahrung auch Beeren, Moose und Schachtelhalm.

Birkhuhn *(unten rechts)*

Lateinisch: *Tetrao tetrix*
Familie: Raufußhühner – Tetraonidae
Verbreitung: N-Eurasien, Alpen
Lebensraum: Steppen, Heiden, Moore
Größe: Männchen 60 cm, Weibchen 45 cm

Während die Weibchen schlicht und braun aussehen, sind die Männchen schwarz, haben nach außen gebogene Schwanzfedern und eine rote „Rose" über dem Auge. Im Frühjahr versammeln sich die Männchen an Balzplätzen und führen Tänze mit abgespreizten Flügeln und aufgerichtetem Schwanz auf. Im Winter sitzen Birkhühner oft in Birken um dort Kätzchen, Knospen und Schösslinge zu fressen.

Haselhuhn *(oben links)*

Lateinisch: *Tetrastes bonasia*
Familie: Raufußhühner – Tetraonidae
Verbreitung: Mittel- und N-Europa bis O-Asien
Lebensraum: Mischwälder
Größe: 35–40 cm

Die von ihrer Gefiederfärbung her gut getarnten und sehr versteckt lebenden Raufußhühner halten sich sowohl am Boden als auch im Geäst der Bäume auf. Sie sind extrem sesshaft und verlassen in ihrem Leben kaum ein Gebiet von etwa 1 km Durchmesser. Haselhühner führen eine Einehe, doch werden Brut und Aufzucht der bis zu elf Jungvögel allein vom Weibchen übernommen.

Steinhuhn *(oben Mitte)*

Lateinisch: *Alectoris graeca*
Familie: Glattfußhühner – Phasianidae
Verbreitung: Alpen, Italien, Balkan
Lebensraum: Steinige Hügel und Berghänge
Größe: 33–36 cm

Meist leben Steinhühner im Gebirge oberhalb von 900 m und bis in Höhen von 2 700 m. Selbst im Winter weichen sie kaum in tiefere Lagen aus. Sie führen eine über viele Jahre stabile Einehe. Im Frühjahr sucht das Männchen einen geeigneten Brutplatz, die 8–14 Eier bebrütet das Weibchen aber allein. Während die Küken Insektenlarven fressen, nehmen Altvögel Samen und Früchte zu sich.

Felsenhuhn *(oben rechts)*

Lateinisch: *Alectoris barbara*
Familie: Glattfußhühner – Phasianidae
Verbreitung: N-Afrika, Sardinien
Lebensraum: Trockene, buschige Hügel und Berge
Größe: 32–35 cm

Im Frühjahr beginnen die Männchen, mit rauen Rufen die Weibchen anzulocken. Diese scharren im Schutz von Büschen eine Mulde, in die sie 6–20 Eier legen. Nach 25-tägiger Brut schlüpfen die Küken, die anfangs vor allem Ameisen als Nahrung aufpicken. Später ernähren sie sich wie die Altvögel von Blättern, Schösslingen und Samen.

Rothuhn *(unten links)*

Lateinisch: *Alectoris rufa*
Familie: Glattfußhühner – Phasianidae
Verbreitung: SW-Europa; eingebürgert in Großbritannien
Lebensraum: Trockene Niederungen
Größe: 34–38 cm

Ein Paar hält jahrelang zusammen, sollte nicht zuvor einer der Partner zu den 6–7 Millionen alljährlich von Jägern erschossenen Rothühnern gehören. Im Frühjahr baut das Männchen mehrere mit etwas Gras ausgepolsterte Mulden, von denen sich das Weibchen eine zur Ablage von 10–16 Eiern aussucht. Die Küken können schon im Alter von zehn Tagen kurze Strecken fliegen.

Rebhuhn *(unten Mitte)*

Lateinisch: *Perdix perdix*
Familie: Glattfußhühner – Phasianidae
Verbreitung: Europa bis W-Asien; stellenweise eingebürgert in Kanada, USA
Lebensraum: Offenes Gelände, Steppen, Felder, Brachflächen
Größe: 29–31 cm

Als ursprüngliche Steppenvögel sind Rebhühner nach der Urbarmachung Europas in die neu entstandenen Kultursteppen eingewandert. Die heute intensive Landwirtschaft kommt ihnen allerdings weniger entgegen, denn ihnen fehlen immer mehr schützende Hecken sowie Samen von Wildkräutern als Nahrung. Die Paarbildung beginnt im Winter, das Weibchen bebrütet ab Mai meist 15–17 Eier.

Wachtel *(unten rechts)*

Lateinisch: *Coturnix coturnix*
Familie: Glattfußhühner – Phasianidae
Verbreitung: Europa bis Mittelasien, Afrika
Lebensraum: Offenes Grasland
Größe: 16–18 cm

Die weit verbreitete Art hält sich meist unsichtbar im hohen Gras auf, um dort Pflanzensamen zu fressen. Auch das Nest, in dem das Weibchen 8–13 Eier ausbrütet, ist in dichtem Gras verborgen. Da Wachteln außer auf dem Zug nur selten fliegen und lieber zu Fuß flüchten, sind sie am ehesten durch den dreisilbigen Ruf zu bemerken.

Jungfernkranich *(oben links)*

Lateinisch: *Anthropoides virgo*
Familie: Kraniche – Gruidae
Verbreitung: Schwarzes Meer bis NO-China, Türkei, NW-Afrika; im Winter Indien, NO-Afrika
Lebensraum: Steppen; im Winter Feuchtgebiete, Felder
Größe: 90 cm

Die kleinste Kranichart hat einen schwarzen Hals und weiße Federbüschel am Kopf. Jungfernkraniche sind charakteristische Vögel an Steppenseen. Zum Brüten scharren sie nur eine flache Mulde in den Boden. Die beiden Eier werden vier Wochen lang bebrütet, die Aufzucht der Jungen nimmt zwei weitere Monate in Anspruch. Nach der Brutzeit überqueren sie meist den Himalaja, um in Indien zu überwintern.

Schneekranich *(oben rechts)*

Lateinisch: *Grus leucogeranus*
Familie: Kraniche – Gruidae
Verbreitung: N-Sibirien; im Winter Iran, N-Indien, SO-China
Lebensraum: Tundra; im Winter flache Gewässer
Größe: 140 cm

Ihrem Namen entsprechend sind Schneekraniche fast ganz weiß, haben aber einen nackten roten Vorderkopf. Mit einem Bestand von 3 000 Vögeln, die nur in zwei Regionen der sibirischen Tundra brüten, sind sie sehr schutzbedürftig. Dies betrifft vor allem die Erhaltung ihres Hauptüberwinterungsplatzes in China, der durch den Bau eines großen Staudamms gefährdet ist.

Kranich *(unten)*

Lateinisch: *Grus grus*
Familie: Kraniche – Gruidae
Verbreitung: N-Europa bis O-Sibirien; im Winter Mittelmeerraum, N-Indien, SO-China
Lebensraum: Auwälder, Moore; im Winter Felder, flache Gewässer
Größe: 115 cm

Die einzigen europäischen Kraniche haben ein graues Gefieder und eine schwarz-weiß-rote Kopfzeichnung. Vor der Brutzeit sammeln sie sich an Tanzplätzen, wo sie mit ausgebreiteten Flügeln und hochgestrecktem Hals umherspringen. Nach der Brutzeit versammeln sie sich z. B. in Nordostdeutschland und Polen, von wo aus sie in V-Formation und laut trompetend in die Winterquartiere ziehen.

Wasserralle *(rechte Seite unten)*

Lateinisch: *Rallus aquaticus*
Familie: Rallen – Rallidae
Verbreitung: Island bis Japan, N-Afrika
Lebensraum: Schilfufer, Sümpfe
Größe: 25–28 cm

Aufgrund ihrer versteckten Lebensweise sind die vorn blaugrauen und oberseits braunen Wasserrallen nur selten zu sehen. Bemerkbar machen sie sich aber durch ein vielfältiges Stimmrepertoir, am auffälligsten ist ein ferkelartiges Quieken. Mit ihrem schlanken Körper und langen Zehen können sie geschickt durch das Schilf klettern, wo sie Insekten, Amphibien und Jungvögel erbeuten.

Mandschurenkranich *(oben links)*

Lateinisch:	*Grus japonensis*
Familie:	Kraniche – Gruidae
Verbreitung:	O-Sibirien, Japan; im Winter O-China, Korea
Lebensraum:	Offene Feuchtgebiete, Wiesen; im Winter auch Küstenlagunen, Reisfelder
Größe:	150 cm

Mit nur knapp 2 000 Vögeln ist der prächtig weiß-schwarz-rot gefärbte Mandschurenkranich die zweitseltenste Kranichart. Während die 600 japanischen Standvögel gut geschützt sind, besteht für die sibirisch-chinesischen Zugvögel eine hohe Gefahr der Lebensraumzerstörung. Auch Mandschurenkraniche führen ansehnliche Tänze auf, bevor sie sich paarweise auf ihre Brutreviere verteilen.

Wachtelkönig *(oben rechts)*

Lateinisch:	*Crex crex*
Familie:	Rallen – Rallidae
Verbreitung:	Europa bis Zentralasien; im Winter SO-Afrika
Lebensraum:	Wiesen, Felder
Größe:	27–30 cm

Wachtelkönige sind braun gemustert und an Hals und Kopf grau – zu sehen bekommt man dies aber nur selten. Zu versteckt leben sie in hohem Gras, aus dem aber im Frühjahr monoton ihr kratzender Ruf erklingt. Im Brutgebiet sind Wachtelkönige durch Lebensraumverlust bedroht. Außerdem gehen viele Gelege und Jungvögel bei der immer früher stattfindenden Wiesenmahd zugrunde.

Teichhuhn (oben)

Lateinisch: *Gallinula chloropus*
Familie: Rallen – Rallidae
Verbreitung: Europa bis SO-Asien, Afrika, USA bis N-Argentinien
Lebensraum: Seen, Teiche, Flüsse
Größe: 30–38 cm

Kräftige grüne Beine und ein roter Stirnschild sind hervorstechende Kennzeichen der schwarzgrau gefärbten Teichhühner. Da sie keine Schwimmhäute besitzen, wirkt ihr ruckartiges Schwimmen etwas unbeholfen. Das Nest wird aus Schilf oder Zweigen nah am Wasser im Gebüsch gebaut. Meist werden 5–9 Eier gelegt. Ab einem Alter von drei Wochen können sich die Küken selbstständig ernähren.

Purpurhuhn (unten links)

Lateinisch: *Porphyrio porphyrio*
Familie: Rallen – Rallidae
Verbreitung: Mittelmeerraum, Afrika südl. Sahara, SO-Asien, Australien, Neuseeland
Lebensraum: Gewässer mit Schilf und dichter Vegetation
Größe: 38–50 cm

Purpurhühner bewohnen weite Teile der Erde. Der kräftige rote Schnabel ist ein wichtiges Werkzeug beim Abtrennen von Pflanzenteilen, von denen sie sich ernähren. In der Regel schleichen Purpurhühner unauffällig entlang dichter Ufervegetation, verraten ihre Anwesenheit aber durch trompetende Rufe. Sie brüten oft gruppenweise, wobei mehrere Weibchen Eier in ein Nest legen.

Tüpfelsumpfhuhn (unten rechts)

Lateinisch: *Porzana porzana*
Familie: Rallen – Rallidae
Verbreitung: Europa bis Zentralasien; im Winter Afrika südl. Sahara, Indien
Lebensraum: Überflutetes Grünland
Größe: 19–22 cm

Die fleckig erscheinenden Rallen leben sehr heimlich in ihren grasigen Lebensräumen und fallen durch ihre weit hörbaren, peitschenden Rufe auf. Am wohlsten fühlen sie sich in Wiesen und Seggenbeständen, in denen sie im wahrsten Sinne des Wortes nasse Füße bekommen. Beide Partner bauen dort ein Nest für 8–12 Eier. Meist gibt es zwei Jahresbruten.

Blässhuhn *(unten links)*

Lateinisch:	*Fulica atra*
Familie:	Rallen – Rallidae
Verbreitung:	Eurasien, N-Afrika, Australien
Lebensraum:	Seen, Teiche, Flüsse; im Winter auch Küstengewässer
Größe:	36–39 cm

Die bis auf den weißen Schnabel und den weißen Stirnschild einfarbig schwarzen Blässhühner sind mit ihrer rundlichen Gestalt gut an das Tauchen angepasst. Sie besitzen allerdings keine Schwimmhäute, sondern nur lappige Verbreiterungen der Zehen. Vom Grund holen sie sich Wasserpflanzen und kleine Tiere als Nahrung. Zum Brüten bauen sie in der Nähe des Ufers ein schwimmendes Nest.

Großtrappe *(oben)*

Lateinisch:	*Otis tarda*
Familie:	Trappen – Otidae
Verbreitung:	SW-Europa bis O-Asien, Marokko
Lebensraum:	Wiesen, Steppen, Felder
Größe:	Männchen 105 cm, Weibchen 75 cm

Als Steppenvögel haben Großtrappen auch die europäische Kultursteppe besiedelt, in Mitteleuropa existieren aber nur noch kleine Restbestände. Die in Gruppen lebenden Tiere zeigen ein spektakuläres Balzverhalten, bei dem die Männchen weiße Gefiederpartien nach außen stülpen sowie den Kopf und Hals auf den Rücken legen. Sie fressen Pflanzen und Kleintiere und brüten auf dem Boden.

Kragentrappe *(unten rechts)*

Lateinisch:	*Chlamydotis undulata*
Familie:	Trappen – Otidae
Verbreitung:	N-Afrika, Arabien bis Zentralasien
Lebensraum:	Wüsten, Halbwüsten, Steppen
Größe:	55–65 cm

Kragentrappen verhalten sich in ihren trockenen Lebensräumen unauffällig und sind mit ihrem sandfarbenen Gefieder gut getarnt. Bei der Balz jedoch plustert sich das Männchen auf, spreizt weiße und schwarze Schmuckfedern an Kopf und Hals ab und beginnt durch sein Revier zu traben. Das Weibchen brütet ab März 2–3 Eier aus und betreut die Jungvögel bis in den Herbst hinein.

Stelzenläufer *(oben)*

Lateinisch: *Himantopus himantopus*
Familie: Stelzenläufer – Recurvirostridae
Verbreitung: S-Europa bis SO-Asien, Afrika
Lebensraum: Küstenlagunen, flache Binnengewässer
Größe: 35–40 cm

Mit ihren langen Beinen können die schwarzweiß befiederten Stelzenläufer bei der Nahrungssuche in viel tieferem Wasser waten als verwandte Arten. Mit dem langen, dünnen Schnabel picken sie Insekten, Krebstierchen und kleine Fische aus dem Wasser, doch können sie auch Würmer und Schnecken im Schlamm ertasten. Beim Brüten ragen die langen Beine am Hinterkörper nach oben.

Austernfischer *(Mitte)*

Lateinisch: *Haematopus ostralegus*
Familie: Austernfischer – Haematopodidae
Verbreitung: Eurasien, Neuseeland; im Winter auch N-Afrika bis Indien
Lebensraum: Salzwiesen, Strände, feuchte Wiesen
Größe: 40–47 cm

Sind die schwarz-weiß-roten Austernfischer an der Küste schon kaum zu übersehen, so machen sie zusätzlich durch stimmgewaltiges Balzverhalten auf sich aufmerksam. Bei der Nahrungssuche spezialisieren sich viele Austernfischer entweder auf das Aufstemmen und Aufhämmern von Miesmuscheln oder auf die Suche nach Wattwürmern.

Reiherläufer *(unten)*

Lateinisch: *Dromas ardeola*
Familie: Reiherläufer – Dromadidae
Verbreitung: NO-Afrika, Arabien bis W-Indien; im Winter auch O- und SO-Afrika
Lebensraum: Sandstrände, Küstenlagunen, Watt
Größe: 38–41 cm

Der schwarzweiß gefärbte Watvogel trägt seinen Namen aufgrund seiner Jagdweise. Wie ein Reiher watet er durch flaches Wasser und stößt beim Erblicken von Krebsen blitzschnell mit seinem starken Schnabel zu. Reiherläufer brüten in Kolonien und graben 1–2 m tiefe Brutröhren in den Sandboden. Sie haben nur ein Junges, das zunächst Nesthocker ist und noch lange Zeit gefüttert wird.

Rotflügel-Brachschwalbe *(rechte Seite oben l.)*

Lateinisch: *Glareola pratincola*
Familie: Brachschwalbenartige – Glareolidae
Verbreitung: Mittelmeerraum bis Kasachstan, Afrika südl. Sahara
Lebensraum: Steppen und Felder in Wassernähe
Größe: 22–25 cm

Der Name dieser Art stammt einerseits von den kennzeichnenden rotbraunen Unterflügeln, aber auch vom gegabelten Schwanz und der Jagd nach fliegenden Insekten in der Luft. Brachschwalben brüten in Kolonien von 10–100 Paaren und legen ihre drei Eier in kleine Bodenmulden, die sie manchmal mit ein paar Grashalmen polstern.

Säbelschnäbler *(oben rechts)*

Lateinisch: *Recurvirostra avosetta*
Familie: Stelzenläufer – Recurvirostridae
Verbreitung: Europa bis Zentralasien, Afrika; im Winter auch SO-Asien
Lebensraum: Watt, Salinen, Salzseen
Größe: 42–45 cm

Mit Seitwärtsbewegungen des nach oben gebogenen Schnabels durchseihen Säbelschnäbler flaches Wasser und nassen Schlamm, um Würmer, Krebstierchen und Wasserinsekten zu erbeuten. Sie können aber auch ganz normal aufgepickt werden. Säbelschnäbler bilden kleine Brutkolonien. Europäische Brutvögel überwintern an Afrikas Küsten.

Rennvogel *(Mitte links)*

Lateinisch: *Cursorius cursor*
Familie: Brachschwalbenartige – Glareolidae
Verbreitung: N-Afrika bis NW-Indien, Senegal bis Somalia
Lebensraum: Wüsten, Halbwüsten
Größe: 19–22 cm

Ihren Namen erhielten die Rennvögel, weil sie bei der Suche nach Käfern, Heuschrecken und Fliegen schnell über den Sand laufen. Dabei bleiben sie plötzlich stehen, um die Beute aufzupicken. Auch bei Gefahr flüchten sie häufig laufend. Zum Brüten benutzen sie eine Mulde im Sand. Um Feinde von ihren beiden Küken abzulenken, imitieren sie ihr Brutverhalten an benachbarten Stellen.

Triel *(Mitte rechts)*

Lateinisch: *Burhinus oedicnemus*
Familie: Triele – Burhinidae
Verbreitung: S-Europa bis SO-Asien, N-Afrika
Lebensraum: Steppen, Halbwüsten, Brachflächen, Heiden
Größe: 40–44 cm

Am Tag stehen Triele meist bewegungslos und sind mit ihrem hellbraunen Gefieder dann kaum zu sehen. Bei der Nahrungssuche laufen sie ein paar Schritte, um dann innezuhalten und nach Beute zu spähen. Sie besteht aus allerlei Kleintieren (besonders Käfer und Heuschrecken) und wird vor allem nachts gefangen. Dann sind auch die langen Rufe zu hören, von denen der Name der Art stammt.

Kiebitz *(oben)*

Lateinisch: *Vanellus vanellus*
Familie: Regenpfeifer – Charadriidae
Verbreitung: Eurasien; im Winter auch N-Afrika bis SO-Asien
Lebensraum: Feuchtgebiete, Wiesen, Felder
Größe: 28–31 cm

Das Aussehen der schwarzweißen, auf der Oberseite grün schillernden Kiebitze wird durch eine Federhaube geprägt. Typisch sind auch die im Flug sichtbaren rundlichen Flügel. Kiebitze rufen häufig ihren Namen und vollführen spektakuläre Balzflüge. Als Wiesenbrüter haben sie vielerorts unter intensiver Grünlandwirtschaft zu leiden. Sie fressen vor allem Regenwürmer und Insekten.

Goldregenpfeifer *(unten links)*

Lateinisch: *Pluvialis apricaria*
Familie: Regenpfeifer – Charadriidae
Verbreitung: N-Eurasien; im Winter Mitteleuropa bis N-Afrika
Lebensraum: Tundra, Heiden, Moore;
im Winter Wiesen, Felder, Watt
Größe: 25–28 cm

Der melancholisch flötende Ruf der Goldregenpfeifer ist charakteristisch für weite, offene Landschaften in Skandinavien und Nordrussland. Nachdem sie ihre vier Jungvögel aufgezogen haben, machen sie sich auf den Weg ins atlantisch oder mediterran geprägte Europa, wo sie in großen Schwärmen und oft zusammen mit Kiebitzen überwintern.

Kiebitzregenpfeifer *(unten rechts)*

Lateinisch: *Pluvialis squatarola*
Familie: Regenpfeifer – Charadriidae
Verbreitung: Arktis Sibiriens und N-Amerikas;
im Winter Küsten
Lebensraum: Tundra; im Winter Watt, Küstenlagunen
Größe: 27–31 cm

Zur Brutzeit sind Kiebitzregenpfeifer prächtig schwarz-weiß-grau gefärbt und halten sich ab Anfang Juni nur wenige Wochen im Brutgebiet auf. Den Rest des Jahres verbringen sie an fast allen Küsten der Welt, wo sie mit einem graubraunen Gefieder weniger auffallen. Bei Ebbe gehen sie in unterbrochenen Schritten über die Wattfläche und picken Würmer und kleine Krebse auf.

Sandregenpfeifer *(rechte Seite oben links)*

Lateinisch: *Charadrius hiaticula*
Familie: Regenpfeifer – Charadriidae
Verbreitung: NO-Kananda, W-Europa bis NO-Sibirien;
im Winter W-Europa bis S-Afrika
Lebensraum: Tundra, Sandstrände, Watt
Größe: 18–20 cm

Sandregenpfeifer flitzen an Stränden umher und sind an der Orangefärbung von Schnabel und Beinen sowie am schwarzen Halsband erkennbar. Zum Bebrüten ihrer vier Eier legen sie lediglich eine kleine Mulde im Sand an. Bei Gefahr für Gelege oder am Strand geführte Junge locken die Altvögel Feinde mit humpelndem Gang und hängenden Flügeln von ihrem Nachwuchs weg.

Seeregenpfeifer *(oben rechts)*

Lateinisch: *Charadrius alexandrinus*
Familie: Regenpfeifer – Charadriidae
Verbreitung: S-Eurasien, N-Afrika, N-Amerika, W-Südamerika
Lebensraum: Strände, Küstenlagunen, Salz- und Brackwasserseen
Größe: 15–17 cm

Ohne schwarzes Halsband wirken Seeregenpfeifer recht hell, Männchen haben eine rotbraune Kopfplatte. Anders als die meisten anderen Watvögel legen sie nur drei Eier, die sie in einer mit Muschelschalen ausgelegten Sandmulde ausbrüten. Bei Gefahr drücken sich die Küken flach auf den Sand und sind dann mit ihrem tarnfarbenen Gefieder für Räuber unsichtbar.

Mornellregenpfeifer *(unten links)*

Lateinisch: *Charadrius morinellus*
Familie: Regenpfeifer – Charadriidae
Verbreitung: N-Eurasien, Pyrenäen, Alpen, Karpaten; im Winter N-Afrika, Irak
Lebensraum: Tundra und Bergwiesen; im Winter Halbwüsten, Felder
Größe: 20–22 cm

Zur Brutzeit tragen Mornellregenpfeifer ein buntes Federkleid mit rotbraunem Bauch und grauem Hals. Die Männchen sind etwas matter gefärbt als die Weibchen und übernehmen das gesamte Brutgeschäft. Weibchen verpaaren sich mit mehreren Männchen und überlassen ihnen jeweils 2–3 Eier zum Ausbrüten.

Flussregenpfeifer *(unten rechts)*

Lateinisch: *Charadrius dubius*
Familie: Regenpfeifer – Charadriidae
Verbreitung: Eurasien, N-Afrika; im Winter W- bis O-Afrika, SO-Asien
Lebensraum: Binnengewässer
Größe: 14–17 cm

Flussregenpfeifer haben einen charakteristischen gelben Augenring und bewohnen bevorzugt flache, vegetationslose Ufer von Seen sowie Sand- und Kiesbänke an Flüssen. Häufig brüten sie auch an Kiesgruben und anderen künstlichen Gewässern. Auf Nestbau verzichten sie völlig, denn zwischen den Kieseln sind ihre Eier für Räuber kaum zu entdecken.

Waldschnepfe *(oben rechts)*

Lateinisch:	*Scolopax rusticola*
Familie:	Schnepfenvögel – Scolopacidae
Verbreitung:	Eurasien; im Winter Mittelmeerraum, SO-Asien
Lebensraum:	Feuchte Wälder
Größe:	33–35 cm

Im Gegensatz zu anderen Watvögeln sind Waldschnepfen Bewohner des dicht bewachsenen Waldbodens. Dort stochern sie nach Regenwürmern, von denen sie im Lauf eines Tages das Doppelte ihres Körpergewichts zu sich nehmen. Die Augen liegen so weit seitlich, dass sie als Schutz gegen Feinde einen Rundumblick haben. Im Frühling vollführen die Männchen gaukelnde Balzflüge.

Doppelschnepfe *(oben links)*

Lateinisch:	*Gallinago media*
Familie:	Schnepfenvögel – Scolopacidae
Verbreitung:	N-Europa bis Mittelsibirien; im Winter Afrika südl. Sahara
Lebensraum:	Feuchte Täler, Wiesen, buschige Tundra
Größe:	27–29 cm

Doppelschnepfen sind eine etwas größere und plumper wirkende Ausgabe der Bekassine. Nach Sonnenuntergang sammeln sich die Männchen an traditionellen Balzplätzen und werben mit gespreizten weißen Schwanzfedern um die Weibchen. Letztere kümmern sich dann allein um die Brut und die Aufzucht der vier Jungvögel.

Bekassine *(unten)*

Lateinisch:	*Gallinago gallinago*
Familie:	Schnepfenvögel – Scolopacidae
Verbreitung:	N-Eurasien; im Winter W-Europa bis Zentralafrika, S-Asien
Lebensraum:	Feuchtgebiete, Sümpfe, Moore
Größe:	25–27 cm

Mit tarnfarbenem Gefieder sitzen Bekassinen am Boden und stochern mit dem langen Schnabel im Boden. Ertasten sie einen Wurm oder eine Insektenlarve, öffnen sie die biegsame Schnabelspitze und ergreifen die Beute wie mit einer Pinzette. Zur Brutzeit fliegen die Männchen hoch über dem Brutgebiet und erzeugen mit vibrierenden Schwanzfedern ein meckerndes Geräusch.

Pfuhlschnepfe *(oben links)*

Lateinisch: *Limosa lapponica*
Familie: Schnepfenvögel – Scolopacidae
Verbreitung: N-Eurasien, W-Alaska; im Winter Küsten von W-Europa bis Neuseeland
Lebensraum: Tundra; im Winter Watt, Küstenlagunen
Größe: 33–41 cm

Pfuhlschnepfen zeigen extreme Zugleistungen. Nachdem sie in der Arktis vier Junge aufgezogen haben, fliegen sie in wenigen, jeweils mehrere 1000 km messenden Etappen bis Südafrika und Neuseeland und überqueren z. B. nonstop den Pazifik zwischen China und Australien. Mit dem langen Schnabel stochern sie im Wattboden nach Würmern und Muscheln.

Uferschnepfe *(oben rechts)*

Lateinisch: *Limosa limosa*
Familie: Schnepfenvögel – Scolopacidae
Verbreitung: Europa bis O-Asien; im Winter Großbritannien bis O-Afrika, Persischer Golf bis Australien
Lebensraum: Feuchtwiesen, Moore; im Winter Watt, flache Süßgewässer, Reisfelder
Größe: 36–44 cm

Mit ihren langen Beinen und Schnäbeln sind Uferschnepfen äußerst grazile Vögel, die im Frühjahr mit klangvollen Balzflügen erfreuen und oft auf Zaunpfählen Ausschau halten. Von Pfuhlschnepfen unterscheiden sie sich durch weiße Flügelbinden und einen schwarzweißen Schwanz. Überwinternde Vögel fressen in Afrika fast ausschließlich Reis, in Wattgebieten aber Muscheln und Würmer.

Regenbrachvogel *(unten)*

Lateinisch: *Numenius phaeopus*
Familie: Schnepfenvögel – Scolopacidae
Verbreitung: N-Eurasien, N-Nordamerika; im Winter Afrika, SO-Asien, Australien, S-USA bis Feuerland
Lebensraum: Moore, Tundra, Heiden; im Winter Watt
Größe: 37–45 cm

Regenbrachvögel haben ein gestreiftes Kopfmuster und ernähren sich im Brutgebiet von Insekten und Beeren. Im Winter sind sie unter den Watvögeln die Spezialisten für größere Krebse und fressen besonders gern Winkerkrabben, die sie aus deren Röhren herausziehen. Sie legen auf dem Zug sehr weite Strecken zurück, dabei sind häufig ihre stakkatoartigen Kontaktrufe zu hören.

Großer Brachvogel *(oben)*

Lateinisch: *Numenius arquata*
Familie: Schnepfenvögel – Scolopacidae
Verbreitung: Eurasien; im Winter auch Afrika bis SO-Asien
Lebensraum: Moore, Feuchtwiesen; im Winter Küsten
Größe: 50–60 cm

Im Sommer prägen die langgezogenen Balztriller der Großen Brachvögel Moore und Feuchtwiesen von Großbritannien bis zum Baikalsee, doch im Winter ist die Art ein typischer Küstenvogel. Mit ihrem langen, nach unten gebogenen Schnabel ziehen sie Wattwürmer aus ihren Gängen. Bei Flut versammeln sie sich im Deichvorland und warten bis das Wasser ihren Lebensraum wieder freigibt.

Rotschenkel *(Mitte)*

Lateinisch: *Tringa totanus*
Familie: Schnepfenvögel – Scolopacidae
Verbreitung: Europa bis O-Asien; im Winter W- und S-Europa, Afrika, S-Asien
Lebensraum: Feucht- und Salzwiesen, Watt, flache Binnengewässer
Größe: 27–29 cm

Wegen des unauffälligen Gefieders sind die roten Beine das beste Kennzeichen dieser Vögel. Sie brüten versteckt im Gras, doch bemerkt man ihre Brutplätze an den lauten Warnrufen sowie Altvögeln, die von Zaunpfählen aus nach Gefahren Ausschau halten. Binnenländische Brutvögel ziehen zum Überwintern an Küsten, wo sie in großen Trupps durch die Wattflächen waten.

Dunkler Wasserläufer *(unten)*

Lateinisch: *Tringa erythropus*
Familie: Schnepfenvögel – Scolopacidae
Verbreitung: N-Eurasien; im Winter W-Europa, Afrika bis SO-Asien
Lebensraum: Offene Waldtundra, Heiden; im Winter Feuchtgebiete, Watt
Größe: 29–32 cm

Auf dem Frühjahrszug mausern Dunkle Wasserläufer in ihr schwarzes Federkleid, dass sie bis zum Spätsommer tragen. Das Nest befindet sich in einem Grasbüschel und enthält vier Eier. Noch bevor die Küken schlüpfen, verlässt das Weibchen das Brutgebiet in Richtung Mauserplatz (z. B. Wattenmeer) und überlässt die Aufzucht der Jungen allein dem Männchen.

Grünschenkel *(oben)*

Lateinisch: *Tringa nebularia*
Familie: Schnepfenvögel – Scolopacidae
Verbreitung: N-Eurasien;
im Winter S-Europa, Afrika,
S-Asien, Australien
Lebensraum: Taiga, Moore; im Winter Feuchtgebiete
Größe: 30–35 cm

Mit grauem Gefieder und langen, graugrünen Beinen sind Grünschenkel optisch unauffällige Vögel, doch äußern sie laute, dreisilbige Rufe. Im Brutgebiet halten sie sich nur für 2–3 Monate auf, denn Brut und Jungenaufzucht gehen schnell vonstatten. Den Rest des Jahres verbringen sie auf Wanderschaft und in ihren viele tausend Kilometer entfernten Winterquartieren.

Waldwasserläufer *(Mitte)*

Lateinisch: *Tringa ochropus*
Familie: Schnepfenvögel – Scolopacidae
Verbreitung: N-Eurasien;
im Winter Mitteleuropa bis Zentralafrika,
Arabien bis SO-Asien
Lebensraum: Feuchte Wälder mit Gewässern;
im Winter Feuchtgebiete im Binnenland
Größe: 21–24 cm

Auf ihre Anwesenheit machen die schwarzweißen Waldwasserläufer besonders mit ihrem jodelnden Flugruf aufmerksam. Mit stets wippendem Schwanz kann man sie bei der Suche nach Wirbellosen im Flachwasser beobachten. Ihre vier Eier brüten sie in alten Drosselnestern aus, die sich bis zu 20 m hoch im Baum befinden. Jedoch wandern die Weibchen noch vor dem Flüggewerden der Jungen ab.

Bruchwasserläufer *(unten)*

Lateinisch: *Tringa glareola*
Familie: Schnepfenvögel – Scolopacidae
Verbreitung: N-Eurasien;
im Winter Afrika südl. Sahara,
Niltal bis Australien
Lebensraum: Sümpfe in offenem Waldland;
im Winter Feuchtgebiete im Binnenland
Größe: 19–21 cm

Mit ihren langen Beinen waten Bruchwasserläufer geschickt durch flaches Wasser und picken Insekten, Würmer, Krebstierchen und bis zu 2 cm lange Fische auf. Nachdem sie ab Anfang Mai ihre Brutgebiete erreicht haben, beginnen die Weibchen mit der Ablage der vier Eier. Die Aufzucht der Küken ist zumeist ausschließlich Sache der Männchen.

Flussuferläufer *(oben)*

Lateinisch: *Actitis hypoleucos*
Familie: Schnepfenvögel – Scolopacidae
Verbreitung: Eurasien; im Winter Afrika, S-Asien, Australien
Lebensraum: Gewässerufer
Größe: 19–21 cm

Da sie weniger als andere Watvögel im Wasser waten und ihre Beute meist von der Schlammoberfläche aufpicken, haben Flussuferläufer recht kurze Beine und Schnäbel. Sie bewegen sich entlang der Wasserkante und wippen dabei fast ständig mit dem Schwanz. Im Flug ertönt ein hoher, durchdringender Ruf.

Steinwälzer *(Mitte oben)*

Lateinisch: *Arenaria interpres*
Familie: Schnepfenvögel – Scolopacidae
Verbreitung: Arktis N-Eurasiens und N-Amerikas; im Winter weltweit an Küsten
Lebensraum: Tundra; im Winter Felsküsten, Strände
Größe: 21–26 cm

Die bunt gefärbten Steinwälzer haben kräftig gebaute Beine und Schnäbel, die sie zum Umdrehen von Steinen benutzen, um an darunter befindliche Kleintiere zu gelangen. Sie fressen aber nahezu alles, was sie am Strand finden können. Nachdem sie in der Arktis vier Jungvögel aufgezogen haben, ziehen sie sehr weite Strecken bis Südamerika, Südafrika und Australien.

Knutt *(Mitte unten)*

Lateinisch: *Calidris canutus*
Familie: Schnepfenvögel – Scolopacidae
Verbreitung: Arktis N-Sibiriens und N-Amerikas; im Winter Küsten S-Amerikas, Afrikas, W-Europas, Australiens
Lebensraum: Tundra; im Winter Watt
Größe: 23–25 cm

Knutts tragen den Namen nach ihrem Ruf und sind im Sommer mit rotbraunem Gefieder farblich der Tundra angeglichen. Nachdem sie in Flügen von etlichen tausend Kilometern die südlichen Bereiche erreicht haben, sind sie dort mit grauem Gefieder ebenfalls gut getarnt. Knutts können ganze Muscheln verschlucken, die dann erst im kräftigen Muskelmagen aufgebrochen werden.

Sanderling *(unten)*

Lateinisch: *Calidris alba*
Familie: Schnepfenvögel – Scolopacidae
Verbreitung: Arktis N-Sibiriens und N-Nordamerikas; im Winter Küsten weltweit
Lebensraum: Tundra; im Winter Strände
Größe: 18–21 cm

Im kurzen arktischen Sommer brüten Sanderlinge mit tarnfarbenem Gefieder ihre vier Eier aus, doch die meiste Zeit des Jahres sieht man sie an fast allen Stränden der Welt bis an die Südspitzen von Südamerika, Afrika und Australien im weißgrauen Winterkleid. Unaufhörlich laufen Sanderlinge an der Wasserlinie entlang, um dort lebende Kleintiere aufzusammeln.

Zwergstrandläufer *(oben)*

Lateinisch: *Calidris minuta*
Familie: Schnepfenvögel – Scolopacidae
Verbreitung: Arktis N-Eurasiens; im Winter S-Europa bis S-Afrika und Indien
Lebensraum: Tundra; im Winter Strände, Watt, Binnengewässer
Größe: 12–14 cm

Auf dem Zug und im Winterquartier sieht man sie in steter Bewegung nach kleinen Insekten, Krebsen und Würmern picken. Im Sommer halten sie sich am liebsten zwischen Zwergbirken auf. Dort kann ein Weibchen einem Männchen ein Gelege zum Ausbrüten überlassen, um kurz darauf mit einem anderen Männchen eine weitere Brut zu beginnen.

Sichelstrandläufer *(Mitte oben)*

Lateinisch: *Calidris ferruginea*
Familie: Schnepfenvögel – Scolopacidae
Verbreitung: N-Sibirien; im Winter Afrika, S-Asien, Australien
Lebensraum: Tundra; im Winter Watt
Größe: 18–23 cm

Wie beim Knutt ist ihr Gefieder im Sommer rotbraun wie die Tundra und im Winter grau wie Strand und Meer. Der Schnabel ist gebogen und dient dem Stochern nach Würmern. In Jahren mit geringen Lemmingbeständen weichen Polarfüchse ersatzweise auf Eier und Küken von Sichelstrandläufern aus, so dass es dann keinen Nachwuchs gibt.

Alpenstrandläufer *(Mitte unten)*

Lateinisch: *Calidris alpina*
Familie: Schnepfenvögel – Scolopacidae
Verbreitung: N-Eurasien, N-Nordamerika; im Winter W-Europa bis Indien, N-Afrika, SO-Asien, USA
Lebensraum: Tundra, Salzwiesen; im Winter Watt
Größe: 16–22 cm

Mit schwarzem Bauchschild sind Alpenstrandläufer im Sommer unverwechselbar, im Winter gleichen sie mit graubraunem Gefieder vielen anderen Watvogelarten. Im Winter bevölkern Alpenstrandläufer in riesigen Schwärmen die schlammigen Küsten der Nordhalbkugel und fressen dort kleine Wattorganismen.

Meerstrandläufer *(unten)*

Lateinisch: *Calidris maritima*
Familie: Schnepfenvögel – Scolopacidae
Verbreitung: NO-Kanada bis N-Sibirien; im Winter O-Nordamerika, W- und N-Europa
Lebensraum: Tundra; im Winter Felsküsten, Strände
Größe: 20–22 cm

Während die meisten Watvögel an schlammigen Küsten vorkommen, haben sich die recht dunkel gefärbten Meerstrandläufer auf das Überwintern an Felsküsten spezialisiert. Sie fressen kleine Schnecken und Muscheln, die sie aus Felsspalten pulen und im Magen mit Hilfe kleiner Steinchen knacken.

Kampfläufer *(oben)*

Lateinisch: *Philomachus pugnax*
Familie: Schnepfenvögel – Scolopacidae
Verbreitung: N-Eurasien; im Winter Mittelmeerraum bis S-Afrika und Indien
Lebensraum: Feuchtwiesen, Tundra; im Winter Schlammufer, nasse Wiesen, Reisfelder
Größe: Männchen 26–32 cm, Weibchen 20–25 cm

Zur Brutzeit tragen Männchen eine unverwechselbare Halskrause in unterschiedlichen Farben. An den Balzplätzen führen sie mit aufgestellter Krause Scheinkämpfe durch und paaren sich anschließend mit den zuschauenden Weibchen, denen sie das Brutgeschäft und die Aufzucht der vier Küken vollständig überlassen.

Sumpfläufer *(rechts)*

Lateinisch: *Limicola falcinellus*
Familie: Schnepfenvögel – Scolopacidae
Verbreitung: N-Europa, N-Sibirien; im Winter S- und O-Afrika, Arabien bis Australien
Lebensraum: Sümpfe in Taiga, Tundra; im Winter Watt, Küstenlagunen, Reisfelder
Größe: 16–18 cm

Sumpfläufer erkennt man am leichten Knick im vorderen Abschnitt des Schnabels. Mit weniger als 60 000 Vögeln gehören sie zu den selteneren Watvögeln. Wie viele ihrer Verwandten fressen sie Kleintiere im Flachwasser und Schlamm, konzentrieren sich aber außerhalb des Brutgebiets auf Seeringelwürmer.

Odinshühnchen *(linke Seite Mitte)*

Lateinisch: *Phalaropus lobatus*
Familie: Schnepfenvögel – Scolopacidae
Verbreitung: N-Eurasien, N-Nordamerika; im Winter tropische Meere
Lebensraum: Tundra; im Winter Ozean
Größe: 18–19 cm

Die zierlichen und bunt gefärbten Vögel schwimmen die meiste Zeit ihres Lebens – im Brutgebiet auf kleinen Tümpeln, im Winter auf offenem Ozean. Als Anpassung haben sie Schwimmlappen an den Zehen. In typischer Weise bewegen sie sich kreiselnd auf dem Wasser, wobei sie unermüdlich auf der Oberfläche nach Insekten bzw. im Winter nach Krebstierchen picken.

Skua *(oben)*

Lateinisch: *Catharacta skua*
Familie: Raubmöwen – Stercorariidae
Verbreitung: N-Europa; im Winter Küsten des N-Atlantiks
Lebensraum: Küsten, küstennahes Meer
Größe: 53–58 cm

Die kräftig gebauten, dunkelbraunen Skuas haben sich wie andere Raubmöwen darauf spezialisiert, anderen Seevögeln ihre Beute abzujagen, Dreizehenmöwen oder Papageitaucher können sie sogar selbst töten. Vielfach fangen Skuas aber Fische aus dem Wasser oder nehmen Abfälle von Fischkuttern zu sich. Ihre Brutreviere verteidigen sie vehement auch gegen Schafe und Menschen.

Schmarotzerraubmöwe *(Mitte)*

Lateinisch: *Stercorarius parasiticus*
Familie: Raubmöwen – Stercorariidae
Verbreitung: N-Eurasien, N-Nordamerika; im Winter Ozeane um S-Afrika, S-Amerika, Australien
Lebensraum: Tundra, küstennahes Meer
Größe: 41–46 cm

Die eleganten Raubmöwen kommen in mehreren Farbvarianten vor, wobei sie im Extrem ganz dunkelbraun oder aber sehr hellbäuchig sind. Typisch sind zwei kurze Schwanzspieße. Sie brüten oft in Seevogelkolonien, wo sie den zurückkehrenden Seeschwalben und Dreizehenmöwen ihre Beute abjagen. Ihr Nest mit 1–2 Eiern verteidigen sie mit waghalsigen Sturzflügen gegen Feinde.

Falkenraubmöwe *(unten)*

Lateinisch: *Stercorarius longicaudus*
Familie: Raubmöwen – Stercorariidae
Verbreitung: N-Eurasien, N-Nordamerika; im Winter subantarktische Ozeane
Lebensraum: Tundra; im Winter offenes Meer
Größe: 48–53 cm (inkl. Schwanzspieße)

Weniger als ihre Verwandten stiehlt die kleinste Raubmöwenart anderen Seevögeln die Nahrung. Falkenraubmöwen brüten weit verstreut in der Tundra und ernähren sich dort von Lemmingen und anderen Kleinsäugern. In schlechten Lemmingjahren kann es zu Brutausfällen kommen, da Küken anderer Vogelarten und Insekten nicht in ausreichender Menge Ersatz bieten.

Sturmmöwe *(oben)*

Lateinisch: *Larus canus*
Familie: Möwen – Laridae
Verbreitung: N-Eurasien, NW-Nordamerika; im Winter auch Mittelmeerraum, Persischer Golf, O-Asien, W-USA
Lebensraum: Küsten, Binnengewässer
Größe: 40–46 cm

Die mittelgroße Möwenart ist an den grüngelben Beinen und dunklen Augen bestimmbar. Sturmmöwen ernähren sich sehr vielseitig: An Land sind sie vor allem auf Wiesen, um dort nach Regenwürmern und Engerlingen zu suchen. In Küstengewässern erbeuten sie kleine Fische und folgen oft Fischkuttern, um über Bord geworfene Abfälle zu ergattern.

Mantelmöwe *(Mitte)*

Lateinisch: *Larus marinus*
Familie: Möwen – Laridae
Verbreitung: NW-Europa, O-Nordamerika; im Winter Küsten des N-Atlantiks
Lebensraum: Küsten, küstennahes Meer
Größe: 68–79 cm

Die größten europäischen Möwen haben eine tiefschwarze Oberseite und einen sehr kräftigen Schnabel. Sie brüten in Kolonien, oft zusammen mit Silbermöwen. Ihre Nahrung suchen sie meist auf dem Meer, wo sie erstaunlich große Fische verschlucken können. Sie nehmen aber auch Beeren, Eier anderer Vögel und Abfälle zu sich und können an Land Kaninchen und Mäuse jagen.

Silbermöwe *(unten)*

Lateinisch: *Larus argentatus*
Familie: Möwen – Laridae
Verbreitung: N- und W-Europa
Lebensraum: Küsten, küstennahes Meer
Größe: 55–67 cm

Silbermöwen haben in den vergangenen 100 Jahren einen hohen Brutbestand erreicht, weil sie erheblich von menschlichen Abfällen profitieren – entweder auf See hinter Fischkuttern oder an Land auf Müllkippen. Fische, Krebse und andere Meerestiere können sie aber auch selbst fangen bzw. im Watt aufsammeln. Ihre großen Brutkolonien befinden sich meist auf küstennahen Inseln.

Lachmöwe *(rechte Seite oben links)*

Lateinisch: *Larus ridibundus*
Familie: Möwen – Laridae
Verbreitung: Europa, N-Asien, O-Nordamerika; im Winter auch N-Afrika, S- und O-Asien
Lebensraum: Küsten, Binnengewässer
Größe: 37–43 cm

Mit knapp 2 Millionen Brutpaaren sind die im Sommer braunköpfigen Lachmöwen Europas häufigste Möwenart. Ihre bis zu 10 000 Paare umfassenden Kolonien befinden sich sowohl an der Küste als auch an Gewässern im Binnenland. Auf Äckern folgen sie häufig dem Pflug, um Engerlinge und andere Kleintiere aufzupicken. Ebenso sind sie aber hinter Fischkuttern und auf Müllkippen zu finden.

Schwarzkopfmöwe *(oben rechts)*

Lateinisch: *Larus melanocephalus*
Familie: Möwen – Laridae
Verbreitung: Europa; im Winter auch N-Afrika
Lebensraum: Küsten, Binnenseen
Größe: 36–38 cm

Der auf bis zu 370 000 Paare geschätzte Bestand brütet zu über 90 % am Schwarzen Meer. Von dort aus haben sich die an den ganz weißen Flügeln und dem weißen Lidring erkennbaren Möwen seit den 1960er Jahren ausgebreitet und brüten meist in einzelnen Paaren inmitten von Sturm- oder Lachmöwen bis hin nach West- und Mitteleuropa.

Zwergmöwe *(unten links)*

Lateinisch: *Larus minutus*
Familie: Möwen – Laridae
Verbreitung: NO-Europa bis O-Sibirien, NO-USA; im Winter N-Atlantik, Mittelmeer, O-Asien
Lebensraum: Seen, Flüsse, Moore; im Winter Küstengewässer
Größe: 24–28 cm

Zwergmöwen haben im Sommer einen ganz schwarzen Kopf und häufig einen rosa Anflug am weißen Bauch. Bei der Nahrungssuche fliegen sie meist seeschwalbenartig über dem Wasser und picken im Sommer Insekten, im Winter aber kleine Fische von der Wasseroberfläche auf. Auf dem Zug tun sie dies oft in großen Trupps, die sich an nahrungsreichen Stellen ansammeln.

Dreizehenmöwe *(unten rechts)*

Lateinisch: *Rissa tridactyla*
Familie: Möwen – Laridae
Verbreitung: Küsten des N-Atlantiks und N-Pazifiks
Lebensraum: Steile Felsküsten, offenes Meer
Größe: 38–40 cm

Dreizehenmöwen brüten in großen Kolonien mit manchmal über 100 000 Paaren. Ihre Nester aus Seetang bauen sie an kleinste Vorsprünge steiler Felswände. Als Anpassung an das Sitzen am Felsen ist ihre Hinterzehe verkümmert. Die 2–3 Jungen werden mit kleinen Fischen gefüttert. Außerhalb der Brutzeit halten sie sich auf hoher See auf und sind nur selten in Küstennähe zu sehen.

Raubseeschwalbe *(oben links)*

Lateinisch: *Sterna caspia*
Familie: Seeschwalben – Sternidae
Verbreitung: Alle Kontinente außer S-Amerika
Lebensraum: Küsten, Binnenseen
Größe: 48–55 cm

Die größten Seeschwalben sind leicht an ihrem mächtigen, roten Schnabel zu erkennen und machen schon fern durch ihre krächzenden Rufe auf sich aufmerksam. Sie können Fische von bis zu 25 cm Länge erbeuten. Bei der Aufzucht ihrer Küken müssen sie sich aber auf kleinere Fische beschränken, denn zum Schutz vor räuberischen Möwen muss die Nahrung sofort verschluckt werden.

Brandseeschwalbe *(oben Mitte)*

Lateinisch: *Sterna sandvicensis*
Familie: Seeschwalben – Sternidae
Verbreitung: Europa, SO-Nordamerika bis Argentinien; im Winter auch Afrika bis W-Indien
Lebensraum: Küsten, Schelfmeere
Größe: 36–46 cm

An der leicht gesträubten Kopfbefiederung und der gelben Schnabelspitze sind Brandseeschwalben gut zu erkennen. Meist brüten sie auf vorgelagerten Inseln, häufig in gemischten Kolonien mit Lachmöwen. Durch Sturztauchen fangen sie kleine Fische, die sie zunächst für das Balzritual und später zum Füttern der 1–2 Jungen benötigen.

Zwergseeschwalbe *(oben rechts)*

Lateinisch: *Sterna albifrons*
Familie: Seeschwalben – Sternidae
Verbreitung: Eurasien, W-Afrika, Australien; im Winter auch S- und NO-Afrika
Lebensraum: Küsten, Flüsse, Seen
Größe: 22–28 cm

Am gelben Schnabel und der schwarzweißen Kopfzeichnung kann man Zwergseeschwalben gut erkennen. Sie brüten in meist kleinen Kolonien auf völlig vegetationslosen Sand- und Kiesstränden. Anstatt eines Nestes drehen sie für die 2–3 Eier lediglich eine Mulde in den Boden. Nach drei Wochen schlüpfen die Küken, die nach weiteren drei Wochen flügge werden.

Küstenseeschwalbe *(unten links)*

Lateinisch: *Sterna paradisaea*
Familie: Seeschwalben – Sternidae
Verbreitung: N-Eurasien, N-Amerika; im Winter antarktische Gewässer
Lebensraum: Küsten, Seen; im Winter offene See, Packeiszone
Größe: 33–36 cm

Küstenseeschwalben unternehmen von allen Zugvögeln die weitesten Wanderungen, denn zwischen den arktischen Brut- und antarktischen Überwinterungsgebieten fliegen sie alljährlich 32 000 km. Bei einem Alter von bis zu 25 Jahren ergibt sich damit – zuzüglich der tagtäglichen Nahrungsflüge – eine gewaltige Lebensleistung an Flugkilometern.

Flussseeschwalbe *(unten Mitte)*

Lateinisch: *Sterna hirundo*
Familie: Seeschwalben – Sternidae
Verbreitung: Eurasien, N-Amerika; im Winter Afrika bis Australien, S-Amerika
Lebensraum: Küsten, Binnengewässer
Größe: 32–39 cm

Von der ähnlichen Küstenseeschwalbe unterscheidet sich diese Art durch die schwarze Schnabelspitze. Außer an Meeresküsten findet man Brutkolonien auch an Stränden von Seen oder auf Kiesbänken an Flüssen. In Mitteleuropa sind sie oft auf künstliche Nistflöße angewiesen. Ihre Hauptnahrung sind kleine Fische, die sie durch Stoßtauchen erbeuten.

Trauerseeschwalbe *(unten rechts)*

Lateinisch: *Chlidonias niger*
Familie: Seeschwalben – Sternidae
Verbreitung: Europa bis Mittelasien, N-Amerika; im Winter W- bis S-Afrika, N-Südamerika
Lebensraum: Seen, Feuchtgebiete; im Winter Küsten
Größe: 23–28 cm

Der Name der zierlichen Seeschwalbe stammt zweifellos vom schwarzgrauen Gefieder, das nach der sommerlichen Mauser aber überwiegend weiß ist. Zum Bebrüten ihrer 2–3 Eier bauen sie eine schwimmende Plattform aus Wasserpflanzen, benutzen aber gelegentlich auch alte Nester von Tauchern oder Blässhühnern. Ihre Nahrung besteht aus Wasserinsekten, kleinen Fischen und Fröschen.

Krabbentaucher *(oben)*

Lateinisch: *Alle alle*
Familie: Alke – Alcidae
Verbreitung: Arktis N-Eurasiens und N-Amerikas; im Winter N-Atlantik, N-Pazifik
Lebensraum: Geröllhalden, Felsküsten; im Winter offenes Meer
Größe: 17–19 cm

Die kleinen Alken brüten in riesigen Kolonien von bis zu 500 000 Paaren. Die einzelnen Krabbentaucher profitieren dabei von den unaufhörlich mit Futter anfliegenden Vögeln, denen sie nur entgegenfliegen müssen, um günstige Nahrungsplätze zu finden. Der kleine Schnabel wird bei den 20–30 m tiefen Tauchgängen zum Fangen planktisch lebender Krebse benutzt.

Tordalk *(unten links)*

Lateinisch: *Alca torda*
Familie: Alke – Alcidae
Verbreitung: Küsten des N-Atlantiks
Lebensraum: Steile Felsküsten, offenes Meer
Größe: 37–39 cm

Tordalken sind etwas kleiner und gedrungener als Trottellummen, mit denen sie meist in gemischten Kolonien brüten. Auch in der Lebensweise ähneln sich die beiden Arten, Tordalken brüten aber etwas versteckter in den Felswänden. Solange das Küken noch im Felsen sitzt, wird es von beiden Eltern mit Fisch gefüttert. Auf See wird es dann noch drei Wochen lang vom Männchen begleitet.

Trottellumme *(linke Seite unten rechts)*

Lateinisch: *Uria aalge*
Familie: Alke – Alcidae
Verbreitung: Küsten des N-Atlantiks und N-Pazifiks
Lebensraum: Steile Felsküsten, offenes Meer
Größe: 38–43 cm

Trottellummen brüten in großen Kolonien in Felswänden und legen ihre kreiselförmigen Eier auf kleine Felsvorsprünge. Sie ähneln äußerlich den Pinguinen und benutzen beim Tauchen ebenso ihre Flügel als Flossen. Ihre Flugleistungen sind nicht gut, weshalb sie bereits nach zwei Wochen die Jungen zum Herunterspringen animieren, um mit ihnen zu den Nahrungsplätzen zu schwimmen.

Papageitaucher *(oben)*

Lateinisch: *Fratercula arctica*
Familie: Alke – Alcidae
Verbreitung: Küsten des N-Atlantiks
Lebensraum: Steile Hänge an Küsten, offenes Meer
Größe: 26–36 cm

Der große, mit bunten Hornscheiden besetzte Schnabel ist das unverwechselbare Kennzeichen dieser rundlichen Alken. Ihre Kolonien befinden sich an grasigen Hängen über dem Meer, in die sie mit Schnabel und Beinen 1–2 m tiefe Bruthöhlen für ihr einziges Ei graben. Beim Fischen tauchen sie bis zu 20 m tief und klemmen ihre Beute mit der Zunge am Oberschnabel fest, so dass noch weitere Fische greifen können.

Gryllteiste *(unten)*

Lateinisch: *Cepphus grylle*
Familie: Alke – Alcidae
Verbreitung: Küsten des N-Atlantiks
Lebensraum: Felsige Küsten, sandige Steilküsten, Küstengewässer
Größe: 30–32 cm

Gryllteisten haben ein ganz schwarzes Gefieder, nur an den Flügeln befinden sich leuchtend weiße Felder. Im Winterkleid ist die Unterseite weiß, und die Oberseite grauweiß gemustert. Im Gegensatz zu den anderen europäischen Alken halten sich Gryllteisten sehr nah an der Küste auf und gehen dort dem Fischfang nach. Sie brüten in Felsspalten, in der Ostsee graben sie sogar Röhren in sandige Steilufer.

FLUGHÜHNER

Spießflughuhn *(oben)*

Lateinisch: *Pterocles alchata*
Familie: Flughühner – Pteroclididae
Verbreitung: SW-Europa, N-Afrika, Naher Osten bis Kasachstan
Lebensraum: Halbwüsten
Größe: 31–39 cm

Mit ihrem gelbbraunen Gefieder sind Spießflughühner auf trockenem, steinigen Boden hervorragend getarnt. Zum Trinken fliegen sie morgens große Strecken zu den Wasserstellen, an denen sie sich mit Artgenossen treffen. Dort tränken sie auch ihr Bauchgefieder mit Wasser, um ihre drei Küken zu versorgen. Als Nahrung dienen Pflanzensamen, die sie am Boden suchen.

TAUBEN

Felsentaube *(unten)*

Lateinisch: *Columba livia*
Familie: Tauben – Columbidae
Verbreitung: S-Eurasien, N-Afrika; weltweit eingebürgert und domestiziert
Lebensraum: Felsiges Gelände, Städte
Größe: 30–35 cm

Felsentauben sind die Stammform unserer Haus-, Straßen- und Brieftauben, die mittlerweile fast weltweit Städte und Kulturlandschaften in großer Zahl bevölkern. Reine Wildpopulationen kommen fast nicht mehr vor, da sie sich mit zufliegenden Haustauben vermischen. Felsentauben können nahezu ganzjährig brüten und produzieren bis zu fünf Gelege mit je zwei Eiern.

Hohltaube *(rechte Seite oben)*

Lateinisch: *Columba oenas*
Familie: Tauben – Columbidae
Verbreitung: Europa bis SW-Asien, NW-Afrika
Lebensraum: Offene Landschaften bis Waldland
Größe: 32–34 cm

Hohltauben unterscheiden sich von den ebenso großen Haustauben stets durch ihren gelben Schnabel. Sie sind Höhlenbrüter und bewohnen gern vom Schwarzspecht gezimmerte Baumhöhlen. In baumloser Landschaft wie z. B. auf deutschen Nordseeinseln benutzen sie Kaninchenlöcher, um ihre beiden Eier auszubrüten. Sie fressen meist Samen und Getreide, oft gemeinsam mit Ringeltauben.

Ringeltaube *(unten links)*

Lateinisch: *Columba palumbus*
Familie: Tauben – Columbidae
Verbreitung: Europa bis N-Indien, NW-Afrika
Lebensraum: Wälder, Parks, Felder
Größe: 41–45 cm

Weiße Gefiederpartien am Hals und auf den Flügeln kennzeichnen die größte europäische Taubenart, die sich trotz starker Bejagung erfolgreich in der Kulturlandschaft behauptet. Zur Brutzeit machen sie mit ihren hohl klingenden Rufen sowie durch Flügelklatschen bei Balzflügen auf sich aufmerksam. Das kümmerliche Nest besteht nur aus ein paar Zweigen in einer Astgabel.

Türkentaube *(unten Mitte)*

Lateinisch: *Streptopelia decaocto*
Familie: Tauben – Columbidae
Verbreitung: Europa, Vorderasien bis O-China; eingebürgert in O-USA
Lebensraum: Halbwüsten, Städte, Dörfer, Parks, Gärten
Größe: 30–32 cm

Der schwarze Nackenstreif ist das auffälligste Merkmal der hellbeige befiederten Vögel. Die ursprünglich in Asien beheimatete Art hat sich seit 1930 in Windeseile über ganz Europa ausgebreitet und zahlenmäßig stark zugenommen. Türkentauben brüten bis zu achtmal im Jahr und die beiden Jungvögel schreiten ihrerseits schon im Alter von vier Monaten zur Brut.

Turteltaube *(unten rechts)*

Lateinisch: *Streptopelia turtur*
Familie: Tauben – Columbidae
Verbreitung: Europa bis Mittelasien, N-Afrika; im Winter Senegal bis Äthiopien
Lebensraum: Offene Wälder, Steppen, Halbwüsten
Größe: 27–29 cm

Die stark gemusterten Flügel und die schwarzweiße Streifung am Hals verleihen der schlanken Turteltaube ein hübsches Aussehen. Zur Brutzeit hört man aus Feldern ihren rollenden Ruf, dem sie ihren Namen verdankt. Turteltauben ernähren sich am Boden von Samen und Früchten und ziehen im Herbst in breiter Front über die Sahara, an deren Rand ihr Überwinterungsgebiet liegt.

Kuckuck *(oben und unten)*

Lateinisch: *Cuculus canorus*
Familie: Kuckucke – Cuculidae
Verbreitung: Eurasien, NW-Afrika; im Winter S-Afrika, SO-Asien
Lebensraum: Wälder, offene Landschaften, Schilf
Größe: 32–33 cm

Kuckucke sind nicht nur durch ihren Ruf, sondern auch für ihren Brutparasitismus bekannt. Für über 100 Singvogelarten wurde nachgewiesen, dass Kuckucksweibchen ein Ei, das denen der Wirtsvögel farblich ähnelt, ins Nest legen. Das Kuckucksjunge schlüpft schnell und wirft alle Eier aus dem Nest, um sämtliches Futter für sich zu bekommen. Altvögel fressen Raupen, aber auch Heuschrecken und Käfer.

Schleiereule *(oben rechts)*

Lateinisch: *Tyto alba*
Familie: Schleiereulen – Tytonidae
Verbreitung: Europa, Afrika, S-Asien, Australien, S-Kanada bis Feuerland
Lebensraum: Offene Landschaften, Dörfer
Größe: 29–44 cm

Die fast weltweit verbreitete Art ist gut an ihrem weißen, herzförmigen Gesicht mit dunklen Augen zu erkennen. Schleiereulen ernähren sich überwiegend von Mäusen, die sie mit ihrem hervorragenden Gehör orten. Im Norden erleiden sie in schneereichen Wintern starke Verluste, da Mäuse dann versteckt bleiben. Bei gutem Nahrungsangebot können sie aber im Sommer mit Zweitbruten die Lücken wieder füllen.

Zwergohreule *(oben links)*

Lateinisch: *Otus scops*
Familie: Eulen – Strigidae
Verbreitung: S-Europa, SW-Asien, NW-Afrika; im Winter Afrika südl. Sahara
Lebensraum: Offene Wälder, Parks, Gärten
Größe: 16–20 cm

Zwergohreulen sind ähnlich der grauen Baumrinde gefärbt und so tagsüber beim Schlafen gut getarnt. Nachts rufen sie in regelmäßigen Abständen einen einsilbigen Pfeifton. Zum Brüten benutzen sie Höhlungen in Bäumen oder Mauern, auch alte Elster- oder Greifvogelnester sind beliebt. Im Nest kümmert sich das Weibchen um Eier und Jungvögel, zum Füttern erscheint auch das Männchen.

Uhu *(unten)*

Lateinisch: *Bubo bubo*
Familie: Eulen – Strigidae
Verbreitung: Europa, Asien
Lebensraum: Felsige Gebirge, Wälder, Städte
Größe: 60–75 cm

Die größte europäische Eulenart hat eine Flügelspannweite von fast 2 m und ist an den Federbüscheln am Kopf erkennbar. Obwohl sie meist kleine Säuger wie Hasen oder Igel fressen, können sie auch Vögel bis zur Größe eines Graureihers erbeuten. Uhus haben ihren Namen vom tiefen, zweisilbigen Balzruf des Männchens. Sie brüten in Felswänden oder alten Baumnestern von Greifvögeln.

Schneeeule *(oben links)*

Lateinisch: *Nyctea scandiaca*
Familie: Eulen – Strigidae
Verbreitung: Arktis N-Eurasiens und N-Amerikas
Lebensraum: Tundra
Größe: 55–70 cm

Schneeeulen sitzen meist regungslos in der Tundra und horchen nach Geräuschen, mit denen sich Lemminge und andere Kleinsäuger auch über größere Entfernungen verraten. Mit ihren ausgezeichneten Augen finden sie diese dann schnell. Die Gelegegröße variiert zwischen drei und elf Eiern, je nach Häufigkeit der Beutetiere.

Bartkauz *(oben rechts)*

Lateinisch: *Strix nebulosa*
Familie: Eulen – Strigidae
Verbreitung: N-Eurasien, N-Nordamerika
Lebensraum: Dichte Nadelwälder
Größe: 59–68 cm

Schon im Januar kann die Paarbildung bei den riesigen Eulen beginnen, die Eiablage erfolgt aber erst ab März in einem hohlen Baumstumpf oder alten Greifvogelnest. Je nachdem wie gut das Angebot an Mäusen ist, legt das Weibchen 2–9 Eier, brütet sie allein aus und wird dabei vom Männchen gefüttert. Im Winter können Bartkäuze Mäuse selbst unter dem Schnee hören und fangen.

Habichtskauz *(unten links)*

Lateinisch: *Strix uralensis*
Familie: Eulen – Strigidae
Verbreitung: N- und SO-Europa bis O-Asien
Lebensraum: Wälder
Größe: 50–62 cm

Habichtskäuze sind nächtliche Jäger, die direkt nach der Abenddämmerung und kurz vor dem Morgengrauen am aktivsten sind. Auf Ästen warten sie, bis sich eine Maus, ein Hase oder auch eine Taube durch ein Rascheln verrät und stürzen sich dann auf die Beute. Sie brüten meist in Baumhöhlen und verteidigen ihren Nachwuchs vehement gegen Eindringlinge.

Waldkauz *(linke Seite unten rechts)*

Lateinisch: *Strix aluco*
Familie: Eulen – Strigidae
Verbreitung: Europa, N-Afrika, W-Asien, Himalaja, S-China
Lebensraum: Wälder, Parks
Größe: 37–39 cm

Waldkäuze sind durch ihren heulenden Gesang bekannt. Zu Gesicht bekommt man die dunkelbraunen Eulen mit dunklen Augen selten, denn tagsüber bleiben sie im Geäst oder in Baumhöhlen verborgen. Bei der nächtlichen Jagd erbeuten sie vor allem kleine Säuger. In Baumhöhlen werden meist 3–5 Eier ausgebrütet. Wird die Höhle zu eng, sitzen die Jungen aufgereiht auf einem nahen Ast.

Sperbereule *(oben)*

Lateinisch: *Surnia ulula*
Familie: Eulen – Strigidae
Verbreitung: N-Eurasien, N-Nordamerika
Lebensraum: Wälder, offenes Waldland
Größe: 35–43 cm

Die gestreifte Unterseite gab den Sperbereulen ihren Namen, ein sehr typisches Merkmal ist aber auch der recht lange Schwanz. Sperbereulen jagen am Tag und in der Nacht, wobei sie von einem Ansitz aus horchen, ob sich in ihrer Umgebung ein Beutetier bewegt. In der Brutzeit fressen sie Mäuse, doch kann im Winter die Nahrung auch aus Drosseln und Schneehühnern bestehen.

Sperlingskauz *(unten links)*

Lateinisch: *Glaucidium passerinum*
Familie: Eulen – Strigidae
Verbreitung: Mittel- und N-Europa bis O-Asien
Lebensraum: Offene Nadel- und Mischwälder
Größe: 16–17 cm

Die kleinsten europäischen Eulen fressen zu etwa gleichen Anteilen Mäuse und kleine Vögel. Sie jagen tagsüber und in der Dämmerung, da sie nachts nicht ausreichend gut sehen können. Besonders von November bis Januar legen sie Vorratslager in Baumhöhlen an, in denen bis zu 200 Beutetiere gefunden wurden. Auch die Brut mit 4–7 Eiern findet in einer Baumhöhle statt.

Steinkauz *(unten rechts)*

Lateinisch: *Athene noctua*
Familie: Eulen – Strigidae
Verbreitung: Europa bis O-Asien, N-Afrika, Arabien
Lebensraum: Halb offenes Gelände
Größe: 21–23 cm

Die kleine, rundliche Eulenart ist tag- und nachtaktiv. Die Gefiederfärbung ist dunkelbraun mit heller Fleckung, in Wüstengebieten deutlich heller. Steinkäuze brüten in Baumhöhlen und Mauernischen, in Mitteleuropa gern in Kopfweiden und in eigens für sie errichteten Niströhren. Sie ernähren sich von Mäusen, aber auch von Kleinvögeln, Reptilien, Insekten und sogar Regenwürmern.

Raufußkauz *(oben)*

Lateinisch: *Aegolius funereus*
Familie: Eulen – Strigidae
Verbreitung: N-Eurasien, N-Nordamerika
Lebensraum: Wälder
Größe: 21–25 cm

Das kleine dunkelbraune Käuzchen hat ein weißliches, etwas eckig wirkendes Gesicht. Mit Glück kann man den Kopf aus einer Baumhöhle oder einem Nistkasten lugen sehen. Das Gelege wird nur vom Weibchen bebrütet, aber das Männchen füttert sie dabei. In Jahren, in denen Wühlmäuse häufig sind, können Weibchen mehrmals hintereinander Gelege produzieren.

Sumpfohreule *(unten links)*

Lateinisch: *Asio flammeus*
Familie: Eulen – Strigidae
Verbreitung: N-Eurasien, Amerika; im Winter auch N-Afrika, S-Asien
Lebensraum: Moore, Heiden, Feuchtgebiete
Größe: 37–38 cm

Im Gegensatz zu Waldohreulen, von denen sie sich durch kurze Federohren und eine gelbe Iris unterscheiden, sind Sumpfohreulen auch tagsüber aktiv und deshalb viel häufiger zu sehen. In weihenähnlichem Jagdflug streichen sie dicht über den Boden und schlagen mit blitzschneller Wendung zu. Die Nestmulde wird am Boden ausgescharrt und mit Gras ausgelegt.

Waldohreule *(unten rechts)*

Lateinisch: *Asio otus*
Familie: Eulen – Strigidae
Verbreitung: Eurasien, N-Amerika
Lebensraum: Wälder, Feldgehölze, Parks
Größe: 35–40 cm

Waldohreulen sehen mit ihren länglichen Federohren und der orangefarbenen Iris wie eine Miniaturausgabe des Uhus aus. Sie sind recht häufige Brutvögel in alten Krähen- und Greifvogelnestern, doch wegen ihrer Nachtaktivität sind sie selten zu sehen. Ihre Hauptnahrung sind Mäuse, die sie mit ihrem ausgezeichneten Gehör auch bei völliger Dunkelheit orten können.

Ziegenmelker *(oben)*

Lateinisch:	*Caprimulgus europaeus*
Familie:	Nachtschwalben – Caprimulgidae
Verbreitung:	Europa bis Zentralasien, N-Afrika; im Winter Afrika südl. Sahara
Lebensraum:	Offene, trockene Landschaften mit Bäumen
Größe:	24–28 cm

Ziegenmelker sitzen tagsüber bewegungslos auf Ästen oder am Boden und sind aufgrund ihrer borkenahnlichen Tarnung kaum zu sehen. Nachts und in der Dämmerung fliegen sie jagend umher, reißen ihren riesigen Rachen weit auf und erbeuten so fliegende Insekten. Ihre 1–2 Eier legen sie ohne Nest auf den Boden. Das Männchen übernimmt später die Betreuung der Jungen, während das Weibchen ein weiteres Gelege produziert.

SEGLER UND KOLIBRIS

Alpensegler *(Mitte)*

Lateinisch:	*Apus melba*
Familie:	Segler – Apodidae
Verbreitung:	S-Europa bis Indien, Afrika
Lebensraum:	Gebirge, Städte
Größe:	20–23 cm

Die sehr großen Segler sind durch ihren weißen Bauch und die weiße Kehle unverwechselbar. Alle europäischen, nordafrikanischen und vorderasiatischen Alpensegler sind Zugvögel, die in Zentral- und Ostafrika überwintern. Sie brüten an Vorsprüngen oder Höhlungen von Felsen und hohen Gebäuden und jagen in der Luft fliegende Insekten.

Mauersegler *(unten)*

Lateinisch:	*Apus apus*
Familie:	Segler – Apodidae
Verbreitung:	Europa bis O-Asien, N-Afrika; im Winter Afrika südl. Sahara
Lebensraum:	Luftraum über Städten, Feldern, Wäldern und Gewässern
Größe:	16–17 cm

Mauersegler können an ihren schmalen, sichelförmigen Flügeln leicht von Schwalben unterschieden werden. Sie halten sich fast immer in der Luft auf, selbst Schlaf und Paarung erfolgen am Himmel. Nur zum Bebrüten der Eier suchen sie Fels- und Mauernischen oder Baumhöhlen auf. Bei erfolgloser Nahrungssuche durch schlechtes Wetter weichen sie kurzfristig hunderte von Kilometern aus.

Eisvogel *(Mitte)*

Lateinisch: *Alcedo atthis*
Familie: Eisvögel – Alcedinidae
Verbreitung: Europa und N-Afrika bis SO-Asien
Lebensraum: Fließgewässer und Seen
Größe: 16 cm

Eisvögel fallen durch ihr türkis schillerndes Gefieder sowie einen großen Schnabel und kurzen Schwanz auf. Von Ästen aus, die über das Wasser reichen, stoßen sie hinab, um kleine Fische zu fangen. Frieren in kalten Wintern selbst schnell fließende Bäche zu, verhungern viele Eisvögel. Durch mehrere Jahresbruten in Erdröhren an Steilufern können sie dies wieder ausgleichen.

Blauwangenspint *(oben)*

Lateinisch: *Merops persicus*
Familie: Spinte – Meropidae
Verbreitung: N-Afrika, SW-Asien; im Winter Afrika südl. Sahara
Lebensraum: Wüsten, Halbwüsten, Steppen; im Winter Savannen, Feuchtgebiete
Größe: 28–32 cm

Abgesehen von der bunten Kopfzeichnung wirken Blauwangenspinte einfarbig grün, im Flug offenbaren sich jedoch braunrote Unterflügel. Sie brüten einzeln oder in kleinen Kolonien, manchmal zusammen mit Bienenfressern. Bevor das Weibchen 4–8 Eier legen kann, muss eine 1–3 m tiefe Brutröhre in eine Steilwand gegraben werden.

Bienenfresser *(unten)*

Lateinisch: *Merops apiaster*
Familie: Spinte – Meropidae
Verbreitung: Mittelmeerraum bis SW-Asien, S-Afrika; im Winter Afrika südl. Sahara
Lebensraum: Offene Landschaften mit Bäumen
Größe: 28 cm

Bienenfresser gehören mit ihren türkisblauen, roten und gelben Federpartien zu den buntesten Vögeln Europas. An steilen Gewässerufern graben sie bis zu 150 cm tiefe Röhren in den Boden, in denen sie 4–10 Eier ausbrüten. Im Flug jagen sie vor allem Hummeln und Bienen, deren Stachel sie durch Reiben an ihrem Ansitz entfernen.

Blauracke *(unten links)*

Lateinisch: *Coracias garrulus*
Familie: Racken – Coraciidae
Verbreitung: Mittelmeerraum, O-Europa bis Kasachstan; im Winter Afrika südl. Sahara
Lebensraum: Offene Landschaften mit alten Bäumen
Größe: 31–32 cm

Die herrlich türkis schillernde Art ist vielfach stark zurückgegangen und in Deutschland sogar ausgestorben. Grund dafür ist oft das Fehlen alter Bäume in der offenen Landschaft, in denen sie Gelege von 3–6 Eiern in Baumhöhlen ausbrüten. Sie können Kleintiere bis hin zu 20 cm langen Schlangen erbeuten, ernähren sich aber meist von großen Insekten.

Wiedehopf *(oben und unten rechts)*

Lateinisch: *Upupa epops*
Familie: Wiedehopfe – Upupidae
Verbreitung: Europa bis O-Asien, Afrika
Lebensraum: Parks, Obstgärten, Heiden, Weinberge, Savannen
Größe: 25–29 cm

Die aufstellbare Haube und die schwarzweiße Flügelstreifung machen Wiedehopfe unverwechselbar. Mit ihrem langen Schnabel stochern sie im Boden nach großen Insekten (besonders Grillen), doch fressen sie auch bis zu 15 cm lange Reptilien. Ihr Nest bauen sie in Baumhöhlen oder Ruinen und ziehen dort bis zu acht Junge groß. Fast alle europäischen Wiedehopfe sind Zugvögel und überwintern südlich der Sahara.

Wendehals *(oben)*

Lateinisch: *Jynx torquilla*
Familie: Spechte – Picidae
Verbreitung: Europa bis O-Asien; im Winter Afrika südl. Sahara, SO-Asien
Lebensraum: Offene Wälder, Obstgärten, Parks
Größe: 16–18 cm

Zwei nach hinten gerichtete Zehen und eine sehr lange Zunge kennzeichnen Wendehälse als Spechtvögel. Ihrer rindenartigen Tarnfärbung zum Trotz suchen sie meist auf dem Boden nach Nahrung. Sie fressen vor allem Ameisen, deren Haufen sie mit dem Schnabel öffnen. Bei der Suche nach einer Bruthöhle sind sie nicht zimperlich und entfernen mitunter Eier und Jungvögel anderer Arten.

Kleinspecht *(unten links)*

Lateinisch: *Dendrocopos minor*
Familie: Spechte – Picidae
Verbreitung: Europa bis O-Asien, NW-Afrika
Lebensraum: Laubwälder, Parks, Gärten
Größe: 14–16 cm

Der Rücken der kleinsten europäischen Spechte wirkt schwarzweiß gestreift, nur das Männchen hat eine rote Kopfplatte. Bei der Suche nach Insekten sind Kleinspechte seltener am Stamm, sondern meist an dicken, aufrechten Ästen zu sehen. In der selbst gezimmerten Baumhöhle werden 5–6 Jungvögel erbrütet, die nach drei Wochen flügge sind und dann noch 1–2 Wochen betreut werden.

Mittelspecht *(linke Seite unten rechts)*

Lateinisch:	*Dendrocopos medius*
Familie:	Spechte – Picidae
Verbreitung:	Europa bis Iran
Lebensraum:	Laubwälder
Größe:	20–22 cm

Mittelspechte sind Buntspechten ähnlich, haben aber stets eine rote Kopfplatte. Sie bevorzugen Wälder mit Eichen und markieren ihr Revier nicht durch Schnabeltrommeln, sondern mit heiser klingenden Rufen. Ihren kräftigen Schnabel setzen sie aber ein, um Insekten aus dem Baumholz herauszuarbeiten und im Winter Nüsse zu öffnen.

Buntspecht *(oben)*

Lateinisch:	*Dendrocopos major*
Familie:	Spechte – Picidae
Verbreitung:	Europa bis O-Asien, NW-Afrika
Lebensraum:	Wälder, Parks
Größe:	20–24 cm

Im Sommer ernähren sich Buntspechte zumeist von Insekten, die sie durch Hämmern in morschem Holz freilegen. Im Winter fressen sie dagegen Samen, Zapfen von Nadelbäumen klemmen sie zum Aufhacken in Astgabeln. Mit Schnabeltrommeln grenzen sie im Frühjahr ihr Revier ab, dann werden in der selbst gebauten Höhle 4–8 Junge aufgezogen.

Schwarzspecht *(unten)*

Lateinisch:	*Dryocopus martius*
Familie:	Spechte – Picidae
Verbreitung:	Europa bis O-Asien
Lebensraum:	Wälder
Größe:	45–55 cm

Bis auf die rote Kopfplatte ist das Gefieder der größten europäischen Spechte einfarbig schwarz. Sie bewohnen nur Wälder mit großen alten Bäumen, in die sie ihre Bruthöhlen zimmern können. Geeignete Bäume werden mehrere Jahre genutzt, so dass ein solcher Stamm dann flötenartig durchlöchert ist. Das Revier wird mit Rufen und drei Sekunden langem Trommeln markiert. Insekten suchen sie meist im unteren Stammbereich, Ameisen auch am Boden.

Grünspecht *(rechts)*

Lateinisch: *Picus viridis*
Familie: Spechte – Picidae
Verbreitung: Europa
Lebensraum: Waldränder, Parks, Obstgärten
Größe: 30–36 cm

Die lachenden Rufe der Grünspechte sind häufig und weit zu hören, zu sehen sind die scheuen Spechte weitaus seltener. Sie halten sich bevorzugt am Boden auf, wo sie insbesondere Ameisen zu sich nehmen. Ihre 5–8 Eier brüten beide Partner in einer selbst gezimmerten Höhle aus. Nach dem Ausfliegen der Jungen begleitet jeder Elternteil eine Hälfte der Familie bis zu sieben Wochen lang.

Grauspecht *(links)*

Lateinisch: *Picus canus*
Familie: Spechte – Picidae
Verbreitung: Europa bis O- und SO-Asien
Lebensraum: Wälder
Größe: 26–33 cm

Im Frühjahr ist die traurig klingende, leicht in der Tonhöhe abfallende Rufreihe der Grauspechte typischer Bestandteil der Klangkulisse europäischer Laubwälder. Wie die ähnlichen Grünspechte suchen sie ihre Nahrung meist am Boden und fressen vor allem Ameisen. Grauspechte sind sehr standorttreu, doch nach der Brutzeit streifen sie ein wenig umher und besuchen dann auch Gärten, im Winter auch Futterhäuser.

Haubenlerche *(oben)*

Lateinisch: *Galerida cristata*
Familie: Lerchen – Alaudidae
Verbreitung: Europa bis O-China, N-Afrika
Lebensraum: Ödland, Ackerland, Halbwüsten
Größe: 17–19 cm

Die an ihrer stets aufgerichteten Haube leicht erkennbaren Lerchen sind meist häufige Vögel entlang von Straßen und an Ortsrändern. Sie fressen Samen, die sie mit dem Schnabel bis zu 2 cm tief aus dem Boden ausgraben. Das Nest bauen sie aus Gräsern am Boden, entweder im Schutz von Pflanzenbüscheln oder mit vor der Sonne schützendem Dach.

Heidelerche *(unten links)*

Lateinisch: *Lullula arborea*
Familie: Lerchen – Alaudidae
Verbreitung: Europa bis Iran, N-Afrika
Lebensraum: Offene Wälder, Heiden
Größe: 14–15 cm

Heidelerchen sind etwas kleiner als Feldlerchen und haben einen recht kurzen Schwanz. Ihren wohlklingenden Gesang, den sie im Flug vortragen, kann man besonders in lichten Kiefernwäldern hören. Im Gegensatz zu manch anderer Lerchenart sind Heidelerchen eher Einzelgänger und treten selbst auf dem Zug kaum im Trupp auf. Ihre Nester befinden sich am Boden und enthalten 3–5 Eier.

Wüstenläuferlerche *(unten rechts)*

Lateinisch: *Alaemon alaudipes*
Familie: Lerchen – Alaudidae
Verbreitung: N-Afrika, Arabien bis Afghanistan
Lebensraum: Wüsten
Größe: 18–20 cm

Auf dem Wüstenboden sind die langschnäbeligen Lerchen mit ihrem sandfarbenen Gefieder bestens getarnt. Im Flug zeigt sich aber eine prächtige schwarzweiße Flügelzeichnung – besonders beim Singflug, bei dem melancholisch flötende Töne hervorgebracht werden. Ein Großteil der Nahrung, die aus Insekten und Schnecken besteht, wird mit dem Schnabel aus dem Sand gegraben.

Feldlerche *(oben Mitte)*

Lateinisch: *Alauda arvensis*
Familie: Lerchen – Alaudidae
Verbreitung: Europa, Vorder- und N-Asien, N-Afrika; eingebürgert in Australien, Neuseeland, Hawaii
Lebensraum: Offene Landschaften, Grünland, Äcker
Größe: 18 cm

Die braun gefärbte Art hat eine kleine Haube, die nur selten aufgerichtet wird. Beim Singflug steigt die Feldlerche im Rüttelflug senkrecht auf, singt minutenlang mit klirrender Stimme und ahmt dabei auch Rufe anderer Vogelarten nach. Als Steppenvogel wanderte sie mit dem Ackerbau nach Europa ein, hat aber heute unter der intensiven Landwirtschaft zu leiden.

Ohrenlerche *(unten)*

Lateinisch: *Eremophila alpestris*
Familie: Lerchen – Alaudidae
Verbreitung: N-Eurasien, NW-Afrika, Balkan bis Iran, N-Amerika, Kolumbien
Lebensraum: Gebirge, Moore, Tundra; im Winter auch Salzwiesen, Strände
Größe: 16–19 cm

Die in Gebirgen des Mittelmeerraums bis Vorderasien brütenden Ohrenlerchen sind Standvögel, weichen aber im Winter in niedrigere Höhenlagen aus. Die arktischen Brutvögel Sibiriens und Skandinaviens sind dagegen Zugvögel, die an nord- bis westeuropäischen Küsten überwintern. Sie ernähren sich dort von verschiedenen Pflanzensamen in den Salzwiesen.

Uferschwalbe *(oben links)*

Lateinisch: *Riparia riparia*
Familie: Schwalben – Hirundinidae
Verbreitung: Eurasien, N-Amerika; im Winter Afrika südl. Sahara, Mittel- und Südamerika
Lebensraum: Offenes Gelände am Wasser
Größe: 12 cm

Die recht kleinen, braunweißen Schwalben brüten oft in riesigen Kolonien an sandigen Steilufern von Flüssen und Küsten, heute auch in Kies- und Sandgruben. Ihre Bruthröhren graben sie tief in den Boden und polstern die Brutkammer am Ende mit Gras, Laub und Federn aus. Die Jungen werden drei Wochen lang mit im Flug gefangenen Insekten gefüttert.

Rauchschwalbe *(oben rechts)*

Lateinisch: *Hirundo rustica*
Familie: Schwalben – Hirundinidae
Verbreitung: Eurasien, N-Afrika, N-Amerika; im Winter Südhalbkugel
Lebensraum: Offenes Gelände, oft an Gewässern
Größe: 18 cm

Die oberseits stahlblauen Schwalben mit ziegelroter Kehle erreichen auf ihren langen Zugstrecken fast die gesamte Welt. Sie jagen fliegende Insekten und brüten unter Brücken und in Stallungen. Dort bauen sie ein fast geschlossenes Nest aus Lehmklümpchen, in dem sie 4–5 Junge aufziehen. Außerhalb der Brutzeit sind sie sehr gesellig und sammeln sich abends an Schlafplätzen.

Mehlschwalbe *(Mitte)*

Lateinisch: *Delichon urbica*
Familie: Schwalben – Hirundinidae
Verbreitung: Europa bis Zentralasien, NW-Afrika; im Winter Afrika südl. Sahara
Lebensraum: Offene Flächen bei Felsen und Siedlungen
Größe: 13 cm

Mehlschwalben waren ursprünglich Brutvögel an Felswänden im Gebirge oder an Steilküsten, doch haben sie heute großflächig menschliche Siedlungen als künstliche Felslandschaften besiedelt. Die schwarzweißen Vögel mit auffällig weißem Bürzel bauen meist in Kolonien ihre Nester aus Lehm unter Vorsprünge an Felswänden oder Mauern.

Rötelschwalbe *(unten)*

Lateinisch: *Hirundo daurica*
Familie: Schwalben – Hirundinidae
Verbreitung: Mittelmeerraum bis O-Asien, Afrika südl. Sahara
Lebensraum: Offene Landschaften mit Felsen
Größe: 14–19 cm

Mit langen Schwanzspießen erinnern Rötelschwalben sehr an Rauchschwalben, doch unterscheiden sie sich von ihnen durch einen rosafarbenen Bürzel und ein helles Gesicht. Sie brüten unter Felsvorsprüngen, gelegentlich auch an Gebäuden oder in Ruinen. Das Nest wird mit einem Eingangstunnel aus Lehmkügelchen gebaut und mit Pflanzenhalmen stabilisiert.

Schafstelze *(oben)*

Lateinisch: *Motacilla flava*
Familie: Stelzen und Pieper – Motacillidae
Verbreitung: Eurasien, W-Alaska; im Winter Afrika südl. Sahara, SO-Asien
Lebensraum: Feuchte Niederungen, Wiesen, Ackerland
Größe: 17 cm

Von der Schafstelze lassen sich 13 Unterarten unterscheiden, die alle unterseits gelb sind, aber Kopfzeichnungen von ganz gelb über grau bis schwarz haben. Meist sind sie Langstreckenzieher, die sich außerhalb der Brutzeit in Trupps und im Winterquartier oft in Schwärmen aufhalten. Ihren Namen tragen Schafstelzen, da sie bei ihrer Nahrungssuche häufig zwischen Weidevieh umherlaufen.

Bachstelze *(linke Seite unten)*

Lateinisch: *Motacilla alba*
Familie: Stelzen und Pieper – Motacillidae
Verbreitung: Eurasien;
im Winter auch N-Afrika, Arabien, SO-Asien
Lebensraum: Offenes Gelände, meist in Wassernähe
Größe: 18 cm

Im hiesigen Verbreitungsgebiet gibt es neun Unterarten, die alle schwarz-weiß-graues Gefieder haben und fast ständig mit ihrem langen Schwanz wippen. Auf der Suche nach Insekten laufen sie unermüdlich am Boden umher, sprigen aber auch nach oben, um Fliegen aus der Luft zu schnappen. Bachstelzen brüten in Halbhöhlen, z. B. unter großen Steinen oder an Gebäuden.

Gebirgsstelze *(oben)*

Lateinisch: *Motacilla cinerea*
Familie: Stelzen und Pieper – Motacillidae
Verbreitung: Europa, N-Asien, N-Afrika
Lebensraum: Fließgewässer
Größe: 18–19 cm

Wie Schafstelzen haben Gebirgsstelzen eine gelbe Unterseite, doch unterscheiden sie sich von ihnen durch den viel längeren Schwanz, den grauen Rücken und beim Männchen auch durch die schwarze Kehle. Ihr Nest bauen sie direkt am Bachufer oder unter kleinen Brücken. Bei der Nahrungssuche picken Gebirgsstelzen Insekten vom Boden auf oder fangen sie aus der Luft.

Baumpieper *(Mitte)*

Lateinisch: *Anthus trivialis*
Familie: Stelzen und Pieper – Motacillidae
Verbreitung: Europa bis O-Asien;
im Winter Afrika südl. Sahara, S-Asien
Lebensraum: Offene Wälder, Waldränder, Lichtungen
Größe: 14–16 cm

Baumpieper sehen den etwas kleineren Wiesenpiepern sehr ähnlich, sind aber in ihrem Vorkommen an Baumbestände gebunden. Gesang und Form des Singflugs erinnern ebenfalls an die nah verwandte Art, doch beginnt und endet der Singflug nicht am Boden, sondern auf einer Baumspitze. Die Suche nach Insekten und das Brüten findet jedoch am Boden statt.

Wiesenpieper *(unten)*

Lateinisch: *Anthus pratensis*
Familie: Stelzen und Pieper – Motacillidae
Verbreitung: N-Europa bis Mittelsibirien, SO-Grönland;
im Winter Mittelmeerraum
Lebensraum: Wiesen, Ackerland, Tundra
Größe: 14,5 cm

Die unterseits gefleckten Wiesenpieper wuseln unaufhörlich am Boden umher und sind sehr ruffreudig. Ihre napfförmigen Nester bauen sie gut versteckt unter Grasbüscheln am Boden. Sie steigern die Reichweite ihres Gesangs durch einen Singflug, der erst steil aufsteigt und dann kurvenreich zum Boden führt. Wiesenpieper sind sehr häufig und wandern in großen Scharen durch Europa.

Rotkehlpieper *(oben)*

Lateinisch: *Anthus cervinus*
Familie: Stelzen und Pieper – Motacillidae
Verbreitung: N-Eurasien; im Winter tropisches Afrika, SO-Asien
Lebensraum: Tundra; im Winter nasses Grasland
Größe: 14–15 cm

Die Rotfärbung von Kopf und Kehle ist individuell sehr verschieden und fehlt manchmal völlig. Zu erkennen sind sie jedoch immer an zwei cremefarbenen Längstreifen auf dem Rücken. Auf dem Zug und im Winterquartier halten sich Rotkehlpieper im Gras versteckt auf, machen aber durch ihre feinen Rufe auf sich aufmerksam, mit denen Truppmitglieder untereinander Kontakt halten.

Strandpieper *(Mitte)*

Lateinisch: *Anthus petrosus*
Familie: Stelzen und Pieper – Motacillidae
Verbreitung: Küsten von W-Frankreich bis Kola-Halbinsel; im Winter S-Skandinavien bis NW-Afrika
Lebensraum: Felsküsten; im Winter auch Salzwiesen
Größe: 16–17 cm

Strandpieper sind relativ dunkel und unterseits stark gefleckt. Sie sind eng an felsige Küsten gebunden und bauen dort in Höhlungen von Klippen oder unter dichter Vegetation ein Nest. Als eine der wenigen Singvogelarten, die regelmäßig felsige Gezeitenzone aufsuchen, nehmen sie auch Wasserasseln, kleine Krebse und Meeresschnecken zu sich.

Bergpieper *(unten)*

Lateinisch: *Anthus spinoletta*
Familie: Stelzen und Pieper – Motacillidae
Verbreitung: Europa bis NW-China; im Winter auch N-Afrika
Lebensraum: Grünland im Hochgebirge; im Winter Fluss- und Seeufer
Größe: 16–17 cm

Während sie im Winter anderen Piepern recht ähnlich sehen, tragen Bergpieper ein Brutkleid mit grauem Kopf und rosafarbener Brust. Sie brüten zweimal im Jahr an oder oberhalb der Baumgrenze. Das Nest bauen sie in Höhlungen zwischen Felsen oder versteckt unter dichter Vegetation. Im Winter ziehen sie nicht in südliche Gefilde, sondern verteilen sich ins flachere Land.

Wintergoldhähnchen *(rechte Seite unten links)*

Lateinisch: *Regulus regulus*
Familie: Goldhähnchen – Regulidae
Verbreitung: Europa bis Japan
Lebensraum: Nadelwälder
Größe: 9 cm

Der kleinste europäische Vogel, der nur etwa 5 Gramm wiegt, ist vor allem durch seinen gelben (bei Männchen orangegelben) Scheitelstreif gekennzeichnet. Unaufhörlich huschen Goldhähnchen hoch wispernd durch das Geäst von Nadelbäumen, um kleine Insekten und Spinnen aufzusammeln. Mit 9–11 Eiern ist das Gelege für Singvögel ungewöhnlich groß.

Sommergoldhähnchen *(unten oberes Bild)*

Lateinisch: *Regulus ignicapillus*
Familie: Goldhähnchen – Regulidae
Verbreitung: Mittel- und S-Europa, NW-Afrika
Lebensraum: Nadel- und Mischwälder, in S-Europa Eichenwälder
Größe: 9 cm

Durch ein leuchtenderes Grün auf dem Rücken, besonders aber schwarze und weiße Streifen am Kopf sind Sommergoldhähnchen viel bunter als Wintergoldhähnchen. Im Verhalten sind sich beide Arten recht ähnlich, doch sind Sommergoldhähnchen weniger an Nadelbäume gebunden. Im 20. Jahrhundert breitete sich die Art nach Norden aus und erreichte England, Holland und Dänemark.

Seidenschwanz *(rechts)*

Lateinisch: *Bombycilla garrulus*
Familie: Seidenschwänze – Bombycillidae
Verbreitung: N-Eurasien, NW-Nordamerika
Lebensraum: Nadel- und Mischwälder, im Winter auch Gärten
Größe: 20 cm

Für Seidenschwänze charakteristisch sind wachsähnliche Plättchen am Flügel, eine gelbe Schwanzbinde und eine Federhaube. Im Sommer ernähren sie sich überwiegend von Insekten. Im Winter fressen sie dagegen fast ausschließlich Beeren. Werden diese knapp, brechen Seidenschwänze aus Nordeuropa in Scharen nach Mitteleuropa auf, wo sie besonders gern Mistelbeeren und Obst verzehren.

Blutseidenschwanz *(rechts)*

Lateinisch: *Bombycilla japonica*
Familie: Seidenschwänze – Bombycillidae
Verbreitung: O-Sibirien; im Winter Japan, O-China
Lebensraum: Laub- und Zedernwälder; im Winter auch Parks, Gärten
Größe: 16 cm

Im Vergleich zum Seidenschwanz sind die ostasiatischen Verwandten kleiner, haben keine gelben Wachsplättchen am Flügel und zeigen eine rote Schwanzbinde. Außerhalb der Brutzeit, in der sie sich von Insekten ernähren, leben sie nomadisch und besuchen in Trupps auch Gärten, um dort Beeren zu fressen. Zum Rasten setzen sie sich gern auf Leitungen und Antennen.

Wasseramsel *(rechte Seite oben links)*

Lateinisch: *Cinclus cinclus*
Familie: Wasseramseln – Cinclidae
Verbreitung: Europa bis Mittelasien
Lebensraum: Schnell fließende Bäche
Größe: 18 cm

Die plumpen braunen Vögel mit weißem Kehllatz sieht man auf Steinen am oder im Gewässer sitzen, wobei sie häufig mit den Beinen knicksen. Als einzige Singvogelart können Wasseramseln tauchen und unter Wasser schwimmen. Dies nutzen sie, um Insektenlarven und Krebstierchen am Gewässerboden zu fangen. Das kuppelförmige Nest aus Moos, Gras und Blättern befindet sich meist unmittelbar am Ufer unter Steinen, Baumwurzeln oder Brücken.

Zaunkönig *(rechte Seite unten rechts)*

Lateinisch: *Troglodytes troglodytes*
Familie: Zaunkönige – Troglodytidae
Verbreitung: Europa bis O-Asien, N-Amerika
Lebensraum: Wälder, Gärten, Gebüsche
Größe: 9 cm

Der winzige Vogel ist rötlich braun gefärbt und hat nur einen kleinen Stummelschwanz, der stets aufgerichtet ist. Der schmetternde Gesang ist für einen solch kleinen Vogel erstaunlich laut und wird auch im Winter vorgetragen. Selbst auf Nahrungssuche, bei der Zaunkönige flink durch das Unterholz schlüpfen, sind sie ruffreudig. Zum Brüten baut das Männchen ein kugelförmiges Nest.

Alpenbraunelle *(rechte Seite oben rechts)*

Lateinisch: *Prunella collaris*
Familie: Braunellen – Prunellidae
Verbreitung: NW-Afrika, S-Europa bis Japan
Lebensraum: Bergwiesen, Felsgelände
Größe: 18 cm

Alpenbraunellen bewohnen Gebirgsregionen oberhalb der Baumgrenze, im Himalaja kommen sie bis in 8 000 m Höhe vor. Im Winter wandern sie in tiefer gelegene Täler. Zu bestimmen sind sie an ihrem bläulichen Kopf mit weißlicher Kehle sowie an ihren rotbraunen Flanken. Trotz ihres extremen Lebensraums brüten sie zweimal im Jahr.

Heckenbraunelle *(unten)*

Lateinisch:	*Prunella modularis*
Familie:	Braunellen – Prunellidae
Verbreitung:	Europa, N-Iran; eingeführt in Neuseeland
Lebensraum:	Wälder, Parks, Gärten
Größe:	14 cm

Heckenbraunellen sind unscheinbar braun gefärbt und unterscheiden sich von weiblichen Sperlingen durch ihren dünnen Schnabel und einen bläulichen Kopf. Gut verborgen schlüpfen und hüpfen sie durch das Unterholz, um Insekten und im Winter auch Samen zu suchen. Ab März erklingt von erhöhten Punkten aus der laute, klirrende Gesang. Männchen und Weibchen können polygam leben.

Steinrötel *(oben)*

Lateinisch:	*Monticola saxatilis*
Familie:	Drosseln – Turdidae
Verbreitung:	NW-Afrika, S-Europa, Vorderasien bis China; im Winter N- und O-Afrika
Lebensraum:	Felsiges Bergland, offenes Gelände mit Büschen
Größe:	17–20 cm

Die Männchen dieses scheuen Gebirgsvogels sind an der orangefarbenen Brust und dem bläulichen Kopf erkennbar, die Weibchen sind unscheinbar braun geschuppt. Weit hörbar ist der flötende Gesang, der teilweise im Flug vorgetragen wird. Als Neststandort wählen Steinrötel Höhlungen und Spalten in Felsen, Mauern oder unter Steinen.

Blaumerle *(linke Seite Mitte)*

Lateinisch:	*Monticola solitarius*
Familie:	Drosseln – Turdidae
Verbreitung:	Mittelmeerraum bis SO-Asien
Lebensraum:	Felsiges Bergland
Größe:	21–23 cm

Die drosselähnlichen Vögel sind matt dunkelblau (Männchen) oder bräunlich gefärbt (Weibchen). Der laute, flötende Gesang, den die Männchen von exponierten Felsen aus vortragen, erinnert sehr an Amseln. Zweimal im Jahr werden 4–5 Eier in einem Nest ausgebrütet, das sich in Felsspalten oder in Höhlungen an Gebäuden befindet. Im Winter wandern sie in niedrigere Höhenlagen.

Ringdrossel *(linke Seite unten)*

Lateinisch:	*Turdus torquatus*
Familie:	Drosseln – Turdidae
Verbreitung:	Europa bis Mittelasien; im Winter S-Europa, N-Afrika
Lebensraum:	Alpine Nadelwälder, felsige Bergwiesen
Größe:	24–27 cm

Die amselähnliche Drosselart ist durch einen weißen Halbmond an der Brust gut zu erkennen. Die Nahrung ist variabel und besteht im Brutgebiet aus Insekten, auf dem Zug oft auch aus verschiedenen Früchten und im Winterquartier aus Wacholderbeeren. Zum Vortragen ihres melancholisch flötenden Gesangs setzen sich Ringdrosseln gern auf exponierte Steine.

Wacholderdrossel *(oben)*

Lateinisch:	*Turdus pilaris*
Familie:	Drosseln – Turdidae
Verbreitung:	Grönland, Europa bis Mittelsibirien
Lebensraum:	Wälder, Feldgehölze, Parks, Gärten; im Winter Wiesen, Felder
Größe:	26 cm

Wacholderdrosseln leben sehr gesellig und sind an ihrem grauen Kopf und dem hellgrauen Rücken zu erkennen. Zum Brüten versammeln sie sich in kleinen Kolonien, den Winter verbringen sie in großen Schwärmen von oft mehreren hundert Vögeln. Mehr als andere europäische Drosseln halten sie sich in freier Landschaft auf, wo sie am Boden nach allerlei Wirbellosen und Beeren suchen.

Amsel *(unten)*

Lateinisch:	*Turdus merula*
Familie:	Drosseln – Turdidae
Verbreitung:	NW-Afrika, Europa bis China; eingeführt in Australien, Neuseeland
Lebensraum:	Wälder, Parks, Gärten, Städte
Größe:	24–25 cm

Ein wohlbekannter schwarzer (Männchen) oder brauner Vogel (Weibchen), der in den letzten 150 Jahren aus dem Wald in menschliche Siedlungen eingewandert ist. Dort ist der flötende Gesang in der Morgen- und Abenddämmerung ein typisches Klangerlebnis. Amseln brüten meist zwei- bis dreimal (mitunter auch fünfmal) im Jahr und ziehen dabei jeweils 3–5 Jungvögel auf.

Rotdrossel *(oben)*

Lateinisch: *Turdus iliacus*
Familie: Drosseln – Turdidae
Verbreitung: N-Europa bis Baikalsee; im Winter Mitteleuropa bis N-Afrika
Lebensraum: Wälder, im Winter auch offene Landschaften
Größe: 19–23 cm

Rostrote Flanken und ein weißlicher Überaugenstreif kennzeichnen die kleinste europäische Drossel, die auf dem Zug und im Winter oft mit Wacholderdrosseln vergesellschaftet ist. Das napfförmige Nest kann sowohl am Boden als auch in Bäumen gebaut werden. Meist finden zwei Jahresbruten statt, wobei jeweils 4–6 Jungvögel aufgezogen werden.

Teichrohrsänger *(unten)*

Lateinisch: *Acrocephalus scirpaceus*
Familie: Zweigsänger – Sylviidae
Verbreitung: Europa bis W-Sibirien; im Winter Afrika südl. Sahara
Lebensraum: Schilf
Größe: 13 cm

Teichrohrsänger sind oberseits braun und unterseits bräunlich weiß gefärbt und damit farblich gut an ihren Lebensraum angepasst. Zwar können sie auf dem Zug auch in Büschen rasten, doch finden sonst Nahrungssuche und Brut fast nur im Schilf statt. Im Frühjahr erscheinen sie erst ab Mai in Europa, da sie zur Befestigung des Nestes frisch ausgetriebene Schilfhalme benötigen.

Singdrossel *(oben links)*

Lateinisch: *Turdus philomelos*
Familie: Drosseln – Turdidae
Verbreitung: Europa, Sibirien bis Baikalsee; im Winter auch N-Afrika; eingeführt in Australien, Neuseeland
Lebensraum: Wälder, Parks, Gärten
Größe: 20–22 cm

Auffälligstes Kennzeichen ist die helle Unterseite mit dunkler Fleckung. Der Gesang besteht aus kurzen Phrasen, die stets zwei- bis dreimal wiederholt werden. Obwohl ihre Nahrung vielfältig ist, haben sich Singdrosseln auf kleine Gehäuseschnecken spezialisiert, die sie auf geeigneten Steinen, den Drosselschmieden, zertrümmern. In Frankreich und Spanien werden sie massenhaft geschossen.

Schilfrohrsänger *(oben Mitte)*

Lateinisch: *Acrocephalus schoenobaenus*
Familie: Zweigsänger – Sylviidae
Verbreitung: Europa bis Zentralsibirien; im Winter Afrika südl. Sahara
Lebensraum: Schilf und Gebüsch an Gewässern
Größe: 12–13 cm

Zur Brutzeit fallen Schilfrohrsänger, leicht erkennbar an ihrem gestreiften Gefieder, durch ihren kratzenden, sehr variablen Gesang auf. Ihr napfförmiges Nest befestigen sie sorgsam zwischen Schilfhalmen oder Ästen. Die Nahrung besteht aus Insekten, zur Zugzeit haben sie sich auf Blattläuse spezialisiert.

Feldschwirl *(oben rechts)*

Lateinisch: *Locustella naevia*
Familie: Zweigsänger – Sylviidae
Verbreitung: Europa; im Winter Afrika südl. Sahara
Lebensraum: Feuchtgebiete mit Dickicht und Gebüsch
Größe: 13 cm

Typisch für Schwirle ist eine versteckte Lebensweise, bei der sie durch dichten Bewuchs schlüpfen, ohne auch nur den geringsten Hinweis auf ihre Anwesenheit zu geben. Nur zur Brutzeit machen sich die Männchen durch anhaltenden Gesang bemerkbar, beim Feldschwirl ist es ein heuschreckenartiges Surren. An der dunkel gefleckten Oberseite und dem runden Schwanz sind sie zu erkennen.

Misteldrossel *(unten rechts)*

Lateinisch: *Turdus viscivorus*
Familie: Drosseln – Turdidae
Verbreitung: Europa bis Mittelasien, NW-Afrika
Lebensraum: Wälder, Parks
Größe: 26–29 cm

Die größten in Europa vorkommenden Drosseln sind ähnlich wie Singdrosseln gefärbt, doch sind die dunklen Flecken an Brust und Bauch klein und rund. Die scheuen Waldbewohner tragen ihren flötenden Gesang hoch in Bäumen vor und fallen oft erst durch ihren schnarrenden Ruf auf. Sie fressen auch Beeren von Misteln, die z. T. am Schnabel kleben bleiben und so verbreitet werden.

Drosselrohrsänger *(oben)*

Lateinisch: *Acrocephalus arundinaceus*
Familie: Zweigsänger – Sylviidae
Verbreitung: Europa bis W-China, N-Afrika; im Winter Afrika südl. Sahara, SO-Asien
Lebensraum: Ausgedehnte Schilfbestände
Größe: 19–20 cm

Nachdem sie im Mai aus dem Winterquartier zurückgekehrt sind, machen sich die mit Abstand größten europäischen Rohrsänger durch ihren lauten, tieftönigen Gesang im dichten Schilf bemerkbar. Die ersten ankommenden Männchen können sich die günstigsten Brutreviere aussuchen und haben schließlich den besten Bruterfolg. Die bis zu sechs Eier legt das Weibchen in ein an mehreren Schilfhalmen aufgehängtes Nest.

Gelbspötter *(unten)*

Lateinisch: *Hippolais icterina*
Familie: Zweigsänger – Sylviidae
Verbreitung: Mittel-, N- und O-Europa bis W-Sibirien; im Winter Afrika südl. Sahara
Lebensraum: Offene Laubwälder, Parks
Größe: 13 cm

Mit grünlich gelber Unterseite und kräftig grüner Oberseite erinnern Gelbspötter an Laubsänger, doch haben sie einen rundlicheren Kopf und ein helles Flügelfeld. Ihren Namen verdanken Spötter ihrer Eigenschaft, etliche Gesangselemente anderer Vogelarten in ihren eigenen Gesang einzubauen. Das Nest wird aus verschiedenem Pflanzenmaterial in Büschen oder Bäumen gebaut und außen oft mit Borke oder Wolle dekoriert.

Waldlaubsänger *(oben links)*

Lateinisch: *Phylloscopus sibilatrix*
Familie: Zweigsänger – Sylviidae
Verbreitung: Europa bis W-Sibirien; im Winter Sierra Leone bis Uganda
Lebensraum: Laubwälder
Größe: 12 cm

Wie seine nahen Verwandten Fitis und Zilpzalp ist der Waldlaubsänger, der oberseits gelblich grün, unterseits weiß und an der Brust zitronengelb gefärbt ist, ein Bodenbrüter mit kugeligem Nest. Von Mai bis Juni werden in loser Folge zwei ganz unterschiedliche Gesänge dargeboten: ein sich beschleunigendes Schwirren oder eine melancholische, abfallende Tonreihe.

Zilpzalp *(oben rechts)*

Lateinisch: *Phylloscopus collybita*
Familie: Zweigsänger – Sylviidae
Verbreitung: Europa bis Mittelsibirien; im Winter N-Afrika, Arabien, N-Indien
Lebensraum: Wälder, Parks, Gärten
Größe: 10–12 cm

Zwar ist das Gefieder dieses kleinen Vogels schlicht graugrün, doch singt er zur Brutzeit charakteristisch seinen Namen mit zwei sich abwechselnden Tönen. Das kugelförmige Nest wird entweder direkt am Boden oder in sehr geringer Höhe in Ästen oder in Efeu gebaut und mit Federn ausgepolstert. Das Gelege besteht aus 4–7 Eiern.

Fitis *(unten)*

Lateinisch: *Phylloscopus trochilus*
Familie: Zweigsänger – Sylviidae
Verbreitung: W-Europa bis O-Sibirien, W-Alaska; im Winter Afrika südl. Sahara
Lebensraum: Lichte Wälder, buschiges Moorland
Größe: 11 cm

Der Fitis ist ein gelblich grüner Laubsänger mit hellem Überaugenstreif. In Nordeuropa gehört er zu den häufigsten Singvögeln, überall ist dort der traurig klingende, abfallende Gesang zu hören. Auch in den afrikanischen Winterquartieren gehört die Art zu den besonders zahlreichen Vögeln. Fitisse fressen Insekten und Spinnen, die sie von Blättern und Zweigen abpicken.

Mönchsgrasmücke *(oben links)*

Lateinisch: *Sylvia atricapilla*
Familie: Zweigsänger – Sylviidae
Verbreitung: Europa bis W-Sibirien; im Winter N-, W- und O-Afrika
Lebensraum: Wälder, Parks
Größe: 14 cm

Bei diesen sonst ganz grauen Vögeln lassen sich die Männchen mit schwarzer Kappe von den Weibchen mit brauner Kappe unterscheiden. Ab April erklingt in den Brutgebieten ihr melodischer Gesang. Während mitteleuropäische Mönchsgrasmücken den Winter im Mittelmeerraum und neuerdings vermehrt in England verbringen, ziehen skandinavische Vögel bis jenseits der Sahara.

Gartengrasmücke *(oben rechts)*

Lateinisch: *Sylvia borin*
Familie: Zweigsänger – Sylviidae
Verbreitung: Europa bis W-Sibirien; im Winter Afrika südl. Sahara
Lebensraum: Lichte Wälder, Feldgehölze, Parks
Größe: 13–14 cm

Die unscheinbar grauen Vögel brüten in dichtem Gebüsch und ziehen 4–5 Jungvögel auf. Während sie sich die meiste Zeit von Insekten ernähren, wechseln sie im Spätsommer zu Früchten und Beeren und fressen sich auf dem Weg nach Süden immer größere Fettvorräte an. Nur so können sie die 3 000 km lange Strecke über die Sahara, in der sie keine Nahrung finden, überbrücken.

Dorngrasmücke *(unten links)*

Lateinisch: *Sylvia communis*
Familie: Zweigsänger – Sylviidae
Verbreitung: Europa bis Mittelsibirien; im Winter Afrika südl. Sahara
Lebensraum: Gebüsche in offener Landschaft
Größe: 14 cm

Grauer Kopf mit weißer Kehle sowie rostbraune Flügel kennzeichnen die Dorngrasmücke. Aus ihrem reichhaltigen Stimmrepertoir ragt der kurze, raue Gesang heraus, der oft in einem kurzen Singflug von einer Buschspitze aus vorgetragen wird. Zum Bebrüten ihrer 4–5 Eier bauen die Altvögel ein im Busch verstecktes napfförmiges Nest.

Sperbergrasmücke *(linke Seite unten rechts)*

Lateinisch: *Sylvia nisoria*
Familie: Zweigsänger – Sylviidae
Verbreitung: Mitteleuropa bis Mongolei; im Winter O-Afrika
Lebensraum: Größere Gebüsche, Waldlichtungen, Parks
Größe: 15,5 cm

Die typischen Merkmale der Sperbergrasmücken sind die quer gebänderte Unterseite und die gelbe Iris. Aufgrund ihrer versteckten Lebensweise sind sie meist nur kurz zu sehen, doch verraten sie ihre Anwesenheit durch ratternde Warnrufe. Sperbergrasmücken brüten oft in enger Nachbarschaft zu Neuntötern, möglicherweise um von deren Warnverhalten zu profitieren.

Klappergrasmücke *(oben)*

Lateinisch: *Sylvia curruca*
Familie: Zweigsänger – Sylviidae
Verbreitung: Europa bis Mittelsibirien und Pakistan; im Winter Mali bis Äthiopien, Arabien
Lebensraum: Gebüsche in offener Landschaft, Gärten
Größe: 13 cm

Ähnlich der Dorngrasmücke hat die Klappergrasmücke einen grauen Kopf mit weißer Kehle, doch ist die Oberseite dunkel graubraun. Dem klappernden Gesang verdankt die Art ihren volkstümlichen Namen „Müllerchen". Auf der Suche nach Insekten hüpfen Klappergrasmücken durch das Geäst von Büschen, zur Zugzeit nehmen sie aber auch Beeren zu sich.

Provencegrasmücke *(Mitte)*

Lateinisch: *Sylvia undata*
Familie: Zweigsänger – Sylviidae
Verbreitung: S-England bis NW-Afrika
Lebensraum: Macchie, dorniges Gestrüpp, Heiden
Größe: 12,5 cm

Provencegrasmücken sind kleine, langschwänzige Vögel, die größtenteils bläulich grau und unterseits weinrot gefärbt sind. Typisch ist auch der rote Augenring. Passend zu ihrem dornigen und trockenen Lebensraum sind Rufe und Gesang rau und kratzend. Die Nahrung besteht in der Regel aus Insekten, reife Beeren werden auch gern verzehrt.

Weißbart-Grasmücke *(unten)*

Lateinisch: *Sylvia cantillans*
Familie: Zweigsänger – Sylviidae
Verbreitung: S-Europa, NW-Afrika; im Winter Senegal bis Sudan
Lebensraum: Gestrüpp in trockener Landschaft, lichte Eichenwälder
Größe: 12–13 cm

Die Männchen dieser mediterranen Art sind mit bleigrauer Oberseite, ziegelroter Unterseite, weißem „Schnurrbart" und rotem Augenring ausgesprochen hübsch, Weibchen sind viel blasser und unauffälliger gefärbt. Nach dem Bau eines napfförmigen Nestes brüten Weißbart-Grasmücken zweimal im Jahr je 3–4 Eier aus.

Grauschnäpper *(oben)*

Lateinisch: *Muscicapa striata*
Familie: Fliegenschnäpper – Muscicapidae
Verbreitung: Europa bis Mittelsibirien, NW-Afrika; im Winter Afrika südl. Sahara
Lebensraum: Offene Wälder, Parks, Gärten
Größe: 14,5 cm

Grauschnäpper sind recht unscheinbare Vögel, die bräunlich gestreift sind und nur unauffällig singen. Durch ihre Jagdweise treten sie aber umso deutlicher in Erscheinung. Von einzeln stehenden Ästen oder anderen Warten aus starten sie zu kurzen Flügen, bei denen sie fliegende Insekten aus der Luft schnappen. Sie brüten in Halbhöhlen an Bäumen, aber gern auch an Gebäuden.

Zwergschnäpper *(Mitte)*

Lateinisch: *Ficedula parva*
Familie: Fliegenschnäpper – Muscicapidae
Verbreitung: Mitteleuropa bis O-Asien
Lebensraum: Laub- und Mischwälder
Größe: 11,5 cm

Zwergschnäpper haben eine braune Oberseite und einen schwarzweißen Schwanz, der oft gestelzt wird. Männchen erreichen erst im Alter von zwei Jahren ihr hübsches Brutkleid mit blaugrauem Kopf und orangeroter Kehle. Zwergschnäpper leben zumeist im Kronenbereich hoher Bäume, wo sie Insekten von Zweigen und Blättern picken oder mit kurzen Jagdflügen erbeuten.

Trauerschnäpper *(unten)*

Lateinisch: *Ficedula hypoleuca*
Familie: Fliegenschnäpper – Muscicapidae
Verbreitung: Europa bis W-Sibirien, NW-Afrika; im Winter W-Afrika
Lebensraum: Wälder, Parks, Gärten
Größe: 13 cm

Die hübsch schwarzweiß gefärbten Trauerschnäpper haben sich auf den Fang fliegender Insekten spezialisiert. Mit lautem Gesang grenzen die Männchen ihr Brutrevier ab, das Nest befindet sich in Baumhöhlen oder auch Nistkästen. Die 6–7 Eier werden zwei Wochen lang bebrütet, nach zwei Wochen intensiven Fütterns sind die Jungen flügge.

Blauschnäpper *(rechte Seite oben)*

Lateinisch: *Cyanoptila cyanomelana*
Familie: Fliegenschnäpper – Muscicapidae
Verbreitung: O-Asien; im Winter SO-Asien
Lebensraum: Wälder mit dichtem Unterholz
Größe: 17 cm

Mit schillernd blauem Rückengefieder, weißem Bauch und schwarzer Brust sind die Männchen eine prächtige Erscheinung, während die Weibchen schlicht braun gefärbt sind. Der Gesang besteht aus lauten Trillern. Das Nest besteht überwiegend aus Moos und Wurzeln und wird in Vertiefungen an Felsen oder Bäumen gebaut.

Rotkehlchen *(unten links)*

Lateinisch:	*Erithacus rubecula*
Familie:	Fliegenschnäpper – Muscicapidae
Verbreitung:	Europa, W-Sibirien und N-Afrika
Lebensraum:	Wälder, Parks, Gärten
Größe:	14 cm

Das mit seinem orangeroten Kehllatz unverkennbare Rotkehlchen ist in Europa nicht zuletzt durch seinen perlenden Gesang beliebt. Im Winter werden häufig Futterhäuser besucht, hauptsächlich fressen Rotkehlchen aber verschiedene Wirbellose, die sie vom Boden aufsammeln. Das napfförmige Nest befindet sich bodennah an Baumwurzeln, Mauern oder Böschungen. Nordeuropäische Vögel sind Zugvögel, die in Mittel- und Südeuropa überwintern.

Sprosser *(unten rechts)*

Lateinisch:	*Luscinia luscinia*
Familie:	Fliegenschnäpper – Muscicapidae
Verbreitung:	O- und N-Europa bis Mittelsibirien; im Winter O- bis S-Afrika
Lebensraum:	Feuchte Laubwälder und Dickichte
Größe:	15–17 cm

Sprosser vertreten die Nachtigall nach Norden und Osten hin. Sie sehen der Nachtigall sehr ähnlich – die Brust ist aber diffus gefleckt – und singen fast identisch, jedoch etwas härter klingend. Ihr Nest bauen Sprosser am Boden, meist zwischen trockenen Ästen oder Wurzeln und stets im Schutz von Gebüsch. Bei der Nahrungssuche hüpfen sie am Boden umher und räumen Laub beiseite, um an die verschiedenen dort lebenden Wirbellosen zu gelangen.

Nachtigall *(oben)*

Lateinisch: *Luscinia megarhynchos*
Familie: Fliegenschnäpper – Muscicapidae
Verbreitung: Europa, NW-Afrika, W-Asien bis Altaigebirge und Kaukasus; im Winter Nigeria bis Tansania
Lebensraum: Waldränder, dichtes Gebüsch
Größe: 16,5 cm

Im Frühjahr trägt die Nachtigall vor allem nachts, aber auch am Tag, ihren kräftigen, wohlklingenden Gesang mit flötenden und schlagenden Tönen vor. Zu sehen sind die Vögel mit braunem Gefieder und rötlichem Schwanz jedoch nur selten, denn sie leben gut versteckt in dichtem Gebüsch. Die Nahrung besteht vor allem aus Insekten und wird am Boden gesucht.

Blaukehlchen *(unten)*

Lateinisch: *Luscinia svecica*
Familie: Fliegenschnäpper – Muscicapidae
Verbreitung: Eurasien, W-Alaska; im Winter N-Afrika bis Indien
Lebensraum: Feuchtgebiete mit Büschen, Waldtundra, Bergwiesen
Größe: 14 cm

Männchen sind durch ihre metallisch blaue Kehle unverwechselbar. Im riesigen Verbreitungsgebiet der Art gibt es Unterarten mit weißem Kehlstern (Mitteleuropa bis Westrussland), während nordeurasische und die Brutvögel in den Alpen einen roten Stern haben. Auf der Suche nach Insekten hüpfen Blaukehlchen am Boden umher und zucken dabei häufig mit dem Schwanz.

Rubinkehlchen *(rechte Seite oben links)*

Lateinisch: *Luscinia calliope*
Familie: Fliegenschnäpper – Muscicapidae
Verbreitung: Sibirien, im Winter SO-Asien
Lebensraum: Wälder
Größe: 15–16 cm

Rubinkehlchen haben ein überwiegend braunes Gefieder, Männchen fallen durch ihre metallisch rote Kehle auf. Im Dickicht des Brutgebiets erklingt ein langsamer, melodischer Gesang. In dichtem Gestrüpp wird das kugelförmige Nest nahe am Boden gebaut. Als typischer Bodenbewohner sammeln Rubinkehlchen Insekten und Spinnen, aber auch kleine Schnecken auf.

Heckensänger *(rechte Seite unten links)*

Lateinisch: *Cercotrichas galactotes*
Familie: Fliegenschnäpper – Muscicapidae
Verbreitung: Mittelmeerraum bis Pakistan, Mauretanien bis Somalia
Lebensraum: Offene Landschaften mit dichten Büschen
Größe: 15–17 cm

Die überwiegend bräunlich gefärbten Heckensänger haben einen langen, rostroten Schwanz mit weißen und schwarzen Spitzen. Dieser Schwanz wird häufig aufgestellt. Unterstützt durch laute Rufe sind Heckensänger damit sehr auffällige Vögel. Sie ernähren sich von Insekten, aber auch Würmern, die mit dem Schnabel im Erdboden ertastet und dann ausgegraben werden.

Hausrotschwanz *(oben rechts)*

Lateinisch: *Phoenicurus ochruros*
Familie: Fliegenschnäpper – Muscicapidae
Verbreitung: Europa, Iran bis Zentralchina, im Winter Mittelmeerraum
Lebensraum: Felsige Gebirge, Städte, Dörfer
Größe: 14,5 cm

Typisch ist der rostrote, oft wippende Schwanz, das restliche Gefieder ist braun, bei älteren Männchen auch schwarz. Als ursprünglicher Gebirgsvogel hat der Hausrotschwanz heute auch vom Menschen geschaffene Felslandschaften (Städte und Dörfer) besiedelt. Vom Dachgiebel aus ertönt schon ab der Morgendämmerung der gequetscht klingende Gesang.

Gartenrotschwanz *(unten rechts)*

Lateinisch: *Phoenicurus phoenicurus*
Familie: Fliegenschnäpper – Muscicapidae
Verbreitung: Europa, W-Asien bis Baikalsee; im Winter Afrika südl. Sahara
Lebensraum: Lichte Wälder, Parks, Gärten
Größe: 14 cm

Im Gegensatz zu den schlicht bräunlich gefärbten Weibchen sind die Männchen bunt mit orangefarbener Brust, schwarzer Kehle, weißer Stirn und rötlichem Schwanz. Der kurzstrophige, mit drei auffälligen Tönen eingeleitete Gesang ertönt meist hoch aus Bäumen heraus. Gartenrotschwänze sind Baumhöhlenbrüter, die sehr gern auch Nistkästen nutzen.

Schwarzkehlchen *(oben links)*

Lateinisch: *Saxicola rubicola*
Familie: Fliegenschnäpper – Muscicapidae
Verbreitung: Europa, N-Afrika
Lebensraum: Offenes Gelände mit Büschen, Hochmoore, Heiden
Größe: 11,5–13 cm

Schwarzkehlchen sitzen meist still und wenig auffällig auf Buschspitzen, um nach ihrer am Boden lebenden Beute Ausschau zu halten. An ihrem schwarzen Kopf mit weißen Halsseiten und ihrer orangeroten Brust sind die Männchen leicht erkennbar. Das etwas blasser gefärbte Weibchen legt im Frühjahr 4–6 hell bläuliche Eier in ein aus Grashalmen im Gebüsch gebautes Nest.

Braunkehlchen *(unten links)*

Lateinisch: *Saxicola rubetra*
Familie: Fliegenschnäpper – Muscicapidae
Verbreitung: Europa bis W-Asien; im Winter Afrika südl. Sahara
Lebensraum: Feuchte Wiesen und Moore mit Gebüsch
Größe: 12–14 cm

Obwohl insgesamt eher unauffällig braun gefärbt (Männchen mit schwarzweißer Kopfzeichnung und rostbrauner Brust), fallen im Flug weiße Schwanzabzeichen auf. Braunkehlchen sitzen gern auf Zaunpfählen oder anderen Warten, um von dort aus in kurzem Flug Insekten am Boden zu fangen. Auch der kratzend klingende Gesang wird von erhöhten Punkten aus vorgetragen.

Bartmeise *(rechts)*

Lateinisch: *Panurus biarmicus*
Familie: Papageimeisen – Paradoxornithidae
Verbreitung: Europa bis China
Lebensraum: Schilfbestandene Gewässer
Größe: 15 cm

Die langschwänzigen, im Schilf gewandt kletternden Bartmeisen kommen meist in kleinen Trupps vor und brüten auch in lockeren Kolonien. Die Männchen fallen durch ihr schwarzes Bärtchen am blaugrauen Kopf auf, während die Weibchen recht einfarbig gelbbraun gefärbt sind. Das Nest wird im Schilf in Bodennähe gebaut, auch die Nahrungssuche findet fast ausschließlich im Schilf statt.

Schwanzmeise *(links)*

Lateinisch: *Aegithalos caudatus*
Familie: Schwanzmeisen – Aegithalidae
Verbreitung: Eurasien
Lebensraum: Wälder, Gebüsch; im Winter auch Gärten
Größe: 14 cm

Schwanzmeisen sind kleine, überwiegend weiße Federbällchen mit einem auffallend langen Schwanz, der 9 der 14 cm Körperlänge ausmacht. Sie bauen kugelförmige Nester aus Moos, Haaren und Federn, in denen sie 8–12 Junge aufziehen. Schwanzmeisen leben außerhalb der Brutzeit in Trupps von meist 10–20 Vögeln und durchstreifen dabei Gebüsche und Wälder.

Trauersteinschmätzer *(oben rechts)*

Lateinisch: *Oenanthe leucura*
Familie: Fliegenschnäpper – Muscicapidae
Verbreitung: Spanien, NW-Afrika
Lebensraum: Trockene Felsregionen mit Gebüsch
Größe: 16–18 cm

Dem Namen entsprechend sind Trauersteinschmätzer fast ganz schwarz, nur der Schwanzbereich ist weiß. Bei der Suche nach Insekten hüpfen sie am Boden umher, doch können sie ihre Beute auch aus weicherem Boden unter Gebüschen hervorscharren. Das Nest wird in Felsspalten oder Mauerlöchern gebaut, wobei die Umgebung mit vielen Steinchen ausgelegt sein kann.

Steinschmätzer *(unten rechts)*

Lateinisch: *Oenanthe oenanthe*
Familie: Fliegenschnäpper – Muscicapidae
Verbreitung: N-Asien, W-Alaska, NO-Kanada; im Winter Afrika südl. Sahara
Lebensraum: Offenes, steiniges Gelände
Größe: 14–16,5 cm

Abfliegende Steinschmätzer sind sofort an ihrem weißen Schwanz erkennbar. Sonst ist das Gefieder grau, weiß und braun, Männchen haben schwarze Flügel. Von allen Singvögeln zeigen sie die erstaunlichsten Zugleistungen. Brutvögel aus Alaska fliegen über ganz Asien bis nach Ostafrika; Vögel aus Grönland und Nordostkanada können den Atlantik im Direktflug nach Spanien überqueren.

Sumpfmeise *(oben)*

Lateinisch: *Parus palustris*
Familie: Meisen – Paridae
Verbreitung: Europa bis O-Asien
Lebensraum: Laub- und Mischwälder, Parks
Größe: 11–13 cm

Die braunen Meisen mit glänzender schwarzer Kappe leben ganzjährig und paarweise in ihren Revieren, jüngere Vögel schließen sich aber zunächst gemischten Trupps anderer Meisen an. Das Weibchen baut ein Nest in einer Baumhöhle, manchmal aber auch in einem Erdloch und brütet 7–10 Eier aus. Erst beim Füttern der Jungen greift das Männchen wieder ins Brutgeschäft ein.

Weidenmeise *(Mitte)*

Lateinisch: *Parus montanus*
Familie: Meisen – Paridae
Verbreitung: Europa bis O-Asien
Lebensraum: Wälder
Größe: 12–13 cm

Weidenmeisen sind den Sumpfmeisen sehr ähnlich, haben aber ein matte schwarze Kappe und ein helles Flügelfeld. Paare halten jahrelang zusammen und bewohnen stets das selbe Territorium, auch wenn sie sich im Winter mit 2–4 Artgenossen zu einer Gruppe zusammenschließen. Ihre Nisthöhle zimmern beide Partner gemeinsam in weiches, vermoderndes Holz.

Tannenmeise *(unten)*

Lateinisch: *Parus ater*
Familie: Meisen – Paridae
Verbreitung: Eurasien, NW-Afrika
Lebensraum: Nadel- und Mischwälder
Größe: 11,5 cm

Das typische Merkmal der kleinen bräunlichen Meisenart ist der weiße Nackenfleck. Tannenmeisen leben zwar monogam und mit jahrelangem Paarzusammenhalt, doch zeigten genetische Vaterschaftstests, dass es häufig zu Seitensprüngen kommt. Ihr Nest bauen Tannenmeisen in Baumhöhlen, gelegentlich auch in Mäuselöcher am Boden.

Kohlmeise *(rechte Seite oben)*

Lateinisch: *Parus major*
Familie: Meisen – Paridae
Verbreitung: Eurasien, NW-Afrika
Lebensraum: Wälder, Parks, Gärten
Größe: 14 cm

Europäische Vögel sind unten gelb mit schwarzem Mittelstreif, grün auf dem Rücken und schwarzweiß am Kopf; anderswo weichen sie leicht von diesem Grundtyp ab. Kohlmeisen sind Höhlenbrüter, die gern Nistkästen in Gärten annehmen. Die häufige Art bestimmt mit ihrem vielseitigen Gesang oft die Geräuschkulisse. Die Nahrung ist vielfältig und reicht von Insekten bis Samen.

Blaumeise *(unten links)*

Lateinisch: *Parus caeruleus*
Familie: Meisen – Paridae
Verbreitung: Europa bis Iran
Lebensraum: Wälder, Parks, Gärten
Größe: 11–12 cm

Eine gelbe Unterseite und ein blauweißes Kopfmuster kennzeichnen die kleine, wendige Meisenart. Zur Brutzeit besteht ihre Nahrung aus Insekten und Spinnen, im Winter dagegen aus Früchten und Samen, die gern auch an Futterhäusern genommen werden. Blaumeisen brüten in Baumhöhlen und bewohnen auch Nistkästen mit meist ungewöhnlich zahlreichem Nachwuchs.

Haubenmeise *(unten rechts)*

Lateinisch: *Parus cristatus*
Familie: Meisen – Paridae
Verbreitung: Europa
Lebensraum: Nadel- und Mischwälder
Größe: 11,5 cm

Als einzige europäische Meisenart hat die Haubenmeise eine schwarzweiße Haube. Meist halten sie sich im dichten Geäst von Nadelbäumen auf, wo sie nach Insekten, Spinnen und Samen suchen. Besonders letztere verstecken sie als Vorrat. Zu entdecken sind sie durch ihren lauten, trillernden Ruf, der gleichzeitig auch als Gesang dient. Sie bewohnen gern alte Spechthöhlen und Nistkästen.

Felsenkleiber *(oben links)*

Lateinisch: *Sitta neumayer*
Familie: Kleiber – Sittidae
Verbreitung: Balkan bis Iran
Lebensraum: Felsige Landschaften
Größe: 14–15 cm

Wie ihre in Wäldern lebenden Verwandten mauern auch die grauweißen Felsenkleiber den Eingang ihrer Nisthöhle bis auf ein passendes Einflugloch zu, doch dienen Höhlungen in steilen Felswänden als Grundlage. Solche Nester werden über Jahre hinweg von den Paaren bewohnt, die sich ganzjährig in ihrem Brutrevier aufhalten. Ihre Nahrung besteht aus Insekten, im Herbst und Winter auch aus Samen und wird am Boden oder in Felsspalten gesucht.

Kleiber *(linke Seite oben)*

Lateinisch: *Sitta europaea*
Familie: Kleiber – Sittidae
Verbreitung: Eurasien, Marokko
Lebensraum: Wälder, Parks
Größe: 14 cm

Die blaugrau und gelb befiederten Vögel werden auch Spechtmeisen genannt, weil sie wie Spechte an Bäumen klettern, im Gegensatz zu diesen aber mit dem Kopf voran nach unten. Der Name Kleiber stammt von ihrer Angewohnheit Baumhöhlen mit Schlamm zuzumauern, so dass nur noch ein Einschlupfloch übrig bleibt. Kleiber fressen sowohl Insekten als auch Samen und Nüsse, letztere werden in Astgabeln geklemmt und aufgehämmert.

Mauerläufer *(linke Seite unten)*

Lateinisch: *Tichodroma muraria*
Familie: Mauerläufer – Tichodromidae
Verbreitung: S-Europa bis China
Lebensraum: Steile Felswände
Größe: 15–17 cm

Mauerläufer sind überwiegend grau befiedert, haben aber rote Oberflügel. Sie klettern mit ständig zuckenden Flügeln an steilsten Felsen empor und picken dabei mit ihrem langen, dünnen Schnabel Insekten und Spinnen aus kleinen Ritzen. Das Nest wird in Felsspalten gebaut und hat zwei Eingänge, von denen einer vom Männchen und der andere vom Weibchen benutzt wird.

Gartenbaumläufer *(unten)*

Lateinisch: *Certhia brachydactyla*
Familie: Baumläufer – Certhiidae
Verbreitung: Mittel- und S-Europa, NW-Afrika
Lebensraum: Laub- und Mischwälder, Parks, große Gärten
Größe: 12 cm

Mit mausartigen Bewegungen klettern Baumläufer wie Spechte an Baumstämmen empor und stützen sich wie diese mit versteiften Schwanzfedern ab. Die borkenähnliche Rückenfärbung dient der Tarnung. Mit dem dünnen, leicht gebogenen Schnabel picken sie Insekten aus Spalten in der Baumrinde. Das Nest wird hinter losen Rindenplatten oder in tiefen Baumspalten gebaut.

Beutelmeise *(oben)*

Lateinisch: *Remiz pendulinus*
Familie: Beutelmeisen – Remizidae
Verbreitung: Europa bis O-Asien; im Winter S-Europa bis SO-Asien
Lebensraum: Baumbestandene Binnengewässer
Größe: 10–11 cm

Wichtigste Kennzeichen der Beutelmeise sind die schwarze Gesichtsmaske und der sehr hohe, feine Ruf. Ihren Namen tragen sie aufgrund der beutelartigen Nester, die die Männchen aus Pflanzenwolle, Fasern und Haaren an Ästen weben. Ein Männchen kann mehrere Nester bauen, in denen dann verschiedene Weibchen jeweils 6–8 Eier ausbrüten.

Rotkopfwürger *(oben)*

Lateinisch: *Lanius senator*
Familie: Würger – Laniidae
Verbreitung: Mittelmeerraum bis Iran; im Winter Afrika südl. Sahara, S-Arabien
Lebensraum: Offenes Waldland, Macchia, Obstgärten
Größe: 17–19 cm

Die schwarzweiße Oberseite und der kastanienbraune Oberkopf machen das Bestimmen dieser Art leicht. Vermutlich aus klimatischen Gründen haben sich Rotkopfwürger aus Mitteleuropa weitgehend zurückgezogen, aber auch in Südeuropa sind die Bestände alles andere als stabil. Als Nahrung bevorzugen sie Käfer, doch auch andere Kleintiere werden nicht verschmäht.

Pirol *(unten)*

Lateinisch: *Oriolus oriolus*
Familie: Pirole – Oriolidae
Verbreitung: Europa bis Mittelasien, NW-Afrika; im Winter Afrika südl. Sahara
Lebensraum: Laubwälder, Auwälder, Parks
Größe: 22–25 cm

Mit dem prächtig gelbschwarzen Gefieder sind die Männchen in belaubten Baumkronen ebenso schwer zu erkennen wie die grünlich gefärbten Weibchen. Meist sieht man Pirole nur im Flug, doch verraten sie ihre Anwesenheit durch wunderschönen Gesang aus 3–4 Flötentönen. Pirole fressen Raupen und Beeren und halten sich nur kurz im Brutgebiet auf: Im Mai kehren sie aus dem tropischen Afrika zurück und schon im Juli oder August brechen sie wieder dorthin auf.

Neuntöter *(oben und Mitte)*

Lateinisch: *Lanius collurio*
Familie: Würger – Laniidae
Verbreitung: Europa bis Mittelsibirien; im Winter Afrika südl. Sahara
Lebensraum: Halb offene, buschige Landschaften; im Winter Savannen
Größe: 17 cm

Neuntöter haben eine schwarze Maske und sind mit ihrem kräftigen Schnabel ähnlich wie ein Greifvogel ausgestattet. Entsprechend erbeuten sie bei ihrer Ansitzjagd Insekten, kleine Mäuse und Reptilien. In Schönwetterperioden spießen sie überzählige Nahrung auf Dornen auf und machen bei Nahrungsknappheit von diesen Reserven Gebrauch. Das Gelege befindet sich tief in dichtem Dornengestrüpp in einem napfförmigen Nest.

Rostflanken-Brillenvogel *(unten)*

Lateinisch: *Zosterops erythropleura*
Familie: Brillenvögel – Zosteropidae
Verbreitung: O-Asien; im Winter SO-Asien
Lebensraum: Wälder
Größe: 12 cm

Wie alle Brillenvögel haben diese Vögel einen weißen Augenring, typisch für die Art sind die rostbraunen Flanken. Die Nahrung besteht aus Insekten, die einzeln oder in kleinen Gruppen in Büschen und Bäumen gesucht werden. Das Nest wird im Baum gebaut und enthält in der Regel 5–6 Eier. Außerhalb der Brutzeit halten sich Rostflanken-Brillenvögel oft in gemeinsamen Trupps mit anderen Brillenvögeln auf.

Tannenhäher *(oben links)*

Lateinisch: *Nucifraga caryocatactes*
Familie: Rabenvögel – Corvidae
Verbreitung: Eurasien
Lebensraum: Nadelwälder in Bergen, im Norden auch im Flachland
Größe: 32–33 cm

Die weiß gesprenkelten Tannenhäher fressen fast ausschließlich Samen von Nadel- und Nussbäumen und haben sich in Europa auf Arven- und Halselnüsse spezialisiert. Im Herbst legen sie von diesen Früchten überall in ihrem Revier Vorratslager am Boden an, von denen sie nicht nur im Winter, sondern auch noch im Sommer bei der Jungenaufzucht zehren.

Elster *(oben rechts)*

Lateinisch: *Pica pica*
Familie: Rabenvögel – Corvidae
Verbreitung: Eurasien, NW-Afrika, W-Nordamerika
Lebensraum: Halb offene Landschaften, Städte
Größe: 44–46 cm

Die langschwänzigen, schwarzweißen Elstern bewohnten in Europa ursprünglich die heckenreiche Agrarlandschaft und wurden mit ihrem Verschwinden zum Einwandern in Städte gedrängt. Sie fressen neben Früchten und Aas allerlei Kleintiere, mitunter auch junge Singvögel, ohne aber deren Bestände zu gefährden. Ihre kugeligen Nester befinden sich oft hoch in Bäumen.

Dohle (linke Seite unten rechts)

Lateinisch: *Corvus monedula*
Familie: Rabenvögel – Corvidae
Verbreitung: Europa bis O-Sibirien, NW-Afrika
Lebensraum: Wälder, Gebirge, Städte
Größe: 30–34 cm

Als Höhlenbrüter nisten die am grauen Kopf erkennbaren Dohlen sowohl in alten Schwarzspechthöhlen als auch Felshöhlen. Letztere finden sie heute häufig an Gebäuden in Städten, so dass sie vielerorts Stadtvögel geworden sind. Sie ernähren sich vielseitig und sind oft in großer Zahl auf Müllkippen anzutreffen. Im Winter bilden sie oft gemischte Schwärme mit Saatkrähen.

Eichelhäher (oben)

Lateinisch: *Garrulus glandarius*
Familie: Rabenvögel – Corvidae
Verbreitung: Eurasien, NW-Afrika
Lebensraum: Wälder, Parks
Größe: 34–35 cm

Eichelhäher sind vielfarbig befiedert, bekannt sind besonders ihre blauschwarz gemusterten Flügeldecken. Im Sommer ernähren sie sich von Käfern und Raupen, im Herbst aber ganz überwiegend von Eicheln. Diese verstecken sie an vielen Stellen im Erdboden als Wintervorrat. Da sie nicht alle wiederfinden, tragen sie so zur Ausbreitung von Eichen bei.

Alpendohle (Mitte)

Lateinisch: *Pyrrhocorax graculus*
Familie: Rabenvögel – Corvidae
Verbreitung: Mittelmeerraum und Alpen bis Zentralchina
Lebensraum: Hochgebirge
Größe: 38 cm

Die ganz schwarz befiederten Alpendohlen haben rote Beine und einen gelben Schnabel. Sie leben in Trupps oberhalb der Baumgrenze und besuchen häufig Bergstationen und Almen, wo sie sich von Touristen füttern lassen. Ihre natürliche Nahrung besteht dagegen im Sommer aus Insekten und im Winter aus Beeren.

Blauelster (unten)

Lateinisch: *Cyanopica cyana*
Familie: Rabenvögel – Corvidae
Verbreitung: Iberische Halbinsel, O-Asien
Lebensraum: Wälder, Parks
Größe: 31–35 cm

Blauelstern leben in zwei weit voneinander getrennten Gebieten in Südwesteuropa und Ostasien. Lange dachte man, portugiesische Seefahrer hätten die hübschen Vögel von ihren Reisen nach Hause gebracht, doch ist die heutige Verbreitungslücke eine Folge einer Trennung während der Eiszeit. Blauelstern fressen neben Insekten, Samen und Früchten auch Aas und Abfälle

Saatkrähe *(oben links)*

Lateinisch: *Corvus frugilegus*
Familie: Rabenvögel – Corvidae
Verbreitung: Eurasien; eingeführt in Neuseeland
Lebensraum: Offene Landschaften mit Baumgruppen
Größe: 44–46 cm

Typisches Kennzeichen der schwarz befiederten Krähen ist die nackte, hellgraue Schnabelwurzel. Saatkrähen sind Schwarmvögel, die in Baumgruppen dichte Brutkolonien bilden, truppweise auf Nahrungssuche gehen und sich im Winterquartier abends zu riesigen Schlafplatzgemeinschaften zusammenfinden. Auf Äckern und Wiesen suchen sie nach Käfern und Regenwürmern, doch fressen sie auch Aas und Abfall, letzteres gern auf Mülldeponien.

Nebelkrähe *(unten links)*

Lateinisch: *Corvus cornix*
Familie: Rabenvögel – Corvidae
Verbreitung: N-, O- und SO-Europa bis Mittelsibirien, Vorderasien
Lebensraum: Offene Landschaften, Feldgehölze, Waldränder
Größe: 45–47 cm

Die grauschwarzen Nebelkrähen vertreten die Rabenkrähen im Osten und mischen sich mit ihnen in einer schmalen Übergangszone (in Deutschland an der Elbe). In ihrer Lebensweise ähneln sie sehr der Schwesterart, doch sind sie in vielen Gegenden Zugvögel. Bei skandinavischen Brutvögeln ist der Zug aber nahezu erloschen, da sie heute ein reichhaltiges Nahrungsangebot auf Müllkippen vorfinden und deshalb nicht mehr nach Süden ausweichen müssen.

Rabenkrähe *(oben rechts)*

Lateinisch: *Corvus corone*
Familie: Rabenvögel – Corvidae
Verbreitung: Mittel- und Westeuropa
Lebensraum: Offene Landschaften, Feldgehölze, Waldränder
Größe: 45–47 cm

Von Saatkrähen unterscheiden sich Rabenkrähen durch ihren konvexen und ganz schwarzen Schnabel. Obwohl sie sich gelegentlich auch in Gruppen aufhalten, leben sie eher solitär. Sie brüten nicht in Kolonien, sondern in einzelnen Paaren auf Bäumen oder auch Hochspannungsmasten. Sie legen 3–6 Eier, die knapp drei Wochen lang bebrütet werden. Rabenkrähen sind Allesfresser, bevorzugen aber Wirbellose und Getreidekörner.

Kolkrabe *(unten rechts)*

Lateinisch: *Corvus corax*
Familie: Rabenvögel – Corvidae
Verbreitung: Eurasien, N-Afrika, N-Amerika
Lebensraum: Gebirge, Wälder, Tundra
Größe: 64 cm

Kolkraben sind die größten Rabenvögel und fallen besonders durch ihren kräftigen Schnabel auf. Mit diesem sind sie in der Lage, ihre Hauptnahrung (Tierkadaver) zu zerteilen. Kleinere Tiere bis zur Größe eines Hasen fangen sie gelegentlich selbst, niemals töten sie jedoch Lämmer oder anderes Weidevieh. Gefressen werden lediglich Tot- und Nachgeburten. Kolkraben brüten in Felswänden oder auf Bäumen und bauen dort recht große Nester.

Star *(oben links)*

Lateinisch: *Sturnus vulgaris*
Familie: Stare – Sturnidae
Verbreitung: Europa bis Mittelasien; im Winter auch Mittelmeerraum; eingeführt in N-Amerika, S-Afrika, Australien, Neuseeland
Lebensraum: Wälder, Parks, Gärten
Größe: 21 cm

Obwohl ihr Gefieder in der Grundfarbe schwarz ist, schillert es zur Brutzeit grünlich und purpurn, im Winter ist es weiß und braun gefleckt. Stare ernähren sich vielseitig von Insekten, Früchten und Getreide, aber auch von Müll. Sie brüten in Baumhöhlen sowie in Nistkästen mit ausreichend großem Einflugloch. Der quietschende Gesang enthält Nachahmungen anderer Vogelstimmen. Außerhalb der Brutzeit bilden Stare an Schlafplätzen gewaltige Schwärme.

Einfarbstar *(oben rechts)*

Lateinisch: *Sturnus unicolor*
Familie: Stare – Sturnidae
Verbreitung: SW-Europa, NW-Afrika
Lebensraum: Offenes Waldland, Siedlungen, Gärten
Größe: 21–23 cm

Im Gegensatz zu den weit verbreiteten Staren sind Einfarbstare kaum gefleckt und vertreten sie als Brutvogel von Spanien bis Marokko. Bei der Nahrungssuche halten sie sich gern truppweise in der Nähe von Weidevieh, weil sie dort von diesem aufgescheuchte Insekten, Parasiten am Fell sowie Pflanzensamen aus dem Dung erlangen können. Sie brüten meist in Hohlräumen an Gebäuden und ziehen zweimal jährlich 4–5 Jungvögel auf.

Haussperling *(unten links)*

Lateinisch: *Passer domesticus*
Familie: Sperlinge – Passeridae
Verbreitung: Eurasien; fast weltweit eingeführt
Lebensraum: Städte, Dörfer, Agrarlandschaft
Größe: 14–15 cm

Als Spatzen gehören Haussperlinge zu den bekanntesten Vogelarten, zumal sie wie kaum eine andere Vogelart in der Nähe des Menschen leben. Sie halten sich in Trupps auf und können auch in großen, von mehreren Paaren genutzten Nestern brüten. Bis zu viermal im Jahr legt ein Weibchen 3–5 Eier. Als Nahrung dienen meist Samen, doch werden die Jungen überwiegend mit Insekten gefüttert.

Feldsperling *(Mitte rechts)*

Lateinisch: *Passer montanus*
Familie: Sperlinge – Passeridae
Verbreitung: Eurasien, NW-Afrika; eingeführt in N-Amerika, Australien
Lebensraum: Dörfer, Obstgärten, offene Wälder, Feldgehölze
Größe: 14 cm

Vom Haussperling unterscheidet sich die Art durch die braune Kopfplatte und den schwarzen Wangenfleck. Feldsperlinge brüten in Baumhöhlen oder Nistkästen, gelegentlich an Gebäuden und manchmal sogar in Niströhren der Uferschwalbe. Öfter als Haussperlinge sind sie außerhalb von Ortschaften in Trupps anzutreffen.

Steinsperling *(unten rechts)*

Lateinisch: *Petronia petronia*
Familie: Sperlinge – Passeridae
Verbreitung: Mittelmeerraum bis SW-China
Lebensraum: Kahle Felslandschaften
Größe: 15–17 cm

Am meisten fällt die Art durch breite Kopfstreifen auf, der gelbe Kehlfleck ist oft kaum zu erkennen. Steinsperlinge leben sehr gesellig und brüten in Kolonien – bevorzugt in Steinhöhlen oder Ruinen, benutzen aber auch alte Bruthöhlen von Bienenfressern, Schwalben und Spechten. Als Nahrung dienen Samen und Früchte, doch werden die Jungvögel vor allem mit Insekten gefüttert.

Hakengimpel *(rechts)*

Lateinisch: *Pinicola enucleator*
Familie: Finken – Fringillidae
Verbreitung: Skandinavien bis O-Asien, Alaska bis SW-USA
Lebensraum: Nadelwälder
Größe: 19–22 cm

Bei den großen, etwas an Kreuzschnäbel erinnernden Finkenvögel sind die Männchen rot und die Weibchen grünlich bis gelborange gefärbt. Ihre Nester bauen sie dicht am Stamm eines Nadelbaums. Den Nachwuchs füttern sie mit Insekten, doch sind sonst Knospen, Schösslinge und Samen die Hauptnahrung. Im Winter versammeln sich Hakengimpel zu Trupps, die nach Süden ziehen.

Buchfink *(Mitte)*

Lateinisch: *Fringilla coelebs*
Familie: Finken – Fringillidae
Verbreitung: Europa bis Mittelsibirien, N-Afrika; eingeführt in Neuseeland, S-Afrika
Lebensraum: Wälder, Parks, Gärten
Größe: 15 cm

Mit geschätzten 230 Millionen Paaren ist der Buchfink die häufigste Vogelart Europas. Von März an ist der schmetternde Gesang fast überall zu hören wo Bäume stehen. In Astgabeln von Büschen oder Bäumen bauen Buchfinken ein stabiles napfförmiges Nest, in das sie 4–5 Eier legen. Im Herbst ziehen nordeuropäische Vögel in gewaltigen Mengen nach Süden.

Bergfink *(unten)*

Lateinisch: *Fringilla montifringilla*
Familie: Finken – Fringillidae
Verbreitung: N-Eurasien; im Winter Mittel- und S-Europa
Lebensraum: Birken- und Nadelwälder; im Winter Buchenwälder, Gärten
Größe: 14 cm

Bergfinken haben eine orangefarbene Brust und im Winter einen grauen Kopf. Durch Abnutzung der Federspitzen wird das Kopfgefieder rechtzeitig zur Balzzeit prächtig schwarz. Im Brutgebiet fressen Bergfinken zumeist Raupen und Käfer, im Winter suchen sie am Boden nach Bucheckern oder Getreidekörnern. In Buchenmastjahren versammeln sie sich zu riesigen Schwärmen.

Grünling *(rechte Seite oben)*

Lateinisch: *Carduelis chloris*
Familie: Finken – Fringillidae
Verbreitung: Europa bis Vorderasien, NW-Afrika; eingebürgert in Neuseeland, SO-Australien, SO-Südamerika
Lebensraum: Waldränder, Gebüsch, Parks, Gärten
Größe: 15 cm

Mit ihrem leuchtend grünen Gefieder machen die auch Grünfinken genannten Vögel ihren Namen alle Ehre. Sie sind als Brutvögel und auch Wintergäste häufig in Siedlungen anzutreffen, die gern truppweise Fütterungen besuchen. Im Frühjahr ertönt der klingelnde Gesang, der oft im Singflug vorgetragen wird. Typisch ist auch ein langer, abfallender, rau klingender Ton.

Fichtenkreuzschnabel *(unten links)*

Lateinisch:	*Loxia curvirostra*
Familie:	Finken – Fringillidae
Verbreitung:	Eurasien, NW-Afrika, Alaska bis Nicaragua
Lebensraum:	Nadelwälder
Größe:	16 cm

Die Männchen sind überwiegend rot und Weibchen grünlich gefärbt, auffälligstes Kennzeichen ist jedoch der an der Spitze überkreuzte Schnabel. Er dient zum Aufschneiden der Samenschuppen von Zapfen der Nadelbäume, um an den eigentlichen Samen heranzukommen. Sind viele Zapfen vorhanden, brüten Fichtenkreuzschnäbel sogar im Winter.

Schneefink *(unten rechts)*

Lateinisch:	*Montifringilla nivalis*
Familie:	Sperlinge – Passeridae
Verbreitung:	N-Spanien bis Mongolei
Lebensraum:	Hochgebirge
Größe:	17 cm

Beim Auffliegen überraschen die überwiegend graubraun gefärbten Vögel mit großen weißen Federpartien in Flügel und Schwanz. Sie bewohnen die höchsten, fast vegetationslosen Bereiche großer Gebirge und suchen dort an schneefreien Flecken nach Samen und Insekten. Zweimal im Jahr brüten sie in Höhlungen von Felswänden oder hinter großen Felsblöcken.

Stieglitz *(oben)*

Lateinisch:	*Carduelis carduelis*
Familie:	Finken – Fringillidae
Verbreitung:	Europa bis Zentralasien, N-Afrika; eingebürgert in Neuseeland, S-Australien, SO-Südamerika
Lebensraum:	Halb offene Landschaften mit Bäumen, Gärten
Größe:	12 cm

Der bunte Finkenvogel ist mit schwarz-weiß-rotem Kopf unverwechselbar und trägt seinen Namen aufgrund seines Rufes. Ein anderer Name dieser Art, Distelfink, weist auf seine Vorliebe für Samen von Disteln hin, die er mit dem spitzen Schnabel aus den Blütenständen zieht. Dies geschieht meist in Gruppen, auch die Nester verschiedener Paare haben oft nur einen geringen Abstand.

Girlitz *(unten)*

Lateinisch:	*Serinus serinus*
Familie:	Finken – Fringillidae
Verbreitung:	Mittelmeerraum, Mittel- und O-Europa
Lebensraum:	Offene Landschaften mit Bäumen, Parks, Gärten, Vorstädte
Größe:	11,5 cm

Die kleine, grüngelb gefärbte Art war ursprünglich ein typischer Bewohner des Mittelmeerraums, hat sich aber im 20. Jahrhundert rasant nach Norden ausgebreitet. Um an die Nahrung, die Samen von Korbblütlern, heranzukommen, werden die Deckblätter säuberlich mit dem Schnabel entfernt. Knospen und Kätzchen werden vor dem Fressen zerteilt.

Gimpel *(rechte Seite oben)*

Lateinisch:	*Pyrrhula pyrrhula*
Familie:	Finken – Fringillidae
Verbreitung:	Europa, Iran, N-Asien
Lebensraum:	Nadel- und Laubwälder
Größe:	15–16 cm

Die auch als Dompfaff bekannte Art ist am besten am winterlichen Futterhaus zu beobachten. Die Männchen sind unterseits hübsch rosa, die Weibchen dagegen schlichter gefärbt. Zur Brutzeit leben Gimpel eher unauffällig und brüten im dichten Geäst von Nadelbäumen. Ausgewachsene Gimpel ernähren sich von Samen, Sprossen, Knospen und Beeren.

Bluthänfling *(rechte Seite unten links)*

Lateinisch:	*Carduelis cannabina*
Familie:	Finken – Fringillidae
Verbreitung:	Europa bis W-Asien, N-Afrika
Lebensraum:	Halb offene Landschaften, Gärten, Brachflächen
Größe:	13,5 cm

Die Männchen des unauffälligen, bräunlichen Finkenvogels haben eine blutrote Stirn und eine ebenso gefärbte Brust. Das Nest wird meist in dichtem Gestrüpp gebaut, bei der ersten von zwei Jahresbruten gern auch in jungen Nadelbaumplantagen. Die Nahrung setzt sich fast nur aus verschiedenen Samen zusammen, die vom Boden aufgelesen werden.

Birkenzeisig *(unten Mitte)*

Lateinisch: *Carduelis flammea*
Familie: Finken – Fringillidae
Verbreitung: Europa bis O-Asien, N-Nordamerika
Lebensraum: Halb offene Landschaften, Gärten, Tundra
Größe: 11–14 cm

Bei den kleinen Birkenzeisigen, die am roten Stirnfleck zu erkennen sind, dient der im Flug vom Männchen vorgetragene Gesang weniger der Abgrenzung eines Brutreviers als vielmehr dem Anlocken eines Weibchens. Ihr sehr feiner Schnabel ist besonders geeignet, sehr kleine Samen wie die der Birke herauszuarbeiten.

Kanarengirlitz *(unten rechts)*

Lateinisch: *Serinus canaria*
Familie: Finken – Fringillidae
Verbreitung: Kanarische Inseln, Madeira, Azoren
Lebensraum: Offene Kulturlandschaften
Größe: 12–13 cm

Der Kanarengirlitz ist die Stammform der als Stubenvögel weit verbreiteten Kanarienvögel und beweist wie diese eine ausgeprägte Musikalität. Er hat aber ein überwiegend grünliches Gefieder. Am Boden suchen Kanarengirlitze nach Samen und kleinen Insekten, die Nester bauen sie inmitten dichter Büsche, Hecken oder Bäume.

Goldammer *(oben links und rechts)*

Lateinisch:	*Emberiza citrinella*
Familie:	Ammern – Emberizidae
Verbreitung:	Europa bis Mittelsibirien
Lebensraum:	Buschiges Ackerland, Waldränder, Lichtungen
Größe:	16 cm

Von Februar bis August singt das goldgelbe Männchen von Buschspitzen oder Zaunpfählen aus eine angenehm klingende Strophe. Das Nest befindet sich nah am Boden in dichtem Gras oder anderem Bewuchs. Die 3–5 Eier werden zwei Wochen lang bebrütet, anschließend werden die Nestlinge zwei Wochen lang mit Insekten gefüttert. Sonst besteht die Nahrung aber aus Grassamen.

Ortolan *(unten)*

Lateinisch:	*Emberiza hortulana*
Familie:	Ammern – Emberizidae
Verbreitung:	Europa bis Mittelsibirien; im Winter Afrika südl. Sahara, S-Arabien
Lebensraum:	Büsche und Baumgruppen in offener Landschaft
Größe:	15–16 cm

Ortolane, auch unter dem Namen Gartenammer bekannt, sind scheue Bewohner sandiger und trockener Gebiete. Wenn man sie nicht gerade beim Singen auf einer Baumspitze sitzen sieht, ist es schwer, die hübschen Männchen mit ihrem gelben Bartstreif zu Gesicht zu bekommen, denn sie suchen ihre Nahrung am Boden. Das Nest wird auf Getreide- oder Kartoffelfeldern angelegt.

Zaunammer *(oben links)*

Lateinisch: *Emberiza cirlus*
Familie: Ammern – Emberizidae
Verbreitung: S-Europa, NW-Afrika
Lebensraum: Waldränder, Parks, Weinberge
Größe: 15–16 cm

Die Männchen sind vor allem an der schwarzgelben Kopfzeichnung zu erkennen, die Weibchen sind mit Ausnahme der Kehle ähnlich, aber blasser gefärbt. Einige Männchen verbleiben ganzjährig in ihrem Revier, während sich andere Männchen und die Weibchen zu Trupps zusammenschließen. Gegen eindringende Artgenossen wird das Revier zur Brutzeit heftigst verteidigt.

Zippammer *(unten links)*

Lateinisch: *Emberiza cia*
Familie: Ammern – Emberizidae
Verbreitung: Mittelmeerraum bis SW-Sibirien
Lebensraum: Steinige Berghänge mit Gebüsch, Weinberge
Größe: 16 cm

Zippammern haben einen grauen Kopf mit schwarzer Streifung. Der Name stammt von ihrem kurzen Ruf, der aber denen anderer Ammerarten ähnelt. Sie haben eine Vorliebe für warme und sonnige Lebensräume, in denen sie am Boden und zwischen Felsen nach Grassamen suchen. Verborgen zwischen Steinen und dichtem Bewuchs bauen sie das Nest nah am Boden.

Kernbeißer *(rechts)*

Lateinisch: *Coccothraustes coccothraustes*
Familie: Finken – Fringillidae
Verbreitung: Eurasien, NW-Afrika
Lebensraum: Laub- und Mischwälder, Parks, Obstgärten
Größe: 18 cm

Kernbeißer sind recht scheu und halten sich meist hoch in Bäumen auf. Mit dem sehr dicken Schnabel gehen ein kräftiger Schädel und eine starke Kopfmuskulatur einher. Zusammen tragen sie dazu bei, dass Kernbeißer Kirsch- und Olivenkerne knacken können, um an den nahrhaften Inhalt zu gelangen. Sie fressen aber auch andere Pflanzensamen, Knospen und Raupen.

Kappenammer *(oben links)*

Lateinisch: *Emberiza melanocephala*
Familie: Ammern – Emberizidae
Verbreitung: SO-Europa bis Iran; im Winter Indien
Lebensraum: Trockenes Gelände mit Büschen und Bäumen, Waldränder
Größe: 16–17 cm

Ihr prächtiges, schwarz-gelb-braunes Gefieder zeigen männliche Kappenammern nur während der kurzen Brutzeit im Frühjahr, sonst sind sie ähnlich ihren Weibchen viel blasser gefärbt. Dann halten sie sich in z. T. großen Trupps auf und können als Samenfresser besonders im indischen Winterquartier für Schäden auf Getreidefeldern sorgen.

Grauammer *(unten links)*

Lateinisch: *Emberiza calandra*
Familie: Ammern – Emberizidae
Verbreitung: Europa, N-Afrika, W-Asien
Lebensraum: Extensiv genutztes Ackerland, trockene Berghänge
Größe: 18 cm

Die größte europäische Ammer ist graubraun befiedert und hat auf der Unterseite eine feine Strichelung. Die im Mittelmeerraum recht häufige Art ist in der mitteleuropäischen Kultursteppe durch die intensive Landwirtschaft fast ausgestorben. Männchen singen von erhöhten Warten aus und sind polygam. Die bis zu 18 Weibchen müssen sich allein um das Brutgeschäft kümmern.

Rohrammer *(linke Seite rechts)*

Lateinisch: *Emberiza schoeniclus*
Familie: Ammern – Emberizidae
Verbreitung: Europa bis O-Asien
Lebensraum: Schilfgebiete, Büsche an Gewässerufern
Größe: 14–15 cm

Die schwarzköpfigen Männchen sind von März bis August leicht zu sehen, wenn sie an der Spitze eines Schilfhalms sitzend ihren aus einer eintönigen Tonreihe bestehenden Gesang darbieten. Ihre Nester bauen sie am Grund dichter Ufervegetation oder im Schilf. Ihr dicker Schnabel weist sie als Körnerfresser aus, während der Brutzeit dienen aber auch Wirbellose der Ernährung.

Schneeammer *(oben links)*

Lateinisch: *Plectrophenax nivalis*
Familie: Ammern – Emberizidae
Verbreitung: Arktis in N-Eurasien und N-Amerika; im Winter inmitten dieser Kontinente
Lebensraum: Kahle Geröllfelder, Tundra; im Winter Strände, küstennahe Felder
Größe: 16–17 cm

Mit schwarzweißem Gefieder sind Schneeammern im Sommer gut an ihren arktischen Lebensraum angepasst. Dort brüten sie am Boden unter Steinplatten und ernähren sich von den im Sommer in der Arktis zahlreichen Insekten. Außerhalb der Brutzeit sind sie bräunlich gefärbt, haben aber noch weiße Flügelfelder. Sie leben nun truppweise und fressen in erster Linie Pflanzensamen.

Spornammer *(oben rechts)*

Lateinisch: *Calcarius lapponicus*
Familie: Ammern – Emberizidae
Verbreitung: N-Eurasien, N-Nordamerika; im Winter W-Europa bis O-Asien, USA
Lebensraum: Tundra, kahles Bergland; im Winter Felder, Grasland
Größe: 14–15 cm

Mit schwarzer Brust und braunem Nacken sehen die Männchen im sommerlichen Prachtkleid erheblich hübscher aus als ihre in verschiedenen Brauntönen gefärbten Weibchen. Im Brutgebiet tragen sie ihren Gesang in einem aus 15 m Höhe beginnenden Gleitflug vor. In der Tundra machen sie sich den Insektenreichtum zunutze, sonst fressen sie überwiegend Samen.

Afrika

Afrika – wer denkt da nicht zunächst an Löwen, Elefanten, Zebras und Giraffen? Doch auch die Vogelwelt weiß zu begeistern und zeigt sich mit rund 1750 Arten bunt und vielfältig. Hier leben mit den Straußen die größten und mit 1,5 Milliarden Blutschnabelwebern die häufigsten Vögel. Im Herzen des Kontinents befindet sich der besonders artenreiche tropische Regenwald, nach Norden und Süden folgen jeweils Feucht- und Trockensavannen mit vielen Greifvögeln und schließlich ausgedehnte Wüsten.

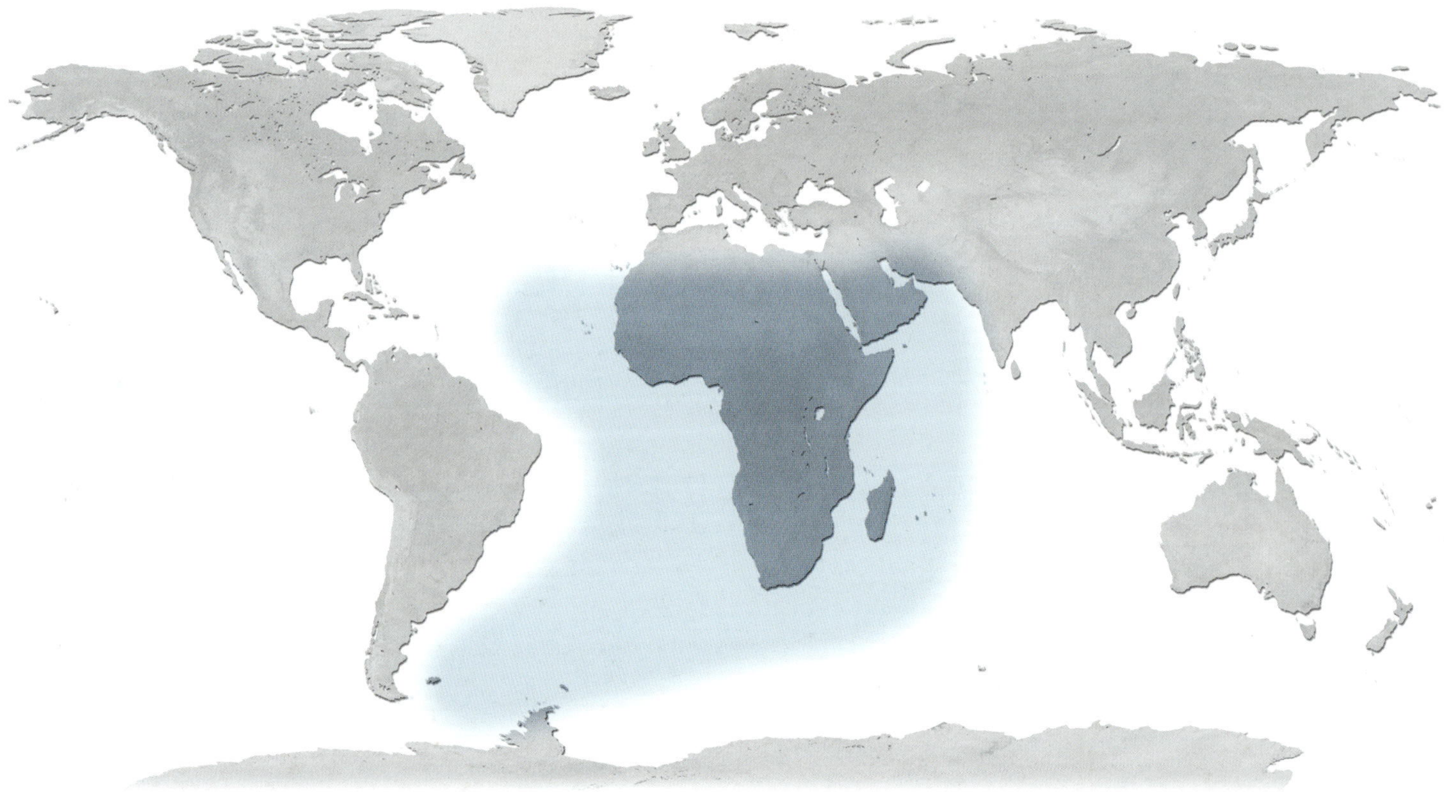

Strauß *(rechts und unten)*

Lateinisch: *Struthio camelus*
Familie: Strauße – Struthionidae
Verbreitung: W- bis O-Afrika, S-Afrika
Lebensraum: Trockensavannen
Größe: 175–275 cm

Die größte Vogelart war einst von Afrika bis zum Mittleren Osten weit verbreitet, kommt heute aber nur noch in afrikanischen Wildparks vor. Mit ihren kräftigen Beinen können die flugunfähigen Pflanzenfresser schnell laufen. Ihre großen Eier legen mehrere Weibchen in eine gemeinschaftliche Nestmulde, die tagsüber das dominante Weibchen und nachts das Männchen bebrüten. Erst nach 18 Monaten sind die Jungvögel ausgewachsen.

PINGUINE

Brillenpinguin *(rechts)*

Lateinisch: *Spheniscus demersus*
Familie: Pinguine – Spheniscidae
Verbreitung: S-Afrika
Lebensraum: Küsten, kalte Küstengewässer
Größe: 68–70 cm

Die einzige afrikanische Pinguinart ist durch Ölverschmutzungen und Überfischung auf ein Zehntel ihres ursprünglichen Bestands zurückgegangen. Brillenpinguine jagen gruppenweise nach 5–12 cm langen Schwarmfischen und tauchen dabei bis zu 130 m tief. An Land schützen sie sich vor Hitze, indem sie vorwiegend nachtaktiv sind und ihre beiden Eier im Schatten oder in Höhlen ausbrüten.

Weißschwanz-Tropikvogel *(unten rechts)*

Lateinisch: *Phaethon lepturus*
Familie: Tropikvögel – Phaethontidae
Verbreitung: Tropische und subtropische Ozeane
Lebensraum: Inseln, Ozean
Größe: 70–82 cm

Rund um den Äquator brütet die Art auf kleinen Inseln in unzugänglichen Felswänden, mitunter auch in Baumhöhlen. Das einzige Ei wird 40 Tage bebrütet, 70–85 Tage dauert die Aufzucht. Als einzige Tropikvogelart weist sie einen schwarzen Flügelstreifen auf, die Schwanzspieße sind bis zu 45 cm lang. Fische werden tauchend erbeutet, fliegende Fische aber auch in der Luft.

Kapscharbe *(oben links)*

Lateinisch: *Phalacrocorax capensis*
Familie: Kormorane – Phalacrocoracidae
Verbreitung: S-Afrika
Lebensraum: Küsten
Größe: 61–64 cm

Die kleine Kormoranart brütet in großen Kolonien an den Küsten Südafrikas und Namibias. In Trupps oder gar langen Ketten fliegen sie auf die nahrungsreichen Küstengewässer hinaus und fangen dort vor allem Sardinen. In und um die meist am Boden befindlichen Nester bleiben Nahrungsreste und Kot zurück und bilden den Guano, der als Dünger wirtschaftlich genutzt wird.

Afrikanischer Schlangenhalsvogel *(unten links)*

Lateinisch: *Anhinga rufa*
Familie: Schlangenhalsvögel – Anhingidae
Verbreitung: Afrika südl. Sahara, SO-Asien, Australien
Lebensraum: Binnengewässer, Mangroven, Küstenlagunen
Größe: 85–97 cm

Schlangenhalsvögel sehen aus wie langschwänzige Kormorane mit einem extrem langen Hals. Sie fressen Fische, denen sie unter Wasser auflauern, um sie dann blitzschnell mit ihrem harpunenartigen Schnabel aufzuspießen. Wie die Kormorane müssen sie nach dem Tauchen ihr Gefieder trocknen. In kleinen, ufernahen Kolonien, oft zusammen mit Reihern und Kormoranen, bauen sie ihre Nester.

Schwarzhalsreiher *(oben)*

Lateinisch: *Ardea melanocephala*
Familie: Reiher – Ardeidae
Verbreitung: Afrika südl. Sahara
Lebensraum: Grasland, Gewässerufer
Größe: 92–96 cm

Die überwiegend schwarz befiederten Reiher sind weniger als viele verwandte Arten an Gewässer gebunden. Gemächlich bewegen sie sich auf Wiesen und Weiden und halten nach Mäusen, Eidechsen, Schlangen, Insekten und anderen Kleintieren Ausschau. Sie brüten während der Regenzeit in bis zu 200 Paare umfassenden Kolonien, deren Nester sich meist hoch in den Bäumen befinden.

Goliathreiher *(Mitte)*

Lateinisch: *Ardea goliath*
Familie: Reiher – Ardeidae
Verbreitung: S- und O-Afrika
Lebensraum: Flache Gewässer
Größe: 135–150 cm

Goliathreiher sind scheue Einzelgänger, die mit ihren langen Beinen recht weit ins Wasser waten können. Dort erbeuten sie Fische, die bis zu 2 kg schwer sind, doch ernähren sie sich auch von Amphibien, kleinen Säugetieren und Aas. Das Nest ist eine Plattform aus Ästen und Zweigen mit 1,5 m Durchmesser und wird auf Bäumen und Büschen oder am Boden gebaut.

Glockenreiher *(unten)*

Lateinisch: *Egretta ardesiaca*
Familie: Reiher – Ardeidae
Verbreitung: Afrika südl. Sahara
Lebensraum: Süßgewässer, Mangroven, Wattflächen
Größe: 66 cm

Der schwarz befiederte Reiher verdankt seinen Namen einer eigentümlichen Strategie bei der Nahrungssuche. Im flachen Wasser watend bilden sie plötzlich mit ihren Flügeln einen Schirm über dem Wasser, scheuchen mit dem Fuß Fische auf und fangen sie dann mit dem Schnabel. Unklar ist, ob der Schirm die Spiegelung an der Wasseroberfläche vermindern oder Fische anlocken soll.

Hammerkopf *(oben)*

Lateinisch: *Scopus umbretta*
Familie: Schattenvögel – Scopidae
Verbreitung: S- bis Zentralafrika
Lebensraum: Baumbestandene Flachgewässer
Größe: 50–56 cm

Der Hammerkopf wirkt wie ein kleiner, brauner Reiher mit übergroßem Kopf und kräftigem Schnabel. In Bäumen errichten sie riesige, bis zu 2 m hohe Nester aus Zweigen und Schilf, die mit Schlamm verschlossen werden. Nur ein kleiner Tunnel führt von unten in die mit trockenem Gras ausgepolsterte Kammer, in der 3–6 Jungvögel aufgezogen werden.

Schuhschnabel *(Mitte rechts)*

Lateinisch: *Balaeniceps rex*
Familie: Schuhschnäbel – Balaenicipitidae
Verbreitung: Sudan bis Sambia
Lebensraum: Sümpfe
Größe: 120 cm

Durch den mächtigen Schnabel ist diese Art unverwechselbar. Bei der Jagd watet der Schuhschnabel gemächlich über Wasserpflanzen, um beim Erblicken der Beute blitzschnell zuzustoßen. Als Schutz gegen die Hitze im auf Schwimmpflanzen angelegten Nest werden die beiden Jungvögel mehrmals am Tag mit einer Schnabelladung Wasser von den Altvögeln geduscht.

Mohrenklaffschnabel *(Mitte links)*

Lateinisch: *Anastomus lamelligerus*
Familie: Störche – Ciconiidae
Verbreitung: Afrika südl. Sahara
Lebensraum: Feuchtgebiete
Größe: 80–94 cm

Die recht kleinen, schwarz gefärbten Störche sind durch eine Lücke in ihrem Schnabel gekennzeichnet. Die Schnabelform ist eine Anpassung an das Erbeuten sehr hartschaliger Wasserschnecken, deren Körper mit den Schnabelspitzen herausgearbeitet werden. Die stets geselligen Klaffschnäbel brüten in Kolonien, meist in über das Wasser hängenden Bäumen.

Nimmersatt *(unten)*

Lateinisch: *Mycteria ibis*
Familie: Störche – Ciconiidae
Verbreitung: Afrika südl. Sahara
Lebensraum: Feuchtgebiete
Größe: 95–105 cm

Neben dem nackten roten Gesicht fällt beim Nimmersatt besonders der lange gelbe Schnabel auf. Dieser wird bei der Nahrungssuche durchs flache Wasser geführt und schnappt bei Ertasten eines Frosches oder Fisches sofort zu. Zum Brüten finden sich mehrere Paare in kleinen Kolonien zusammen, wo die Nester hoch in Bäumen gebaut werden.

Sattelstorch *(rechts)*

Lateinisch: *Ephippiorhynchus senegalensis*
Familie: Störche – Ciconiidae
Verbreitung: Afrika südl. Sahara
Lebensraum: Große Feuchtgebiete
Größe: 145–150 cm

Obwohl nur schwarzweiß befiedert, ist der Sattelstorch mit seinem bunten Schnabel die prächtigste Storchenart. Bei der Nahrungssuche waten sie durch flaches Wasser und stecken dabei immer wieder den Schnabel ins Wasser. Beim Ertasten eines Fisches schnappen sie sofort zu, entfernen eventuell vorhandene Stacheln, waschen den Fisch und schlucken ihn schließlich komplett hinunter.

Abdimstorch *(unten links)*

Lateinisch: *Ciconia abdimii*
Familie: Störche – Ciconiidae
Verbreitung: W-Afrika bis Somalia; im Winter Afrika südl. Äquator
Lebensraum: Offenes Grasland
Größe: 75–81 cm

Abdimstörche sind kleiner als Schwarzstörche und zeigen im Gesicht blaue Haut. Nach der Brutzeit ziehen sie in großen Schwärmen über den Äquator hinweg. Da dies mit dem Beginn der Regenzeit in der Südhälfte Afrikas einher geht, gelten sie im afrikanischen Aberglauben als „Regenbringer". Zusätzliche Beliebtheit erlangen sie als Vertilger von Heuschrecken.

Marabu *(unten rechts)*

Lateinisch: *Leptoptilos crumeniferus*
Familie: Störche – Ciconiidae
Verbreitung: Afrika südl. Sahara
Lebensraum: Offene Landschaften, große Feuchtgebiete
Größe: 115–152 cm

Nicht nur der nackte Kopf, sondern auch die Ernährung von Aas erinnert an Geier, mit denen sich Marabus oft an Tierkadavern treffen. Da ihr eigener Schnabel nicht zum Zerteilen von toten Tieren geeignet ist, entreißen sie den Geiern bereits losgelöste Fleischstücke. Sie können aber auch lebende Kleintiere erbeuten und rauben regelmäßig Küken in Flamingokolonien.

Heiliger Ibis *(oben)*

Lateinisch: *Threskiornis aethiopicus*
Familie: Ibisse – Threskiornithidae
Verbreitung: Afrika südl. Sahara, Irak
Lebensraum: Flache Gewässer
Größe: 65–89 cm

Der schwarzweiße Ibis erhielt seinen Namen aufgrund der Verehrung, die ihm als Verkörperung des Weisheitsgottes Thoth im alten Ägypten entgegengebracht wurde. Zwar kommt die Art heute in Ägypten nicht mehr vor, doch ist sie südlich der Sahara sehr häufig. Bei der Nahrungssuche gehen sie gruppenweise durch flaches Wasser oder Wiesen und picken Insekten und andere Kleintiere auf.

Afrikanischer Löffler *(unten links)*

Lateinisch: *Platalea alba*
Familie: Ibisse – Threskiornithidae
Verbreitung: Afrika südl. Sahara
Lebensraum: Flache Binnengewässer, Küstenlagunen
Größe: 91 cm

Ebenso wie ihre Verwandten in anderen Kontinenten ziehen die gänzlich weiß befiederten Vögel ihren löffelförmigen Schnabel seitlich durch flaches Wasser, um kleine Fische und andere Wassertiere zu ertasten. Sie sind gesellig und brüten in gemischten Kolonien mit Reihern, bevorzugt auf im Wasser stehenden Bäumen oder auf kleinen Felseninseln.

Hagedasch *(unten rechts)*

Lateinisch: *Bostrychia hagedash*
Familie: Ibisse – Threskiornithidae
Verbreitung: Afrika südl. Sahara
Lebensraum: Savannen, Felder, Gewässerufer
Größe: 65–76 cm

Im Gegensatz zu verwandten Arten brütet dieser recht unscheinbar braune Ibis einzeln und nicht in Kolonien. Zum Balzritual gehört das Präsentieren eines Stöckchens am Nest, das das Weibchen dann einbaut. Das Nest befindet sich meist 3–6 m hoch in Bäumen oder auch auf Telegrafenmasten. Die 2–3 Eier werden vier Wochen lang bebrütet, sieben Wochen später fliegen die Jungvögel aus.

Zwergflamingo *(rechts)*

Lateinisch: *Phoenicopterus minor*
Familie: Flamingos – Phoenicopteridae
Verbreitung: Afrika südl. Sahara, Indien
Lebensraum: Salzseen, Küstenlagunen
Größe: 80–90 cm

Die kleinste Flamingoart ist am dunkelroten Schnabel zu erkennen. Zum Brüten versammeln sie sich in riesigen Kolonien in Flachwasserzonen, wo aber etliche Eier und Jungvögel von Marabus geraubt werden. Auch die Nahrungssuche findet in großen Schwärmen statt. Mit ihren lamellenbesetzten Schnäbeln filtern sie Algen und Kieselalgen aus dem Wasser.

ENTENVÖGEL

Witwenpfeifgans *(rechts)*

Lateinisch: *Dendrocygna viduata*
Familie: Entenvögel – Anatidae
Verbreitung: Afrika südl. Sahara, tropisches S-Amerika
Lebensraum: Feuchtgebiete, Gewässer
Größe: 38–48 cm

Die überwiegend in verschiedenen Brauntönen gefärbten Vögel haben einen schwarzweißen Kopf und langen Hals. Ihre Nester befinden sich in lockeren Kolonien in hohem Gras oder im Schilf. Auch außerhalb der Brutzeit sind sie sehr gesellig und unternehmen oft Wanderungen von mehreren hundert Kilometern. Neben Pflanzen fressen sie auch Schnecken, Krebstierchen und Insekten.

Weißrücken-Pfeifgans *(unten)*

Lateinisch: *Thalassornis leuconotos*
Familie: Entenvögel – Anatidae
Verbreitung: Afrika südl. Sahara
Lebensraum: Binnengewässer
Größe: 38–43 cm

Ihr weißer Rücken offenbart sich dem Beobachter nur im Flug. Ansonsten bleiben die überwiegend braun befiederten Vögel eher unauffällig zwischen den Schwimmblättern der tiefen, klaren Gewässer, die sie als Lebensraum bevorzugen. Nicht weit vom Ufer entfernt bauen sie 25 cm hohe Pflanzenhaufen mit einer Mulde, in der die 4–9 Eier von beiden Eltern ausgebrütet werden.

Nilgans *(unten links)*

Lateinisch: *Alopochen aegyptiacus*
Familie: Entenvögel – Anatidae
Verbreitung: Afrika südl. Sahara, Ägypten; eingebürgert in England, Mitteleuropa
Lebensraum: Feuchtgebiete, Gewässer
Größe: 71–73 cm

Nilgänse haben eine schwarze Maske und einen rosafarbenen Schnabel, im Flug wird ein großes weißes Flügelfeld sichtbar. Sie sind die in Afrika am weitesten verbreiteten Entenvögel und profitieren von der Errichtung vieler kleiner Staudämme und Bewässerungskanäle. In der Nähe der Gewässer brüten Nilgänse in Erdhöhlen oder auf Bäumen, oft in alten Nestern anderer Vogelarten.

Sporngans *(oben rechts)*

Lateinisch: *Plectropterus gambensis*
Familie: Entenvögel – Anatidae
Verbreitung: Afrika südl. Sahara
Lebensraum: Große Binnengewässer
Größe: 88–100 cm

Die recht langbeinigen und langhalsigen, schwarzweiß befiederten Gänse haben am Flügelbug einen Sporn, den sie bei Rivalenkämpfen einsetzen. Bei ihrer Nahrungssuche grasen sie im ufernahen Grünland oder reißen Wasserpflanzen aus dem Gewässerboden. Außerhalb der Brutzeit bilden sie Trupps oder gar Schwärme von bis zu 2 000 Vögeln.

Gelbschnabelente *(oben links)*

Lateinisch: *Anas undulata*
Familie: Entenvögel – Anatidae
Verbreitung: O- bis S-Afrika
Lebensraum: Seen, Flüsse, Sümpfe, Küstenlagunen
Größe: 51–58 cm

Das Gefieder ist schwärzlich braun, den grünen Flügelspiegel sieht man meist nur im Flug. Im flachen Wasser gründeln oder tauchen Gelbschnabelenten, um Samen, Wurzeln und Blätter von Wasserpflanzen zu fressen, doch grasen sie zuweilen auch an Land. Zu Beginn der Regenzeit beginnt das Weibchen 4–12 Eier auszubrüten.

Schreiseeadler *(links)*

Lateinisch: *Haliaeetus vocifer*
Familie: Habichtartige – Accipitridae
Verbreitung: Afrika südl. Sahara
Lebensraum: Küsten- und Binnengewässer
Größe: 63–73 cm

Die prächtig braun-schwarz-weiß befiederten Schreiseeadler ernähren sich zumeist von bis zu 4 kg schweren Fischen, die sie aus dem Flug heraus von der Wasseroberfläche abgreifen oder durch Sturztauchen erbeuten. Sie fressen aber auch junge Wasservögel, Kleinsäuger und Aas. Ihr großes Nest bauen sie hoch in einem Baum, der möglichst nah am Wasser stehen sollte.

Kappengeier *(unten links)*

Lateinisch: *Necrosyrtes monachus*
Familie: Habichtartige – Accipitridae
Verbreitung: Afrika südl. Sahara
Lebensraum: Offenes Waldland, Savannen
Größe: 65–75 cm

Auffälligstes Kennzeichen dieser kleinen Geier ist der rote, unbefiederte Bereich an Kopf und Hals. An Tierkadavern können sie sich gegen ihre größeren Verwandten nicht durchsetzen und müssen daher meist mit Resten vorlieb nehmen. Ihre Nahrung ergänzen sie durch Insekten, die sie mit dem Schnabel aus Dung oder dem Boden graben. Sie bauen ihr Nest in der untersten Baumgabelung.

Palmgeier *(unten rechts)*

Lateinisch: *Gypohierax angolensis*
Familie: Habichtartige – Accipitridae
Verbreitung: Afrika südl. Sahara
Lebensraum: Palmenbestände in Wäldern, Mangroven und an Küsten
Größe: 56–62 cm

Anders als andere Geier ernähren sich Palmengeier kaum von Aas, sondern von den Früchten der Ölpalme, die sie mit den Füßen festhalten und mit dem Schnabel aufreißen. Auch Datteln und größere Samen fressen sie gern, ebenso Krabben, Frösche und andere Kleintiere, die sie zu Fuß jagen. Für ihr einziges Ei bauen sie ein Nest in einer Palme oder in anderen hohen Bäumen.

Sperbergeier *(links)*

Lateinisch: *Gyps rueppelli*
Familie: Habichtartige – Accipitridae
Verbreitung: Mauretanien bis Tansania
Lebensraum: Trockenes Grasland in Gebirgsnähe
Größe: 101 cm

Durch die hellen Spitzen ihrer schwarzen Federn machen diese Aasfresser einen geschuppten Eindruck. Sie leben in Gruppen, die sich schnell an einem Tierkadaver versammeln. Mit ihrem nackten Hals dringen sie in die Körperhöhle ein, um auch von dort Fleischreste herauszureißen. Zum Brüten versammeln sie sich in großen Kolonien an Felswänden.

Kapgeier *(unten links)*

Lateinisch: *Gyps coprotheres*
Familie: Habichtartige – Accipitridae
Verbreitung: S-Afrika
Lebensraum: Bergland, Savannen, Wüsten
Größe: 100–120 cm

Die schwarzweiß befiederten Kapgeier sind die größten Geier Afrikas, leben aber nur im Süden des Kontinents. Sie sind sehr gesellig und brüten in Kolonien an Felsklippen. Das einzige Ei wird acht Wochen lang von beiden Eltern bebrütet, anschließend bleibt der Jungvogel über vier Monate im Nest und wird noch weitere sieben Monate von den Eltern gefüttert.

Weißrückengeier *(unten rechts)*

Lateinisch: *Gyps africanus*
Familie: Habichtartige – Accipitridae
Verbreitung: Afrika südl. Sahara
Lebensraum: Savannen
Größe: 90–98 cm

Altvögel haben überwiegend hell weißliches Gefieder und einen dunkelbraunen Hals, die Jungvögel wirken mit dunklem Federkleid und weißem Hals wie das dazugehörige Negativ. Weißrückengeier kreisen in Trupps und beobachten andere Geier, Greifvögel und Löwen, um Tierkadaver ausfindig zu machen. Sind sie gesättigt, so rasten sie oft noch stundenlang neben dem Kadaver am Boden.

Ohrengeier *(rechts)*

Lateinisch: *Torgos tracheliotus*
Familie: Habichtartige – Accipitridae
Verbreitung: Afrika südl. Sahara, Sinai bis S-Arabien
Lebensraum: Savannen, Wüsten
Größe: 115 cm

Die recht großen Geier haben ein schwarzes Gefieder, einen nackten rötlichen Kopf und wiegen bis zu 9 kg. Sie sind meist Einzelgänger, setzen sich aber dank ihrer Körpergröße an einem Tierkadaver auch gegen andere Geierarten durch. Mit ihrem riesigen Schnabel können sie große Fleischstücke herausreißen. Ohrengeier brüten ihr einziges Ei auf dornigen Bäumen in großen Nestern aus.

Wollkopfgeier *(unten rechts)*

Lateinisch: *Trigonoceps occipitalis*
Familie: Habichtartige – Accipitridae
Verbreitung: Afrika südl. Sahara
Lebensraum: Waldland, Savannen, Halbwüsten
Größe: 78–82 cm

Wollkopfgeier haben eine auffällige dunkle Halskrause und eine rote Schnabelspitze. Sie leben einzeln oder paarweise und können sich an Tierkadavern nicht gegen andere Geierarten behaupten. Deshalb beginnen sie die Suche nach Aas schon früh am Morgen, um ihren Konkurrenten zuvorzukommen. Gelegentlich besuchen sie Flamingokolonien, um Eier und Jungvögel zu fressen.

Gaukler *(unten links)*

Lateinisch: *Terathopius ecaudatus*
Familie: Habichtartige – Accipitridae
Verbreitung: Afrika südl. Sahara
Lebensraum: Savannen, Halbwüsten, offenes Waldland
Größe: 60 cm

Gaukler sind recht bunt gefärbte Greifvögel mit rotem Schnabel, die sich fast ständig in der Luft aufhalten und dabei durch ihren sehr kurzen Schwanz und vor allem durch ihre gaukelnde Flugweise auffallen. Dieser findet in 50 m Höhe statt und dient der Suche nach verschiedensten Kleintieren und Aas. Zur Balzzeit zeigen Gaukler akrobatische Flugschauspiele.

Graubürzel-Singhabicht *(ganz oben links)*

Lateinisch: *Melierax metabates*
Familie: Habichtartige – Accipitridae
Verbreitung: Tropisches Afrika, SW-Marokko, SW-Arabien
Lebensraum: Waldland, Feuchtsavannen
Größe: 43–51 cm

Die überwiegend grauen, mit langen roten Beinen ausgestatteten Greifvögel sitzen meist auf Pfählen neben Straßen, um sich von dort auf Eidechsen, Schlangen, Vögel und Kleinsäuger zu stürzen. Ihren Namen verdanken Singhabichte einem melodischen Pfeifton, der zur Brutzeit von den Männchen vorgetragen wird. Oft verwenden sie Nester kleinerer Vögel als Nistmaterial.

Höhlenweihe *(oben rechts)*

Lateinisch: *Polyboroides typus*
Familie: Habichtartige – Accipitridae
Verbreitung: Afrika südl. Sahara
Lebensraum: Waldland, Savannen
Größe: 61–68 cm

Höhlenweihen gehen zu Fuß am Boden auf Nahrungssuche oder klettern in Büschen und Bäumen. Mit ihren gelenkigen Beinen können sie in Baumhöhlen greifen oder an den Nestern von Webervögeln hängen und somit auch verborgene Beute erreichen. Sie besteht aus Amphibien, Reptilien, Vögeln und ihren Eiern, kleinen Säugern und Insekten. Ihr Nest befindet sich in Bäumen oder Felsen.

Felsenbussard *(oben links)*

Lateinisch: *Buteo rufofuscus*
Familie: Habichtartige – Accipitridae
Verbreitung: S-Afrika
Lebensraum: Steppen und hügeliges Grasland
Größe: 45–55 cm

Die hübsch schwarz und kastanienbraun befiederten Greifvögel bevorzugen Gebiete mit extensiver Beweidung. Meist nutzen sie die Thermik, um aus großer Höhe nach kleinen Säugern, Frankolinen und Reptilien Ausschau zu halten. Die beiden Eier werden in Nestern auf Felsvorsprüngen oder Bäumen ausgebrütet. Oft tötet das ältere Küken sein Geschwister und wird nach 50 Tagen flügge.

Kronenadler *(oben links)*

Lateinisch: *Spizaetus coronatus*
Familie: Habichtartige – Accipitridae
Verbreitung: Afrika südl. Sahara
Lebensraum: Hügeliges Waldland
Größe: 80–99 cm

Die unterseits schwarz gefleckten, mit einer kleinen Federhaube ausgestatteten Adler sind trotz ihrer Größe wendige Flieger zwischen den Bäumen. Die kräftigen Vögel ernähren sich vor allem von Affen und kleinen Antilopen, verschmähen aber auch andere Säugetiere und Vögel ähnlicher Größe nicht. Ihr Nest aus Ästen hoch im Baum nutzen sie meist mehrere Jahre zur Aufzucht.

Kampfadler *(ganz oben rechts)*

Lateinisch: *Hieraaetus bellicosus*
Familie: Habichtartige – Accipitridae
Verbreitung: Afrika südl. Sahara
Lebensraum: Waldland, Savannen
Größe: 81–96 cm

Die größten und kräftigsten Adler Afrikas haben eine Flügelspannweite von bis zu 260 cm und besitzen eine kleine Gefiederhaube. Sie sind sehr scheu und halten sich die meiste Zeit in der Luft auf. Aus großer Höhe spähen sie nach Vögeln, kleinen Antilopen und großen Eidechsen, die sie nach einem Sturzflug erbeuten. Das Nest wird bis zu 70 m hoch in Bäumen gebaut.

Raubadler *(oben rechts)*

Lateinisch: *Aquila rapax*
Familie: Habichtartige – Accipitridae
Verbreitung: Afrika südl. Sahara, NW-Afrika, Indien
Lebensraum: Waldland, Savannen
Größe: 65–72 cm

Raubadler sind einfarbig befiedert, dabei kommen Farbtöne von dunkelbraun bis bräunlich weiß vor. Heute leben sie fast nur noch in großen Schutzgebieten, in denen sie von Baumspitzen aus nach Beute Ausschau halten. Vom Ansitz oder aus dem Flug heraus stürzen sie sich auf kleine bis mittelgroße Säuger, doch nehmen sie auch Sekretären, anderen Adlern oder Störchen die Beute ab.

Sekretär (ganz oben)

Lateinisch: *Sagittarius serpentarius*
Familie: Sekretäre – Sagittariidae
Verbreitung: Afrika südl. Sahara
Lebensraum: Savannen, Grasland
Größe: 125–150 cm

Die für einen Greifvogel ungewöhnlich langen Beine benutzt der Sekretär zum Erbeuten von Heuschrecken, Käfern, Reptilien, Mäusen und vielen anderen Kleintieren. Sie werden mit einem schnellen Tritt getötet und sofort verschluckt. Wie viele andere Greifvögel nisten Sekretäre in großen Nestern auf Bäumen. Die beiden Jungvögel werden anfangs mit halbverdauter Beute gefüttert.

Halsband-Zwergfalke (oben links)

Lateinisch: *Polihierax semitorquatus*
Familie: Falken – Falconidae
Verbreitung: S- und O-Afrika
Lebensraum: Trockensavannen
Größe: 19–24 cm

Im südlichen Afrika kommen die kleinen Falken nur dort vor, wo auch Siedelweber leben. Deren riesige Gemeinschaftsnester nutzen sie zum Ausbrüten ihrer 2–4 Eier und auch als Schlafplatz oder als Unterschlupf bei Unwettern. Von Bäumen oder Telefonmasten aus erbeuten sie meist im Sturzflug Insekten und Eidechsen. Die Siedelweber werden dagegen in der Regel verschont.

Lanner (oben rechts)

Lateinisch: *Falco biarmicus*
Familie: Falken – Falconidae
Verbreitung: Afrika, S-Europa bis Arabien
Lebensraum: Wüsten bis bewaldete Berge
Größe: 43–50 cm

Lanner sind Großfalken mit einer rotbraunen Kappe. Sie brüten in von Raben, Reihern oder Greifvögeln erbauten Nestern und ernähren sich überwiegend von Vögeln, wobei sie Wachteln und Tauben bevorzugen. Nach der Brutzeit streifen sie umher und sammeln sich mitunter an Plätzen, die ihnen viel Nahrung bieten, z. B. in den riesigen Brutkolonien von Blutschnabelwebern.

Grauflügelfrankolin *(oben)*

Lateinisch: *Francolinus africanus*
Familie: Glattfußhühner – Phasianidae
Verbreitung: Äthiopien bis Südafrika
Lebensraum: Buschland, Grasland
Größe: 30–33 cm

Die sehr unscheinbar gefärbten Vögel ernähren sich überwiegend von Wurzelknollen, die sie mit den Füßen aus dem Boden scharren. Sie leben die meiste Zeit des Jahres in Gruppen von 5–8 Vögeln (zwei Altvögel und der Nachwuchs des Vorjahrs). In der Morgen- und Abenddämmerung setzt sich das Männchen erhöht auf einen Stein und lässt eine laute, melodische Rufreihe erklingen.

Gelbkehlfrankolin *(unten links)*

Lateinisch: *Francolinus leucoscepus*
Familie: Glattfußhühner – Phasianidae
Verbreitung: Äthiopien bis Tansania
Lebensraum: Buschland, Felder
Größe: 35 cm

Damit ihre bis zu acht Küken in der kühleren Trockenzeit schlüpfen können, beginnt das Brutgeschäft erst am Ende der Regenzeit. Die Eier werden in eine nur wenig gepolsterte Erdmulde gelegt. Sie fressen vor allem Knollen von Seggen, die sie mit den Füßen aus dem lockeren Boden scharren. Gern folgen sie Elefanten und Nashörnern, um aus deren Dung unverdaute Samen herauszupicken.

Schopffrankolin *(unten rechts)*

Lateinisch: *Francolinus sephaena*
Familie: Glattfußhühner – Phasianidae
Verbreitung: Äthiopien bis Südafrika
Lebensraum: Waldland
Größe: 30–35 cm

Die am Hals gepunkteten Frankoline benutzen zum Brüten nur eine in den Boden gedrehte Mulde, die sich oft unter Büschen befindet. Das Ausbrüten der 4–7 Eier dauert drei Wochen, sechs Wochen später können die Jungen erstmals kurze Strecken fliegen. Bei der Suche nach Samen und Insekten laufen Schopffrankoline oft an Straßenrändern entlang und fliehen bei Gefahr in dichtes Gras.

Swainsonfrankolin *(oben links)*

Lateinisch: *Francolinus swainsonii*
Familie: Glattfußhühner – Phasianidae
Verbreitung: S-Afrika
Lebensraum: Buschiges Grasland, Waldränder
Größe: 33–38 cm

Der Swainsonfrankolin ist dem Rotkehlfrankolin sehr ähnlich, doch ist der Oberschnabel schwarz und die Beine grau. Beide Arten bilden gemischte Gruppen. Gemeinsam halten sie sich am Boden auf, um Samen, Beeren, Schösslinge und Insekten aufzulesen. Da sich Swainsonfrankoline auch in der Kulturlandschaft zurechtfinden, hat ihre Zahl in jüngerer Zeit zugenommen.

Rotkehlfrankolin *(oben rechts)*

Lateinisch: *Francolinus afer*
Familie: Glattfußhühner – Phasianidae
Verbreitung: Kenia bis Südafrika
Lebensraum: Waldränder, Lichtungen
Größe: 30–41 cm

Obwohl das Gefieder leicht variiert, ist die Art immer an der Rotfärbung des Schnabels, der nackten Augenumgebung, Kehle und Beine erkennbar. Paarweise oder in kleinen Gruppen suchen Rotkehlfrankoline am Boden nach Samen, Früchten, Wurzelknollen, Schnecken und Insekten. Die 4–7 Eier werden vom Weibchen in einer Mulde unter einem Gebüsch ausgebrütet.

Harlekinwachtel *(unten)*

Lateinisch: *Coturnix delagorguei*
Familie: Glattfußhühner – Phasianidae
Verbreitung: Afrika südl. Sahara, S-Arabien
Lebensraum: Offenes Grasland
Größe: 16–19 cm

Gegenüber den schwarz und rostbraun befiederten Männchen bleiben die Weibchen stets blass braun gefärbt – wohl eine Anpassung an das Brüten am Boden, an dem sich das Männchen nicht beteiligt. Die bis zu acht Küken können schon nach fünf Tagen kurze Strecken fliegen und erhöhen damit ihre Überlebenschancen. Samen sind die Hauptnahrung, aber Insekten werden ebenfalls gefressen.

Kongopfau *(unten links)*

Lateinisch: *Afropavo congensis*
Familie: Glattfußhühner – Phasianidae
Verbreitung: Kongo
Lebensraum: Tropischer Regenwald
Größe: 60–70 cm

Das Gefieder der einzigen Fasanenart Afrikas ist ähnlich schillernd wie beim in Indien beheimateten Pfau, doch fehlen die langen Schmuckfedern. Über die erst 1936 von Wissenschaftlern entdeckte Art ist wenig bekannt, denn sie lebt von Holzeinschlag und Jagd bedroht im fast unzugänglichen Regenwald. Als Nahrung wurden Termiten, Wasserinsekten und Steinfrüchte nachgewiesen.

Geierperlhuhn *(rechts)*

Lateinisch: *Acryllium vulturinum*
Familie: Perlhühner – Numididae
Verbreitung: O-Afrika
Lebensraum: Trockenes Grasland mit Büschen und Bäumen
Größe: 60–72 cm

Ähnlich den Geiern hat diese hübsch befiederte Art einen nackten Hals und Kopf, was der Regulierung der Körpertemperatur dient. Mit dem kräftigen Schnabel fressen sie neben Kleintieren vor allem Früchte und Samen. Im Dickicht ihres Lebensraums folgen sie häufig Affenhorden, um von diesen fallen gelassene Früchte zu erlangen.

Helmperlhuhn *(unten rechts)*

Lateinisch: *Numida meleagris*
Familie: Perlhühner – Numididae
Verbreitung: Afrika südl. Sahara, Marokko
Lebensraum: Offenes Grasland
Größe: 53–63 cm

Das dunkle Gefieder wirkt wie mit Perlen bestickt, der Kopf ist nackt und hat einen knöchernen, helmförmigen Fortsatz. In Gruppen von bis zu 100 Vögeln streifen Helmperlhühner durch das Grasland und scharren im Boden nach Wurzelknollen und Beeren, aber auch Insekten. Zur Brutzeit leben sie paarweise, das Weibchen brütet 6–12 Eier aus.

Laufhühnchen *(unten rechts)*

Lateinisch: *Turnix sylvatica*
Familie: Wachtellaufhühnchen – Turnicidae
Verbreitung: Afrika südl. Sahara, NW-Afrika, SO-Asien
Lebensraum: Gestrüpp, Grasland, Felder
Größe: 15–16 cm

Obwohl Laufhühnchen den Wachteln sehr ähnlich sehen, sind sie nicht mit ihnen verwandt. Genau wie diese leben sie aber sehr heimlich und sind selten zu sehen. Die Weibchen verpaaren sich nacheinander mit mehreren Männchen und überlassen diesen jeweils ein Gelege von vier Eiern zur Aufzucht. Die Nahrung besteht aus Samen, doch fressen Jungvögel anfangs ausschließlich Insekten.

Kronenkranich *(unten links)*

Lateinisch: *Balearica pavonina*
Familie: Kraniche – Gruidae
Verbreitung: Senegal bis Kenia
Lebensraum: Offene Feuchtgebiete, Grasland
Größe: 100–105 cm

Die recht bunt gefärbte Art fällt in erster Linie durch die goldene Federhaube auf. Bei der Nahrungssuche schreiten Kronenkraniche in Gruppen oder Familienverbänden gemächlich durch die Landschaft und picken alle nur erdenklichen Kleintiere (besonders Heuschrecken) und gelegentlich Pflanzenteile auf. Um ihre Beute aufzuschrecken, stampfen sie gelegentlich mit dem Fuß auf.

Klunkerkranich *(oben)*

Lateinisch: *Bugeranus carunculatus*
Familie: Kraniche – Gruidae
Verbreitung: O- bis S-Afrika
Lebensraum: Feuchtgebiete
Größe: 175 cm

Der Name leitet sich von den rotweißen Kehllappen ab, die bei der Balz präsentiert werden. Klunkerkraniche leben in nassem Grasland und bauen dort einen 120–180 cm breiten Pflanzenhaufen, der von einem 4 m breiten „Wassergraben" umgeben ist. In diesem Nest werden 1–2 Eier fünf Wochen lang bebrütet. Ihre Nahrung besteht aus Knollen von Wasserpflanzen und kleinen Wassertieren.

Bronzesultanshuhn *(ganz oben)*

Lateinisch:	*Porphyrio alleni*
Familie:	Rallen – Rallidae
Verbreitung:	Afrika südl. Sahara
Lebensraum:	Feuchtgebiete, Gewässerufer
Größe:	22–26 cm

Die mit langen, roten Beinen ausgestatteten Rallen wirken wie kleine Teichhühner, haben aber einen grünlichen und bläulichen Glanz im Gefieder. Sie sind vielfach Standvögel, andere wandern aber aus den Tropen nach Norden oder Süden, um dort während der jeweiligen Regenzeiten zu brüten. Ihr Nest plazieren sie unmittelbar über dem Wasser im Schilf oder in der Ufervegetation.

Riesentrappe *(oben links)*

Lateinisch:	*Ardeotis kori*
Familie:	Trappen – Otidae
Verbreitung:	O- und S-Afrika
Lebensraum:	Trockenes, ebenes Grasland
Größe:	Männchen 120 cm, Weibchen 90 cm

Riesentrappen wirken recht unscheinbar grau und braun, doch ändert sich dies beim Balztanz des Männchens. Das Halsgefieder wird dann zu einem weißen Ballon aufgeplustert und unter dem hochgestellten Schwanz wird ein weißes Federbüschel sichtbar. Sie fressen Kleintiere und Pflanzen und sammeln sich bei Heuschreckenplagen oder Bränden, um flüchtende Tiere zu fangen.

Rotschopftrappe *(oben rechts)*

Lateinisch:	*Eupodotis ruficrista*
Familie:	Trappen – Otidae
Verbreitung:	S-Afrika
Lebensraum:	Savannen, Halbwüsten
Größe:	50 cm

Der rote Schopf ist nur während der Balz des Männchens sichtbar. Es beginnt mit einem Gesang aus Klick- und dann Pfeiflauten, rennt dann einige Meter schnell, um 10–30 m senkrecht nach oben zu fliegen. Anschließend stürzt der Vogel zu Boden, fängt sich aber vorher mit geöffneten Flügeln ab. Bei Gefahr vertrauen diese Trappen ihrer Tarnfarbe und bleiben regungslos stehen.

Blaustirn-Blatthühnchen *(oben)*

Lateinisch: *Actophilornis africanus*
Familie: Blatthühnchen – Jacanidae
Verbreitung: Afrika südl. Sahara
Lebensraum: Gewässer mit Schwimmblättern
Größe: 23–31 cm

Mit extrem verlängerten Zehen und Krallen sind Blatthühnchen an das Laufen auf schwimmenden Wasserpflanzen angepasst. Dort picken sie Insekten, kleine Schnecken und Spinnen auf. Die Männchen halten jeweils ein Revier, in dem sie sich ernähren und Junge aufziehen; Weibchen haben meist mehrere Männchen, denen sie jeweils bis zu vier Eier zur Aufzucht überlassen.

Wassertriel *(Mitte)*

Lateinisch: *Burhinus vermiculatus*
Familie: Triele – Burhinidae
Verbreitung: Afrika südl. Sahara
Lebensraum: Flüsse, Seen, Mangroven, Strände
Größe: 38–40 cm

Im Gegensatz zu vielen anderen Trielen leben Wassertriele nicht in trockenem Gelände, sondern am Wasser. Auch sie sind überwiegend nachtaktiv und ruhen tagsüber in Trupps von 20–30 Vögeln nahe dem Ufer. Mit ihren großen Augen können sie nachts ihre Beute (Insekten, Krebse, Schnecken) gut erkennen. Das Nest besteht aus einer Mulde im Sand, nie weiter als 20 m vom Ufer entfernt.

Kaptriel *(unten)*

Lateinisch: *Burhinus capensis*
Familie: Triele – Burhinidae
Verbreitung: Afrika südl. Sahara
Lebensraum: Offenes Grasland, Ackerland, Halbwüsten
Größe: 43–44 cm

Vom Wassertriel unterscheidet sich der Kaptriel durch das auf der Oberseite stark getupfte Gefieder. Tagsüber verharren Kaptriele in Gruppen von bis zu 50 Vögeln im Schatten von Büschen und Bäumen. Auf die Suche nach Nahrung (Insekten, Schnecken, Samen) gehen sie nur nachts oder bei starker Bewölkung. Sie besiedeln auch Flughäfen, Sportplätze und Friedhöfe.

Bindenrennvogel *(ganz oben)*

Lateinisch: *Rhinoptilus cinctus*
Familie: Brachschwalbenartige – Glareolidae
Verbreitung: S-Sudan bis N-Südafrika
Lebensraum: Offenes Waldland
Größe: 28 cm

Je ein rotbraunes Band an Kehle und Brust kennzeichnet die langbeinigen Bewohner von locker bewaldetem Grasland. Den Tag verbringen sie im Schatten der Bäume, nachts jagen sie am Boden lebende Insekten, besonders gern auf unbefestigten Straßen. Zum Brüten benutzen sie eine tiefe Bodenmulde, die mit kleinen Steinchen und Erdkrümeln ausgelegt wird. Die Küken sind Nestflüchter.

Krokodilwächter *(oben links)*

Lateinisch: *Pluvianus aegyptius*
Familie: Brachschwalbenartige – Glareolidae
Verbreitung: W- und Zentralafrika
Lebensraum: Große Flüsse mit Sandbänken
Größe: 19–21 cm

Krokodilwächter legen ihre 2–3 Eier in eine tiefe Sandmulde und bebrüten sie nachts. Tagsüber bedecken sie das Gelege aber mit Sand und lassen es durch die Sonne wärmen. Wird es zu heiß, befeuchten sie den Sand oder spenden Schatten. Wirbellose picken sie vom Sand, doch drehen sie auch Steine um oder scharren im Sand, um zusätzliche Beutetiere zu finden.

Schmiedekiebitz *(oben rechts)*

Lateinisch: *Vanellus armatus*
Familie: Regenpfeifer – Charadriidae
Verbreitung: S- bis O-Afrika
Lebensraum: Gewässerufer, Feuchtwiesen
Größe: 30 cm

Die durch ihr schwarzweißes Gefieder sehr auffälligen Vögel tragen ihren Namen aufgrund ihrer Rufe, die wie Hammerschläge auf einen Amboss klingen. Nicht weit vom Gewässerufer werden 3–4 Eier in einer Bodenmulde, die mit einigen Steinchen und etwas Pflanzenmaterial ausgelegt ist, ausgebrütet. An sehr heißen Tagen setzen sich die Altvögel mit nassem Bauchgefieder auf die Eier.

Dominikanermöwe *(oben links)*

Lateinisch: *Larus dominicanus*
Familie: Möwen – Laridae
Verbreitung: S-Afrika, S-Amerika, Austr., subantark. Inseln
Lebensraum: Küsten
Größe: 54–65 cm

Dominikanermöwen, erkennbar am schwarzen Mantel und gelbgrünen Beinen, sind die häufigsten Möwen an den Küsten der Südhalbkugel. In Kolonien brüten sie auf kleinen Inseln und an Felsküsten ebenso wie an Stränden und in Städten. Ihre Nahrung besteht neben Abfällen besonders aus Meerestieren, die sie selbst fangen, hinter Fischkuttern einsammeln oder anderen Seevögeln abjagen.

Feenseeschwalbe *(ganz oben rechts)*

Lateinisch: *Gygis alba*
Familie: Seeschwalben – Sternidae
Verbreitung: Tropische Ozeane
Lebensraum: Bewaldete Inseln, offenes Meer
Größe: 25–30 cm

Die rein weißen Seeschwalben haben einen sehr feinen Schnabel und kommen rund um den Globus in tropischen Meeren vor. In Afrika brüten sie auf den Seychellen und Maskarenen. Berühmt ist ihre eigenartige Brutplatzwahl: Das Ei wird ohne jedes Nest auf einen 8–25 cm breiten Ast gelegt. Viele Eier und Jungvögel werden aber vom Wind heruntergeweht und gehen verloren.

Noddi *(oben rechts)*

Lateinisch: *Anous stolidus*
Familie: Seeschwalben – Sternidae
Verbreitung: Tropische Ozeane
Lebensraum: Kleine Inseln und Riffe, offenes Meer
Größe: 38–45 cm

Die dunkelbraunen Seeschwalben brüten auf ungezählten Inselchen in den tropischen Meeren, so auch westlich und östlich von Afrika. Ihre dichten Brutkolonien befinden sich meist in Büschen und Bäumen und umfassen selten mehr als 1 000 Paare. Auf der Suche nach kleinen Fischen, die sie im Rüttelflug von der Wasseroberfläche picken, entfernen sie sich bis zu 80 km von der Kolonie.

Namaflughuhn *(rechts)*

Lateinisch: *Pterocles namaqua*
Familie: Flughühner – Pteroclididae
Verbreitung: SW-Angola bis Südafrika
Lebensraum: Wüsten, Halbwüsten
Größe: 24–28 cm

Die ersten 1–3 Stunden eines Tages nutzen die Wüstenbewohner, um in großen Schwärmen von bis zu tausend Vögeln zu den Wasserstellen zu fliegen und dort zu trinken. Den Rest des Tages bewegen sie sich in kleineren Trupps durch ihren trockenen Lebensraum und picken kleine, harte Samen auf. Das Bebrüten der Eier übernimmt tagsüber das Weibchen und nachts das Männchen.

TAUBEN

Kaptäubchen *(links)*

Lateinisch: *Oena capensis*
Familie: Tauben – Columbidae
Verbreitung: Afrika, Arabien
Lebensraum: Trockenes Buschland, Farmland
Größe: 24–27 cm

Die nur gut sperlingsgroßen Täubchen haben ein überwiegend graues Gefieder. Im Flug ist aber die rotbraune Färbung von Ober- und Unterflügel zu erkennen. In ein flüchtig aus Zweigen und Grashalmen gebautes Nest legt das Weibchen zwei Eier. Beim Brüten übernimmt das Männchen eine 6-Stunden-Schicht ab dem späten Vormittag, den Rest des Tages sitzt das Weibchen auf den Eiern.

Rotnasen-Grüntaube *(oben)*

Lateinisch: *Treron calva*
Familie: Tauben – Columbidae
Verbreitung: Afrika südl. Sahara
Lebensraum: Wälder, Baumsavannen, Mangroven
Größe: 25–30 cm

Die durch ihre Färbung im Laub der Bäume gut getarnten Tauben klettern in Trupps von bis zu 50 Tieren akrobatisch durch das Geäst und sammeln die verschiedensten Früchte. Mitunter hängen sie sogar kopfüber an den Ästen. Das Nest ist eine flüchtig aus einigen Zweigen gebaute Plattform und befindet sich bis zu 20 m hoch im Baum. Das Gelege besteht fast immer aus zwei Eiern.

Rußköpfchen *(oben links)*

Lateinisch: *Agapornis nigrigenis*
Familie: Papageien – Psittacidae
Verbreitung: SW-Sambia
Lebensraum: Mopane-Waldland
Größe: 13–14 cm

Rußköpfchen sind den Rosenköpfchen sehr ähnlich, haben aber ein dunkelgraues Gesicht und einen roten Schnabel. Durch Fang, Lebensraumzerstörung und Anbau von Mais (statt heimischer Getreidearten) sind sie in ihrem kleinen Verbreitungsgebiet selten geworden. Wichtig sind Wasserstellen zum Trinken, an denen sich außerhalb der Brutzeit bis zu 800 Vögel versammeln können.

Rosenköpfchen *(unten links)*

Lateinisch: *Agapornis roseicollis*
Familie: Papageien – Psittacidae
Verbreitung: SW-Afrika
Lebensraum: Trockenes Waldland, buschige Hügel, baumbestandene Flüsse
Größe: 15–18 cm

Wegen ihres hübschen Gefieders sind Rosenköpfchen beliebte Käfigvögel. In der Natur leben sie in Trupps und klettern behende unter Zuhilfenahme des Schnabels durch die Vegetation, um nach Samen und Knospen zu suchen. Mitunter fallen sie auch in Getreidefelder ein. Sie sind Koloniebrüter und bauen ihre Nester in Felshöhlungen oder Gemeinschaftsnester der Siedelweber.

Halsbandsittich *(unten)*

Lateinisch: *Psittacula krameri*
Familie: Papageien – Psittacidae
Verbreitung: Senegal bis Somalia, Pakistan bis SO-China; eingebürgert in Teilen von Europa bis SO-Asien
Lebensraum: Wälder, Savannen, Gärten, Halbwüsten
Größe: 37–43 cm

Die langschwänzigen, grünen Papageien bewohnen in ihrem ursprünglichen Verbreitungsgebiet eine Vielfalt von Lebensräumen, sofern sie Bäume mit zur Brut geeigneten Höhlen aufweisen. Dort wo sie eingebürgert wurden (u. a. England, Deutschland), leben sie meist in Parks. Sie fressen vorwiegend Früchte, aber auch Samen und Körner und gelten so stellenweise als Schädlinge.

Graupapagei *(rechts)*

Lateinisch: *Psittacus erithacus*
Familie: Papageien – Psittacidae
Verbreitung: W- und Zentralafrika
Lebensraum: Wälder, Savannen
Größe: 28–39 cm

In Gefangenschaft sind Graupapageien sehr begabte Stimmenimitatoren. Fang und Export haben stellenweise zu Bestandsrückgängen geführt, doch sind sie vielfach noch häufig und bilden dann große Gemeinschaftsschlafplätze. Sie brüten in Baumhöhlen und ziehen dort 2–3 Jungvögel auf. Als Nahrung bevorzugen sie das ölige Fruchtfleisch der Ölpalme.

KUCKUCKSVÖGEL

Schildturako *(links)*

Lateinisch: *Musophaga violacea*
Familie: Turakos – Musophagidae
Verbreitung: Senegal bis Kamerun
Lebensraum: Galeriewälder, Parks
Größe: 50 cm

Die großen, blau schimmernden Vögel sind Fruchtfresser und nehmen am liebsten Feigen zu sich. Im Flug zeigen sie ihre prächtigen roten Federn, die ihre Färbung durch ein nur bei Turakos vorkommendes Pigment erhalten. Hoch in den Bäumen bauen sie ein einfaches Nest und brüten dort zwei Eier aus. Schildturakos werden häufig für den Export gefangen und sind deshalb bedroht.

Graulärmvogel *(rechts)*

Lateinisch: *Corythaixoides concolor*
Familie: Turakos – Musophagidae
Verbreitung: Angola bis Mosambik
Lebensraum: Offene Wälder, Savannen, Parks
Größe: 47–50 cm

Im Gegensatz zu den meisten anderen Turakos sind Graulärmvögel nicht farbenprächtig, sondern einfarbig grau befiedert. Sie bevorzugen Lebensräume mit Akazien, denn in deren dornigem Geäst bauen sie ihre spärlichen Nester aus kleinen Stöckchen. Die Nahrung besteht aus verschiedenen Früchten; zum Trinken und zum Fressen von Termiten kommen sie regelmäßig an den Boden.

Riesenseidenkuckuck (ganz oben)

Lateinisch: *Coua gigas*
Familie: Kuckucke – Cuculidae
Verbreitung: Madagaskar
Lebensraum: Laubwälder, Dornengestrüpp
Größe: 58–62 cm

Alle zehn Arten der langschwänzigen Seidenkuckucke kommen ausschließlich auf Madagaskar vor. Die größte Art hat ein blaues Gesicht und hält sich vorwiegend am Boden auf, um dort Insekten (besonders Schmetterlinge), aber auch Samen zu fressen. Das Nest wird aus Zweigen, Borke und großen Blättern hoch in einem Baum gebaut. Die drei weißen Eier werden selbst ausgebrütet.

Weißbrauenkuckuck (oben links)

Lateinisch: *Centropus superciliosus*
Familie: Kuckucke – Cuculidae
Verbreitung: Äthiopien bis Südafrika, S-Arabien
Lebensraum: Üppiges Gebüsch in Feuchtgebieten
Größe: 36–42 cm

Am weißen Überaugenstreif sind diese Vögel vom ähnlichen Spornkuckuck zu unterscheiden. Im Schilf oder Gebüsch bauen sie ein großes, überdachtes Nest mit seitlichem Eingang. Die 3–5 Eier bebrütet vor allem das Männchen, das Füttern der Nestlinge bestreiten beide Elternteile gemeinsam. Die Nahrung besteht aus großen Insekten bis hin zu Mäusen und Fröschen.

Spornkuckuck (oben rechts)

Lateinisch: *Centropus senegalensis*
Familie: Kuckucke – Cuculidae
Verbreitung: Afrika südl. Sahara, Ägypten
Lebensraum: Buschiges Waldland, Schilf, buschige Flussufer
Größe: 35–42 cm

Spornkuckucke haben eine warm cremefarbene Unterseite und rostbraune Flügel. Da sie sich recht heimlich im Gebüsch aufhalten, sind sie nur selten ausgiebig zu beobachten. Mit Hilfe ihres kräftigen Schnabels können sie Insekten, Nagetiere, Reptilien und kleine Vögel erbeuten. Im Gegensatz zu vielen anderen Kuckucken bauen sie ein eigenes Nest und brüten ihre 2–5 Eier selbst aus.

Fleckenuhu *(ganz oben links)*

Lateinisch: *Bubo africanus*
Familie: Eulen – Strigidae
Verbreitung: Afrika südl. Sahara, S-Arabien
Lebensraum: Felsiges Gelände in Wäldern, Savannen, Halbwüsten, Städte
Größe: 43–47 cm

Die kleinen Uhus jagen nachts vom Ansitz aus und sitzen dabei gern auf Zaunpfählen und Telegrafenmasten neben der Straße. Viele fallen dadurch dem Straßenverkehr zum Opfer. Fleckenuhus brüten auf Felsklippen oder Gebäuden, in alten Greifvogelnestern oder auf den riesigen Nestern von Hammerkopf und Siedelwebern.

Bindenfischeule *(oben links)*

Lateinisch: *Scotopelia peli*
Familie: Eulen – Strigidae
Verbreitung: Afrika südl. Sahara
Lebensraum: Bewaldete Gewässerufer
Größe: 55–63 cm

Ihr Name stammt von der schwarzen Bänderung und der Ernährung von Fisch. Von Sitzwarten aus gleiten Fischeulen flach über das Wasser und greifen sich 100–200 g schwere Fische. Ihre Brut findet bei niedrigem Wasserstand statt, was die Beute leichter erreichbar macht. Die 1–2 Eier werden in Baumhöhlen ausgebrütet, bis zu neun Monate verweilen die Jungen im Revier der Eltern.

Büscheleule *(oben rechts)*

Lateinisch: *Otus leucotis*
Familie: Eulen – Strigidae
Verbreitung: Afrika südl. Sahara
Lebensraum: Waldland, Savannen
Größe: 25–28 cm

In der Nacht jagen Büscheleulen nach Nagetieren, einen kleineren Anteil an der Nahrung haben Vögel. Tagsüber ruhen sie in den Bäumen. Bei Beunruhigung tarnen sie sich, indem sie ihren Körper strecken, die Federohren aufrichten und die Augen zu Schlitzen verschließen. Zum Brüten benutzen sie alte Nester von Greifvögeln, Reihern oder Krähen.

Kapohreule *(oben links)*

Lateinisch: *Asio capensis*
Familie: Eulen – Strigidae
Verbreitung: Afrika
Lebensraum: Feuchtwiesen, Sümpfe
Größe: 31–37 cm

Ähnlich wie bei der europäischen Sumpfohreule sind die Federohren nur sehr klein und nur dann zu sehen, wenn sie ein aufgeregter Vogel aufrichtet. Am Tag sitzen Kapohreulen verborgen in dichtem Gras, mitunter fliegen sie aber auch dicht über ihrem Lebensraum im Suchflug umher, um Mäuse und Frösche zu fangen. Hauptsächlich jagen sie aber nachts.

Afrikanischer Waldkauz *(ganz oben rechts)*

Lateinisch: *Strix woodfordii*
Familie: Eulen – Strigidae
Verbreitung: Afrika südl. Sahara
Lebensraum: Wälder
Größe: 30–36 cm

Der nachtaktive Kauz hat ein helles Gesicht und eine quer gestreifte Unterseite. Er ernährt sich von großen Insekten, die er aus dem Flug heraus vom Boden oder von Ästen abgreift oder sogar in der Luft fängt. Zum Brüten suchen sich diese Eulen Baumhöhlen, in die sie meist zwei Eier legen. Das Weibchen sitzt 30 Tage lang auf dem Gelege und wird dabei vom Männchen gefüttert.

Perlkauz *(oben rechts)*

Lateinisch: *Glaucidium perlatum*
Familie: Eulen – Strigidae
Verbreitung: Afrika südl. Sahara
Lebensraum: Waldland, Savannen
Größe: 17–21 cm

Auch wenn die winzigen, weiß getupften Käuze oft am Tag aktiv sind, so sind sie doch wie die meisten Eulen vor allem nächtliche Jäger. Insekten und Kleinsäuger greifen sie am Boden, Vögel und Fledermäuse auch im Flug. Werden nach einem Schauer Schnecken aktiv, fressen Perlkäuze auch diese gern. Die 2–4 Jungvögel wachsen in alten Spechthöhlen auf.

Fahnennachtschwalbe (rechts)

Lateinisch: *Macrodipteryx longipennis*
Familie: Nachtschwalben – Caprimulgidae
Verbreitung: W- bis Zentralafrika
Lebensraum: Leicht bewaldete Savannen, Grasland
Größe: 21–22 cm

In Balzarenen sammeln sich die Männchen und bieten den Weibchen ein in der Vogelwelt einmaliges Schauspiel. Im Balzflug stehen die beiden zweiten, extrem bis auf 50 cm verlängerten Handschwingen senkrecht nach oben und wirken wie Fahnen. Die meisten Männchen sind polygam, so dass den Weibchen das Bebrüten der 1–2 Eier meist allein obliegt. Nach der Brutzeit ziehen sie etwas nach Norden und verbringen ihre Zeit in der Sahelzone.

MAUSVÖGEL

Braunflügel-Mausvogel (rechts)

Lateinisch: *Colius striatus*
Familie: Mausvögel – Coliidae
Verbreitung: Zentral- bis Südafrika
Lebensraum: Waldränder, Baumsavannen, Gärten
Größe: 30–36 cm

Der Name dieser Vögel erklärt sich dadurch, dass sie wie Mäuse durch das Geäst huschen. Mit verschiedenen Tricks fördern sie ihre Temperaturregulation, denn zum einen nehmen sie mit gesträubtem Bauchgefieder Sonnenbäder, zum anderen übernachten sie in Trupps, die sich zu einer Kugel eng aneinander kuscheln. Sie leben meist in Gruppen, in denen ein Brutpaar von Helfern unterstützt wird und somit bis zu achtmal im Jahr brüten kann.

Graufischer *(unten links)*

Lateinisch: *Ceryle rudis*
Familie: Eisvögel – Alcedinidae
Verbreitung: Afrika südl. Sahara, Niltal bis Irak, Pakistan bis S-China
Lebensraum: Flüsse, Seen
Größe: 25 cm

An der schwarzweißen Eisvogelart fällt insbesondere der große Schnabel auf. Dieser hilft beim Erbeuten von Fischen, die bis zu einem Viertel des eigenen Körpergewichts wiegen können. Im Gegensatz zu den meisten verwandten Arten jagen Graufischer nicht vom Ansitz aus. Im Rüttelflug stehen sie über der Wasserfläche und stürzen sich auf erblickte Fische ins Wasser.

Natalzwergfischer *(links)*

Lateinisch: *Ispidina picta*
Familie: Eisvögel – Alcedinidae
Verbreitung: Afrika südl. Sahara
Lebensraum: Wälder, Plantagen, Grasland mit Baumgruppen
Größe: 12–13 cm

Während viele Eisvogelarten an Gewässer gebunden sind und vor allem Fische fressen, leben andere Arten in Wäldern. Zu ihnen gehören die Natalzwergfischer, die sich vor allem von Insekten ernähren. Sie brüten einzeln oder in kleinen Kolonien in Steilwänden, in die sie kleine Brutröhren graben. Die im Süden brütenden Vögel ziehen zum Überwintern nach Zentral- oder Ostafrika.

Madagaskarzwergfischer *(unten rechts)*

Lateinisch: *Alcedo vintsioides*
Familie: Eisvögel – Alcedinidae
Verbreitung: Madagaskar, Komoren
Lebensraum: Flüsse, Mangroven, Reisfelder
Größe: 13 cm

Vom Ansitz aus stürzen sich die farbenprächtigen Verwandten des Eisvogels auf kleine Fische, Frösche und Krebse, aber auch Heuschrecken und Käfer. Vor dem Verschlingen töten sie ihre Beutetiere mit mehrfachem Schlag gegen einen Ast. Beide Geschlechter graben in eine Steilwand eine 40 cm tiefe Brutröhre, in der sie gemeinsam 3–6 Eier ausbrüten.

Karminspint *(oben und Mitte)*

Lateinisch: *Merops nubicus*
Familie: Spinte – Meropidae
Verbreitung: Senegal bis Somalia, S-Afrika
Lebensraum: Buschige Savannen, Felder, Wiesen
Größe: 24–27 cm

Die herrlich rot gefärbten Bienenfresser jagen vom Ansitz aus nach fliegenden Insekten. Gefangene Beute wird mit dem Schnabel auf Äste geschlagen, um sie zu töten und deren Stachel zu entfernen. Als Ansitz werden gern große Säugetiere oder Strauße gewählt. In die Steilufer der Flüsse graben hunderte oder gar tausende Brutpaare ihre 1–2 m langen Röhren, wobei eine Dichte von 60 Röhren pro Quadratmeter erreicht werden kann.

Zwergspint *(unten)*

Lateinisch: *Merops pusillus*
Familie: Spinte – Meropidae
Verbreitung: Afrika südl. Sahara
Lebensraum: Offenes Waldland, Savannen, Gewässerufer
Größe: 17–18 cm

Der kleinste Bienenfresser Afrikas ist an der ockergelben Unterseite und dem leicht gegabelten Schwanz eindeutig bestimmbar. Zwergspinte brüten nicht in Kolonien, sondern bewohnen paarweise ein Revier. Dort benutzen sie Tag für Tag die selben Sitzwarten, von denen aus sie fliegende Insekten fangen. Ihre 50–130 cm tiefe Brutröhre graben sie in eine Erdwand.

Zimtroller *(Mitte)*

Lateinisch: *Eurystomus glaucurus*
Familie: Racken – Coraciidae
Verbreitung: Afrika südl. Sahara
Lebensraum: Waldland, Agrarlandschaft mit hohen Bäumen
Größe: 27–29 cm

Die zimtfarbenen Racken mit gelbem Schnabel brüten in Bäumen und verteidigen ihr Revier gegen Eindringlinge. Tagsüber sitzen sie meist auf einem kahlen Ast und unternehmen nur gelegentlich einen kurzen Flug, um ein fliegendes Insekt aufzuschnappen. Am späten Nachmittag werden sie aktiv und jagen zusammen mit Artgenossen oder Ziegenmelkern schwärmende Ameisen und Termiten.

Gabelracke *(unten rechts)*

Lateinisch: *Coracias caudata*
Familie: Racken – Coraciidae
Verbreitung: Südafrika bis Äthiopien
Lebensraum: Savannen, offenes Waldland
Größe: 35–36 cm

Neben den gegabelten Schwanzspießen ist die lilafarbene Brust ein wichtiges Kennzeichen der Gabelracken. Sie sitzen auffällig auf Baumspitzen oder Telefonleitungen und fliegen von dort zum Boden, um Beutetiere zu ergreifen. Die Liste ihrer Beutetiere ist lang und umfasst Insekten, Skorpione, Frösche, kleine Schlangen und Vögel sowie Nagetiere. Die Brut findet in Baumhöhlen statt.

Schuppenerdracke *(unten links)*

Lateinisch: *Brachypteracias squamiger*
Familie: Erdracken – Brachypteraciidae
Verbreitung: O-Madagaskar
Lebensraum: Wälder
Größe: 25–29 cm

Das schuppig wirkende, braungrüne Gefieder verleiht den Vögeln am Waldboden eine hervorragende Tarnung. Dort stehen sie regungslos und halten nach Käfern, Tausendfüßern und Würmern Ausschau, die sie mit kurzem Sprint erbeuten. Auch am Boden liegendes Laub durchwühlen sie nach Beute. Die Brut findet in 1 m langen Röhren statt, die sie in steile Erdwände graben.

Blaukopf-Erdracke *(oben)*

Lateinisch: *Atelornis pittoides*
Familie: Erdracken – Brachypteraciidae
Verbreitung: O-Madagaskar
Lebensraum: Regenwald, Sekundärwald
Größe: 25–29 cm

Die bunten Erdracken suchen tagsüber, in der Dämmerung und manchmal auch nachts am Boden nach Ameisen, Käfern und Würmern. In Böschungen graben sie bis zu 1 m lange Brutröhren, in denen die Weibchen 2–4 Eier ausbrüten und dabei von den Männchen gefüttert werden. Da sie sich auch im Sekundärwald zurechtfinden, sind sie weniger gefährdet als andere Erdrackenarten.

Lätzchenerdracke *(Mitte)*

Lateinisch: *Atelornis crossleyi*
Familie: Erdracken – Brachypteraciidae
Verbreitung: O-Madagaskar
Lebensraum: Regenwald
Größe: 24–27 cm

Der schwarzweiße Halsfleck hat den bunten Vögeln ihren Namen gegeben. Sie leben besonders in Hochlagen über 1 200 m und bevorzugen dunkle Wälder mit dichtem Unterholz, verrottenden Baumstämmen und viel Laub am Boden. Dort jagen sie nach allerlei Wirbellosen. Balzende Männchen nicken gleichzeitig mit dem Kopf nach unten und reißen den Schwanz nach oben.

Langschwanz-Erdracke *(unten links)*

Lateinisch: *Uratelornis chimaera*
Familie: Erdracken – Brachypteraciidae
Verbreitung: SW-Madagaskar
Lebensraum: Buschiges Gelände, offene Laubwälder
Größe: 47 cm

Die langschwänzigen Vögel mit hellblauen äußeren Schwanzfedern und Flügeldecken sind in ihrem Bestand gefährdet, da ihre Lebensräume im kleinen Verbreitungsgebiet mehr und mehr der Brandrodung zum Opfer fallen. Bei der Suche nach am Boden lebenden Wirbellosen wird der Schwanz häufig auf und ab geschlagen. Sie leben paarweise und verteidigen ihr Brutrevier.

Östlicher Gelbschnabeltoko *(oben)*

Lateinisch: *Tockus flavirostris*
Familie: Nashornvögel – Bucerotidae
Verbreitung: O-Afrika
Lebensraum: Savannen
Größe: 40 cm

Die mit einem riesigen gelben Schnabel ausgestatteten Vögel ernähren sich vor allem von Termiten und Früchten. Bei der Nahrungssuche arbeiten sie mit der Zwergmanguste, einem Säugetier, zusammen. Zum Bebrüten der 2–3 Eier mauert sich das Weibchen in einer Baumhöhle ein und lässt nur einen Schlitz offen, durch den das Männchen füttern kann.

Kaffernhornrabe *(linke Seite unten rechts)*

Lateinisch: *Bucorvus leadbeateri*
Familie: Nashornvögel – Bucerotidae
Verbreitung: O- bis S-Afrika
Lebensraum: Offene Savannen
Größe: 90–100 cm

Hornraben sind große, am Boden lebende Vögel, die in Gruppen von 2–8 Vögeln auf Nahrungssuche gehen. Mit ihrem großen Schnabel hacken sie nach jedem Kleintier, meist große Insekten; u. a. durchwühlen sie die Kothaufen großer Säuger nach Käfern. Das dominante Paar einer Gruppe legt zwei Eier in eine Baum- oder Felshöhle und wird dann bei der Aufzucht unterstützt.

Silberwangen-Hornvogel *(unten rechts)*

Lateinisch: *Ceratogymna brevis*
Familie: Nashornvögel – Bucerotidae
Verbreitung: Äthiopien bis Mosambik
Lebensraum: Immergrüne Wälder
Größe: 75–80 cm

Durch das riesige Schnabelhorn und die Federhaube wirkt der Kopf dieser Hornvögel unförmig groß. Den kräftigen Schnabel benutzen sie zum Fressen von Feigen und anderen Früchten, doch stehen auch Insekten, Vogeleier und Nestlinge auf der Speiseliste. Wie bei anderen Hornvögeln mauert sich das Weibchen zum Brüten und zur Aufzucht der 1–3 Jungvögel in eine große Baumhöhle ein.

Flammenkopf-Bartvogel *(oben links)*

Lateinisch: *Trachyphonus erythrocephalus*
Familie: Bartvögel – Capitonidae
Verbreitung: O-Afrika
Lebensraum: Wälder, Grasland mit Büschen und Bäumen
Größe: 20–23 cm

Seinen Namen erhielt diese in Gruppen lebende Art aufgrund der rotgelben Kopffärbung. Sie sind Allesfresser, die vor allem Insekten und Früchte, aber auch Abfälle vom Boden aufsammeln. Selbst im Kühlergrill von Autos suchen sie nach Resten von Insekten. Gebrütet wird in kleinen, selbst gegrabenen Erdhöhlen; beim Füttern wird das Brutpaar von Helfern unterstützt.

Weißkopf-Bartvogel *(oben rechts)*

Lateinisch: *Lybius leucocephalus*
Familie: Bartvögel – Capitonidae
Verbreitung: Zentralafrika bis Tansania, Angola
Lebensraum: Offenes Waldland, Gärten
Größe: 18–19 cm

Wie viele verwandte Arten haben diese Bartvögel kräftige Beine, mit denen sie sich gut an Ästen festklammern können und einen kurzen, sehr muskulösen Hals, der das Abreißen von Früchten mit dem kräftigen Schnabel unterstützt. Dieser ist auch beim Bau der Nisthöhle von großem Nutzen. Dort hinein legt ein Weibchen 2–4 Eier, die von allen Gruppenmitgliedern bebrütet werden.

Halsband-Bartvogel *(unten)*

Lateinisch: *Lybius torquatus*
Familie: Bartvögel – Capitonidae
Verbreitung: Afrika südl. Äquator
Lebensraum: Waldland, Parks, Gärten
Größe: 19–20 cm

Die Rotfärbung von Gesicht und Brust verleiht diesen Bartvögeln ein buntes Erscheinungsbild, bei einer selteneren Variante sind diese Gefiederpartien gelb. In einen dicken Ast bauen sie eine 25 cm tiefe Höhle, in der manchmal zwei Paare gleichzeitig jeweils 2–5 Eier ausbrüten und gelegentlich von 1–2 weiteren Altvögeln beim Füttern der Jungen unterstützt werden.

Schwarzkehl-Honiganzeiger *(Mitte)*

Lateinisch: *Indicator indicator*
Familie: Honiganzeiger – Indicatoridae
Verbreitung: Afrika südl. Sahara
Lebensraum: Offene Wälder
Größe: 19–20 cm

Der Name dieser rosaschnäbeligen Vögel basiert auf ihrer Vorliebe für Bienenwachs und Bienenlarven. Dazu locken sie Dachse, Paviane und Menschen mit auffälligen Rufen und Bewegungen als „Helfer“ an. Honiganzeiger brüten nicht selbst: Das Weibchen legt bis zu 20 Eier in Nester verschiedener Vogelarten und sticht die Eier der Wirtsvögel an.

Rotnackenlerche *(oben)*

Lateinisch: *Mirafra africana*
Familie: Lerchen – Alaudidae
Verbreitung: Südafrika bis Sudan und Nigeria
Lebensraum: Grasland mit einzelnen Büschen, Savannen, Kulturland
Größe: 16–17 cm

Die durch eine rötliche Haube gekennzeichneten Lerchen sind in weiten Teilen Afrikas eine häufige Erscheinung und fallen durch ihren von einem Busch oder Zaunpfahl aus vorgetragenen Gesang auf. Gut am Boden versteckt bauen sie ein überdachtes Nest aus Gras mit breitem seitlichen Eingang. Außerhalb der Brutzeit sind die Insektenfresser schwieriger zu beobachten.

Goldpieper *(unten rechts)*

Lateinisch: *Tmetothylacus tenellus*
Familie: Stelzen und Pieper – Motacillidae
Verbreitung: O-Afrika
Lebensraum: Trockenes Grasland mit Büschen und Bäumen
Größe: 14 cm

Während das Männchen unterseits gelb leuchtet, ist das überwiegend braune Weibchen nur am Bauch leicht gelblich überhaucht. Von einem kleinen Baum oder von einer Buschspitze aus erhebt sich das Männchen in die Luft und lässt sich singend und mit aufgestellten Flügeln zu Boden gleiten. Das Nest wird aus Gras und Wurzeln am Boden eines Gebüschs gebaut.

Graubülbül *(unten links)*

Lateinisch: *Pycnonotus barbatus*
Familie: Bülbüls – Pycnonotidae
Verbreitung: Afrika
Lebensraum: Waldland, dichtes Gebüsch, Parks, Gärten
Größe: 19–21 cm

Die langschwänzigen Vögel mit rußgrauem Kopf treten meist in lärmenden Gruppen auf. Sie sind wenig scheu und deshalb gut zu beobachten wie sie entweder im Baum Früchte anpicken und Insekten von Blättern klauben oder am Boden kleine Tiere bis zur Größe kleiner Eidechsen fangen. Ihre Nester bauen sie in Astgabeln mindestens 2 m über dem Boden.

Kapschnäpper *(ganz oben links)*

Lateinisch: *Batis capensis*
Familie: Würgerschnäpper – Platysteiridae
Verbreitung: S-Afrika
Lebensraum: Wälder, Gärten
Größe: 12–13 cm

Kapschnäpper sind an immergrüne Wälder gebunden. In den isolierten Gebieten haben sich sechs Unterarten gebildet, die sich im Braunanteil des Gefieders unterscheiden. Im Nest, das sich in einer Astgabel befindet, brütet das Weibchen 1–3 Eier aus. Nach der Brutzeit schließen sich die Insektenfresser Trupps anderer Vögel an und kommen dann auch in offenerer Landschaft vor.

Schwarzkehl-Lappenschnäpper *(oben links)*

Lateinisch: *Platysteira peltata*
Familie: Würgerschnäpper – Platysteiridae
Verbreitung: Südafrika bis Kenia
Lebensraum: Wälder, Mangroven
Größe: 13 cm

Der Name dieser schwarzweiß befiederten Singvögel stammt von den kleinen, roten Hautlappen am Auge. Männchen und Weibchen bauen in einer Astgabel aus kleinen Zweigen und Grashalmen ein napfförmiges Nest, das sie mit Spinnweben und Flechten auspolstern. Beide Partner wechseln sich beim Bebrüten der 2–3 Eier ab. Sie ernähren sich von Insekten.

Termitenschmätzer *(oben rechts)*

Lateinisch: *Myrmecocichla formicivora*
Familie: Fliegenschnäpper – Muscicapidae
Verbreitung: S-Afrika
Lebensraum: Offenes Grasland, Halbwüsten
Größe: 18 cm

Die dunkelbraunen Vögel zeigen im Flug ein weißliches Flügelfeld und leben meist in der Nähe von Termitenbauten. Neben deren Bewohnern fressen sie auch Ameisen, Käfer, Raupen und Früchte. Mit Schnabel und Füßen graben sie eine Erdhöhle, mitunter benutzen sie auch Baue von Ameisenbären und Hyänen. Das Ausbrüten der 2–5 Eier ist allein Sache des Weibchens.

Rotbrust-Glanzköpfchen *(oben links)*

Lateinisch: *Nectarinia senegalensis*
Familie: Nektarvögel – Nectariniidae
Verbreitung: Afrika südl. Sahara
Lebensraum: Waldland, Farmland, Parks, Gärten
Größe: 13–15 cm

Rotbrust-Glanzköpfchen gehören zu den häufigsten und am weitesten verbreiteten Nektarvögeln in Afrika. Sie bewegen sich schnell durch blühende Büsche und Bäume, um Nektar zu fressen und wechseln alle paar Sekunden die Blüte. Zwischendurch gibt es immer wieder kleinere Streitigkeiten mit anderen Nektarvögeln. Das Männchen markiert durch lauten Gesang ein Revier.

Lobeliennektarvogel *(ganz oben rechts)*

Lateinisch: *Nectarinia johnstoni*
Familie: Nektarvögel – Nectariniidae
Verbreitung: O-Afrika
Lebensraum: Moore im Gebirge
Größe: Männchen 24–29 cm, Weibchen 13–15 cm

Diese Nektarvögel, bei denen die Männchen durch lange Schwanzspieße auffallen, leben nur an wenigen hohen Bergen in Höhen von 2 300 bis 4 500 m. Bei der Ernährung haben sie sich auf den Nektar der dort vorkommenden Riesenlobelien spezialisiert, doch fressen sie vielfach auch Insekten. Da es in ihrem Lebensraum an Bäumen mangelt, brüten sie am Boden.

Goldbrust-Nektarvogel *(oben rechts)*

Lateinisch: *Nectarinia violacea*
Familie: Nektarvögel – Nectariniidae
Verbreitung: S-Südafrika
Lebensraum: Buschland
Größe: Männchen 17 cm, Weibchen 13 cm

Während das Männchen in bunten Farben schillert, ist das kleinere Weibchen unscheinbar bräunlich gefärbt. Mit ihren Bogenschnäbeln sammeln sie vor allem aus Heideblüten Nektar, doch nehmen sie auch Insekten und Spinnen zu sich. Die beutelförmigen Nester bauen die Weibchen allein, meist dicht über dem Boden im Gebüsch. Nur beim Füttern der Jungvögel sind die Männchen beteiligt.

Elfennektarvogel *(oben)*

Lateinisch: *Nectarinia pulchella*
Familie: Nektarvögel – Nectariniidae
Verbreitung: Senegal bis Tansania
Lebensraum: Offenes Waldland, Farmland, Gärten
Größe: Männchen 14–17 cm, Weibchen 8–11 cm

Die bunten Männchen fallen durch ihre langen Schwanzspieße auf, die den olivgrün gefärbten Weibchen fehlen. Das Brutrevier markiert das Männchen mit von einer Baumspitze aus vorgetragenem Gesang, bei dem es ständig mit den Flügeln zuckt und mit dem gefächerten Schwanz wedelt. Aus Halmen, Blättern und Spinnweben baut das Weibchen ein beutelförmiges Nest, in dem es allein brütet.

Kaphonigfresser *(rechts)*

Lateinisch: *Promerops cafer*
Familie: Honigfresser – Meliphagidae
Verbreitung: S-Südafrika
Lebensraum: Berghänge
Größe: Männchen 37–44 cm, Weibchen 24–29 cm

Männchen und Weibchen sind sehr ähnlich gefärbt, aber Männchen haben einen viel längeren Schwanz. Auch der Schnabel ist lang und dient dazu, an den in manchen Blüten tief versteckten Nektar zu gelangen. Daneben verzehren Kaphonigfresser auch Insekten und Spinnen. Das Männchen trägt seinen Gesang mit flatternden Flügeln von Buschspitzen aus vor.

Brillenwürger *(unten links)*

Lateinisch: *Prionops plumatus*
Familie: Brillenwürger – Prionopidae
Verbreitung: Afrika südl. Sahara
Lebensraum: Offenes Waldland, Palmenplantagen, Gärten
Größe: 21 cm

Die durch ihren struppigen Kopf gekennzeichneten Brillenwürger leben stets in Gruppen von bis zu 20 Vögeln, in denen ein Brutpaar dominant ist und zu denen die Schwestern des Weibchens, die Brüder des Männchens sowie Jungvögel vorangegangener Jahre gehören. Lautstark durchstreifen sie Büsche und Bäume auf der Suche nach Insekten und bestreiten gemeinsam das Brutgeschäft.

Fiskalwürger *(unten rechts)*

Lateinisch: *Lanius collaris*
Familie: Würger – Laniidae
Verbreitung: Afrika südl. Sahara
Lebensraum: Savannen, Farmland, Parks
Größe: 21–23 cm

Die häufigsten Würger Afrikas sieht man häufig auf Zaunpfählen, Leitungen und Bäumen sitzen, von denen aus sie am Boden erblickte Beutetiere fangen: große Insekten, kleine Vögel und Säugetiere. Bei gutem Jagderfolg wird ein Teil der Beute auf Dornen aufgespießt und erst später verzehrt. Ihr Brutrevier verteidigen sie vehement gegen Artgenossen und andere Vögel.

Trauerdrongo *(ganz unten)*

Lateinisch: *Dicrurus adsimilis*
Familie: Drongos – Dicruridae
Verbreitung: Afrika südl. Sahara
Lebensraum: Waldland, Savannen, Plantagen, Gärten
Größe: 23–25 cm

Bis auf das dunkelrote Auge sind Trauerdrongos einfarbig schwarz, der Schwanz ist leicht gegabelt. Insekten jagen sie meist vom Ansitz, z. B. vom Rücken eines großen Säugetiers aus. Sie erbeuten auch kleine Vögel, Fische fangen sie wie Eisvögel aus dem Wasser. Nest und Nachwuchs verteidigen sie energisch gegen Greifvögel, Hornvögel und Eulen – selbst Menschen werden attackiert.

Erzrabe *(oben)*

Lateinisch: *Corvus crassirostris*
Familie: Rabenvögel – Corvidae
Verbreitung: Äthiopien
Lebensraum: Felsiges Bergland, Grasland
Größe: 60–64 cm

Durch ihren gewaltigen Schnabel sind Erzraben unverwechselbar. Die recht großen Vögel leben in der Umgebung von Siedlungen und ernähren sich von Aas und Abfällen, können jedoch auch kleine Säugetiere erbeuten. Fast den ganzen Tag verbringen sie in der Luft, um nach Nahrung Ausschau zu halten. Sie leben paarweise in Territorien und bauen auf Bäumen oder Klippen ein großes Nest.

Schildrabe *(Mitte)*

Lateinisch: *Corvus albus*
Familie: Rabenvögel – Corvidae
Verbreitung: Afrika südl. Sahara
Lebensraum: Farmland, Savannen, Städte
Größe: 46–52 cm

Die schwarzweißen Schildraben sind häufig in der Umgebung des Menschen anzutreffen, wo sie von einem erhöhten Nahrungsangebot profitieren. Sie nehmen meist pflanzliche Nahrung zu sich, besonders Samen und Früchte, doch fressen sie auch allerlei kleine Tiere (z.B. Parasiten von großen Säugetieren) und Abfälle. Ihre Nester bauen sie hoch auf einzeln stehenden Bäumen oder Masten.

Geierrabe *(unten)*

Lateinisch: *Corvus albicollis*
Familie: Rabenvögel – Corvidae
Verbreitung: Südafrika bis Kenia
Lebensraum: Gebirge
Größe: 50–54 cm

Die überwiegend schwarzen Geierraben haben einen weißen Nacken und einen sehr dicken Schnabel. Sie sind Allesfresser, nehmen gern Aas zu sich und kommen oft als Erste an Tierkadavern an. Auf der Suche nach Verkehrsopfern patrouillieren sie entlang von Straßen. Schildkröten lassen sie aus großer Höhe zu Boden fallen, um deren Panzer aufzubrechen.

Rotschulter-Glanzstar *(oben links)*

Lateinisch: *Lamprotornis nitens*
Familie: Stare – Sturnidae
Verbreitung: Afrika südl. Äquator
Lebensraum: Savannen, Plantagen, Städte, Gärten
Größe: 22–23 cm

Im hübsch grün und blau schillernden Gefieder fällt der kleine rote, für den Artnamen verantwortliche Fleck nur wenig auf. Sie bevorzugen Lebensräume mit spärlichem Bodenbewuchs, da sie dort leichter ihre Nahrung finden. Obwohl sie eher scheu sind, nehmen sie auch Viehfutter aus Futtertrögen zu sich und brüten statt in Baumhöhlen unter Dachvorsprüngen und in Schornsteinen.

Grünschwanz-Glanzstar *(ganz oben rechts)*

Lateinisch: *Lamprotornis chalybaeus*
Familie: Stare – Sturnidae
Verbreitung: Afrika südl. Sahara
Lebensraum: Offenes Waldland, Savannen, Buschland
Größe: 21–23 cm

Grünschwanz-Glanzstare leben in Gebieten mit dichtem, hohen Grasbewuchs. Nachdem sie ihre Jungen in Baumhöhlen oder hohlen Zaunpfählen aufgezogen haben, sammeln sie sich zu großen Trupps. Auf der Suche nach Früchten, Samen und Insekten laufen sie am Boden umher und sammeln sich abends zu großen Schlafplatzgemeinschaften in Bäumen oder im Schilf.

Prachtglanzstar *(oben rechts)*

Lateinisch: *Lamprotornis splendidus*
Familie: Stare – Sturnidae
Verbreitung: Afrika südl. Sahara bis Angola und Tansania
Lebensraum: Waldland
Größe: 30 cm

Prachtglanzstare sind recht groß, ihr Gefieder schillert in blauen, grünen und violetten Tönen. Im Vergleich zu einigen auffällig lebenden Verwandten verbringen sie die meiste Zeit zurückgezogen in dichten Baumkronen, wo sie durch nasale und pfeifende Rufe auf sich aufmerksam machen. Sie ernähren sich in erster Linie von Früchten und ziehen ihre Jungvögel in Baumhöhlen auf.

Dreifarben-Glanzstar *(oben rechts)*

Lateinisch: *Lamprotornis superbus*
Familie: Stare – Sturnidae
Verbreitung: Sudan bis Tansania
Lebensraum: Savannen, Wiesen, Farmland
Größe: 18 cm

Wie der Name verrät, handelt es sich bei dieser Art um besonders bunte Vertreter ihrer Gattung. Von ähnlichen Arten unterscheidet sie besonders der orangerote Bauch. Die in Ostafrika recht häufigen Vögel suchen ihre aus Samen, Früchten und Insekten bestehende Nahrung am Boden, scheuen sich aber nicht, Abfälle aus der direkten Umgebung des Menschen zu sich zu nehmen.

Fahlflügelstar *(oben links)*

Lateinisch: *Onychognathus nabouroup*
Familie: Stare – Sturnidae
Verbreitung: Südafrika bis SW-Angola
Lebensraum: Trockene Felshügel, Klippen
Größe: 26–28 cm

Die fast ganz schwarz befiederten Stare haben weiße Handschwingen, die aber nur im Flug deutlich zu sehen sind. Sie leben in Gruppen und bauen ihre Nester so tief in Felsspalten, dass Paviane nicht an das Gelege herankommen. Am Boden ernähren sie sich von Insekten, doch sitzen sie gern auf Klippschliefern und anderen Säugern, um nach Parasiten zu suchen.

Rotschnabel-Madenhacker *(ganz oben)*

Lateinisch: *Buphagus erythrorhynchus*
Familie: Stare – Sturnidae
Verbreitung: Südafrika bis Äthiopien
Lebensraum: Savannen
Größe: 20–22 cm

Madenhacker halten sich zur Nahrungssuche meist auf großen Säugetieren auf, am liebsten auf Giraffen. Wie mit einer Frisörschere arbeiten sie sich mit dem Schnabel durch das Fell ihrer Wirte und reinigen es von Zecken, Fliegen und anderen Parasiten. Zur Rast fliegen sie in Palmen oder abends ins Schilf. Das Brutgeschäft findet in Baumhöhlen statt, die sie mit Haaren auspolstern.

Augenbrauenmahali *(links)*

Lateinisch: *Plocepasser mahali*
Familie: Webervögel – Ploceidae
Verbreitung: Äthiopien bis Südafrika
Lebensraum: Savannen, buschige Hügel, Felder mit Baumgruppen
Größe: 16–18 cm

Die braunweißen Webervögel halten sich in Gruppen auf, die aus einem dominanten Paar und bis zu sieben Helfern bestehen. Aus trockenem Gras bauen sie ein großes, unförmiges, wie ein Strohbündel aussehendes Nest, das zwei Eingänge hat und an den äußeren Zweigen eines Baumes aufgehängt wird. Die 1–3 Eier werden nur vom Weibchen bebrütet, aber alle Gruppenmitglieder helfen beim Füttern. Pro Jahr finden vier Bruten statt.

Siedelweber *(unten links und rechts)*

Lateinisch: *Philetairus socius*
Familie: Webervögel – Ploceidae
Verbreitung: NW-Südafrika, Namibia
Lebensraum: Trockensavannen
Größe: 14 cm

Siedelweber zeigen ein ganz außergewöhnliches Sozial- und Brutverhalten. Sie bauen in Kolonien aus 300–600 Vögeln an einem starken Akazienast ein riesiges, bis zu 4 m hohes und 7 m breites Gemeinschaftsnest, innerhalb dessen jedes Paar seine eigene Brutkammer besitzt und zusammen mit mindestens einem Helfer bis zu sechs Junge aufzieht. Das jahrelang benutzte Bauwerk ist gegen fast alle Feinde sicher, nicht aber vor Schlangen.

Königsweber *(rechts)*

Lateinisch: *Ploceus aurantius*
Familie: Webervögel – Ploceidae
Verbreitung: Sierra Leone bis Tansania
Lebensraum: Mangroven, Küstengestrüpp, Flussufer
Größe: 14 cm

Königsweber brüten in Kolonien mit bis zu mehreren hundert Nestern, gelegentlich auch einzeln. Die kugelförmigen Nester werden sorgfältig aus Palmenfasern und Grashalmen gewebt und haben ihren Zugang von unten her. Die recht orangefarbenen Männchen hängen oft mit flatternden Flügeln kopfüber unter dem Nest, beteiligen sich aber nicht an der Brut und der Aufzucht.

Palmenweber *(unten links)*

Lateinisch: *Ploceus bojeri*
Familie: Webervögel – Ploceidae
Verbreitung: O-Afrika
Lebensraum: Palmensavannen, Flussufer
Größe: 14 cm

Zum orangefarbenen Kopfbereich der Männchen kontrastieren das dunkle Auge und der schwarze Schnabel. Palmenweber haben ein recht kleines Verbreitungsgebiet und brüten oft in gemischten Kolonien mit Textorwebern. Die Männchen bauen bis zu vier Nester, an denen sie sich hängend präsentieren. Die dadurch angelockten Weibchen kümmern sich anschließend allein um das Brutgeschäft.

Maskenweber *(unten rechts)*

Lateinisch: *Ploceus velatus*
Familie: Webervögel – Ploceidae
Verbreitung: Afrika südl. Sahara
Lebensraum: Savannen, Farmland, Gestrüpp, Waldränder
Größe: 14–16 cm

In ihren Brutkolonien erstellen die prächtigen, schwarzgelben Maskenweber-Männchen den Rohbau der an Zweigen hängenden, kugelförmigen Nester; die Weibchen polstern sie innen mit Gras aus und brüten dann allein 2–4 Eier aus. Ein Männchen kann gleichzeitig bis zu zwölf Nester betreuen und kommt auf bis zu acht erfolgreiche Bruten im Jahr.

Textorweber *(unten links)*

Lateinisch: *Ploceus cucullatus*
Familie: Webervögel – Ploceidae
Verbreitung: Südafrika bis Guinea und Äthiopien
Lebensraum: Galeriewälder, Parks, Gärten
Größe: 15–17 cm

Gegenüber den hübsch schwarzgelb gefärbten Männchen verblassen die gräulich grünen Weibchen. Textorweber fressen kleine Käfer, Nektar und Samen und brüten in Kolonien von 100 oder mehr Vögeln. Ihre nierenförmigen Nester hängen sie an Zweige über einem Gewässer oder sehr hoch in einen Baum. Im Durchschnitt hat ein Männchen zwei Nester mit je einem Weibchen.

Blutschnabelweber *(oben)*

Lateinisch: *Quelea quelea*
Familie: Webervögel – Ploceidae
Verbreitung: Afrika südl. Sahara
Lebensraum: Savannen, Agrarlandschaft
Größe: 11–12 cm

Blutschnabelweber treten in riesigen, oft über 1 Million Vögel umfassenden Schwärmen auf und sind eine gefürchtete Landplage, da sie Getreidefelder in kurzer Zeit komplett niedermachen können. Auch beim Brüten sind sie sehr gesellig, in einem dornigen Baum können sich bis zu 500 der kugelförmigen Hängenester befinden. Brut und Jungenaufzucht teilen sich Männchen und Weibchen.

Madagaskarweber *(unten rechts)*

Lateinisch: *Foudia madagascariensis*
Familie: Webervögel – Ploceidae
Verbreitung: Madagaskar
Lebensraum: Waldränder, Savannen, Plantagen, Reisfelder
Größe: 13 cm

Die roten Männchen und braunen Weibchen gehören zu den häufigsten Vogelarten Madagaskars. Obwohl sie ihre Jungen mit Insekten versorgen, sind sie doch überwiegend Körnerfresser. Auf Reisfeldern einfallende Schwärme können große Schäden und Ernteausfälle verursachen. Ihre Rufe sind sehr hoch und erinnern an Insekten, der Gesang der Männchen ist ein hohes Zischen.

Leierschwanzwida *(ganz oben links)*

Lateinisch: *Euplectes jacksoni*
Familie: Webervögel – Ploceidae
Verbreitung: SW-Kenia, N-Tansania
Lebensraum: Offenes Grasland
Größe: Männchen 28–30 cm, Weibchen 14 cm

In seinem intensiv verteidigten Territorium baut sich das Männchen im Gras eine Tanzfläche, indem es im Umkreis von 30 cm alle Grashalme abknipst. Dort lockt es mit Sprüngen, Flügelschlägen und Schwanzaufstellen mehrere der kleineren braunen Weibchen an. Nach der Begattung verteilen sich diese in der Umgebung, bauen im Gras ihre Nester und ziehen dort jeweils 2–4 Junge auf.

Oryxweber *(oben links)*

Lateinisch: *Euplectes orix*
Familie: Webervögel – Ploceidae
Verbreitung: Afrika südl. Sahara
Lebensraum: Grasland, Schilf, Gewässerufer, Gärten
Größe: 12–14 cm

Oryxweber brüten in Kolonien, in denen die prächtigen Männchen den Rohbau und die bräunlichen Weibchen die Auspolsterung übernehmen. Die Männchen sind polygam und haben bis zu sieben Weibchen, um die sie mit bienenartigen Balzflügen werben. Das Brutgeschäft obliegt ausschließlich den Weibchen. Außerhalb der Brutzeit finden sich Schwärme von mehreren hundert Vögeln zusammen.

Weißstirnweber *(oben Mitte)*

Lateinisch: *Amblyospiza albifrons*
Familie: Webervögel – Ploceidae
Verbreitung: Afrika südl. Sahara
Lebensraum: Schilf, immergrüne Wälder
Größe: 17–19 cm

Die braunen, durch dicke Schnäbel gekennzeichneten Vögel brüten zwar im Schilf, fliegen aber bei der Suche nach Früchten, Insekten und Samen in bis zu 30 km entfernte Wälder. Das Männchen befestigt das Nest an mehreren Schilfhalmen und schneidet im Umkreis von 1 m alle anderen Halme ab. Das Weibchen polstert das Nest aus, legt 2–4 Eier und zieht die Jungvögel alleine auf.

Buntastrild *(oben rechts)*

Lateinisch: *Pytilia melba*
Familie: Prachtfinken – Estrildidae
Verbreitung: Afrika südl. Sahara
Lebensraum: Waldland, Savannen
Größe: 13–14 cm

Die rotköpfigen Männchen und grauköpfigen Weibchen leben paarweise und halten sich das ganze Jahr über in ihrem Revier auf. Meist befinden sie sich am Boden, um dort Samen und Insekten (besonders Termiten) aufzupicken. Da sie sich sehr heimlich verhalten, sind sie selten zu sehen und verraten ihre Anwesenheit nur durch ihre feinen Rufe. Beide Partner teilen sich das Brutgeschäft, vom Nestbau bis zum Füttern der 4–5 Jungvögel.

Senegalamarant *(rechts)*

Lateinisch: *Lagonosticta senegala*
Familie: Prachtfinken – Estrildidae
Verbreitung: Afrika südl. Sahara
Lebensraum: Gestrüpp, Gärten, Dörfer
Größe: 9–10 cm

Die kleinen, rotschwänzigen Vögel haben einen roten Schnabel, beim Männchen sind auch Kopf und Brust rot. Sie leben paarweise oder in kleinen Gruppen auf vegetationsarmen Flächen, wo sie Samen und kleine Insekten suchen. Aus trockenen Grashalmen bauen sie ein ballförmiges Nest, in dem beide Eltern bis zu sechs Jungvögel aufziehen. Die Brut findet gegen Ende der Regenzeit statt, wenn die Vegetation besonders viele Samen produziert.

Blaukopfastrild *(oben links)*

Lateinisch: *Uraeginthus cyanocephala*
Familie: Prachtfinken – Estrildidae
Verbreitung: Somalia bis Tansania
Lebensraum: Steppen und Halbwüsten mit Bäumen
Größe: 13 cm

Beim Männchen sind Kopf, Bauch und Schwanz hellblau, Rücken und Flügel aber rotbraun gefärbt. Weibchen zeigen insgesamt blassere Farbtöne. Wie alle Prachtfinken plustern sich die Männchen bei der Balz auf und verfolgen die Weibchen mit einem Grashalm im Schnabel. Gruppenweise suchen Blaukopfastrilde den Boden nach Samen und Insekten ab, wobei sie Termiten bevorzugen.

Blauastrild *(ganz oben rechts)*

Lateinisch: *Uraeginthus angolensis*
Familie: Prachtfinken – Estrildidae
Verbreitung: N-Südafrika bis Angola und Tansania
Lebensraum: Offenes Buschland, Gärten
Größe: 12–13 cm

Blauastrilde sieht man typischerweise in kleinen Trupps am Boden nach Samen suchen, die bei Gefahr rasch ins benachbarte Gebüsch fliegen. Zur Brutzeit lösen sich die Gruppen auf und sie bauen paarweise in Büschen oder Bäumen ein kugelförmiges Nest. Das Bebrüten der Eier dauert nur 11–12 Tage, nach spätestens drei Wochen sind die Jungen flügge.

Wellenastrild *(oben rechts)*

Lateinisch: *Estrilda astrild*
Familie: Prachtfinken – Estrildidae
Verbreitung: Afrika südl. Sahara; eingeführt auf Inseln im Indischen Ozean, Iberische Halbinsel
Lebensraum: Grasland und Anbauflächen in Gewässernähe
Größe: 11–12 cm

Die mit einer roten Maske ausgestatteten Vögel bauen gemeinsam in dichter Vegetation ein ovales Nest mit einer seitlichen, 10 cm langen Eingangsröhre. Auf dem Dach des Nestes wird noch ein kleineres Schlafnest angelegt. In der Brutkammer ziehen beide Eltern 3–9 Junge auf, die sie mit Insekten füttern. Außerhalb der Brutzeit bilden Wellenastrilde Trupps, die am Boden nach Grassamen suchen.

Bandamadine *(ganz oben)*

Lateinisch: *Amadina fasciata*
Familie: Prachtfinken – Estrildidae
Verbreitung: Afrika südl. Sahara
Lebensraum: Savannen, trockenes Waldland
Größe: 12 cm

Dem blutroten Kehlstreif verdanken Bandamadinen ihren Namen. Zum Brüten benutzen sie alte Nester von verschiedenen Webervogelarten, die sie selbst mit Gras und Federn auspolstern. Nachdem die 4–6 Jungvögel flügge sind, leben Bandamadinen in Trupps und ernähren sich von Samen und Insekten, besonders aber von Termiten.

Rotkopfamadine *(oben links)*

Lateinisch: *Amadina erythrocephala*
Familie: Prachtfinken – Estrildidae
Verbreitung: Südafrika bis Angola
Lebensraum: Grasland mit Baumgruppen, Savannen, Felder
Größe: 14 cm

Die am dunkelroten Kopf gut erkennbaren Prachtfinken leben stets gesellig. Sie brüten in kleinen Kolonien, wobei in der Regel alte Nester von Webervögeln benutzt werden. Nach der Brutzeit bilden sie Schwärme von mehreren hundert Vögeln, oft zusammen mit anderen Samenfressern. An zum Trinken besuchten Wasserlöchern gibt es besonders große Ansammlungen.

Dominikanerwitwe *(oben rechts)*

Lateinisch: *Vidua macroura*
Familie: Witwenvögel – Viduidae
Verbreitung: Afrika südl. Sahara
Lebensraum: Savannen, Grasland mit Bäumen, Felder, Gärten
Größe: Männchen 26–34 cm, Weibchen 12–13 cm

Zur Brutzeit ziehen die Männchen einen langen Schwanz hinter sich her, der ihnen ein eigenartiges Aussehen verleiht. Sie sind polygam und haben 5–6 der unscheinbar braun gefärbten Weibchen. Diese brüten ihre Eier nicht selbst aus, sondern legen sie einzeln in Nester von Wellenastrilden. Dabei wird jeweils nur ein Ei entfernt, anschließend wachsen die Jungen beider Arten gemeinsam auf.

Südostasien und Indien

Von Affenadler bis Zwergwachtel reicht die 1500 Arten lange Liste der Vögel im tropischen Südosten Asiens. Pfau und Doppelhornvogel verdeutlichen mit buntem Gefieder und bizarrer Gestalt, dass vom indischen Subkontinent bis zur indonesischen Inselwelt Interessantes zu finden ist. Das von dort stammende Bankivahuhn genießt heute als Hausgeflügel auf der ganzen Welt Beliebtheit.

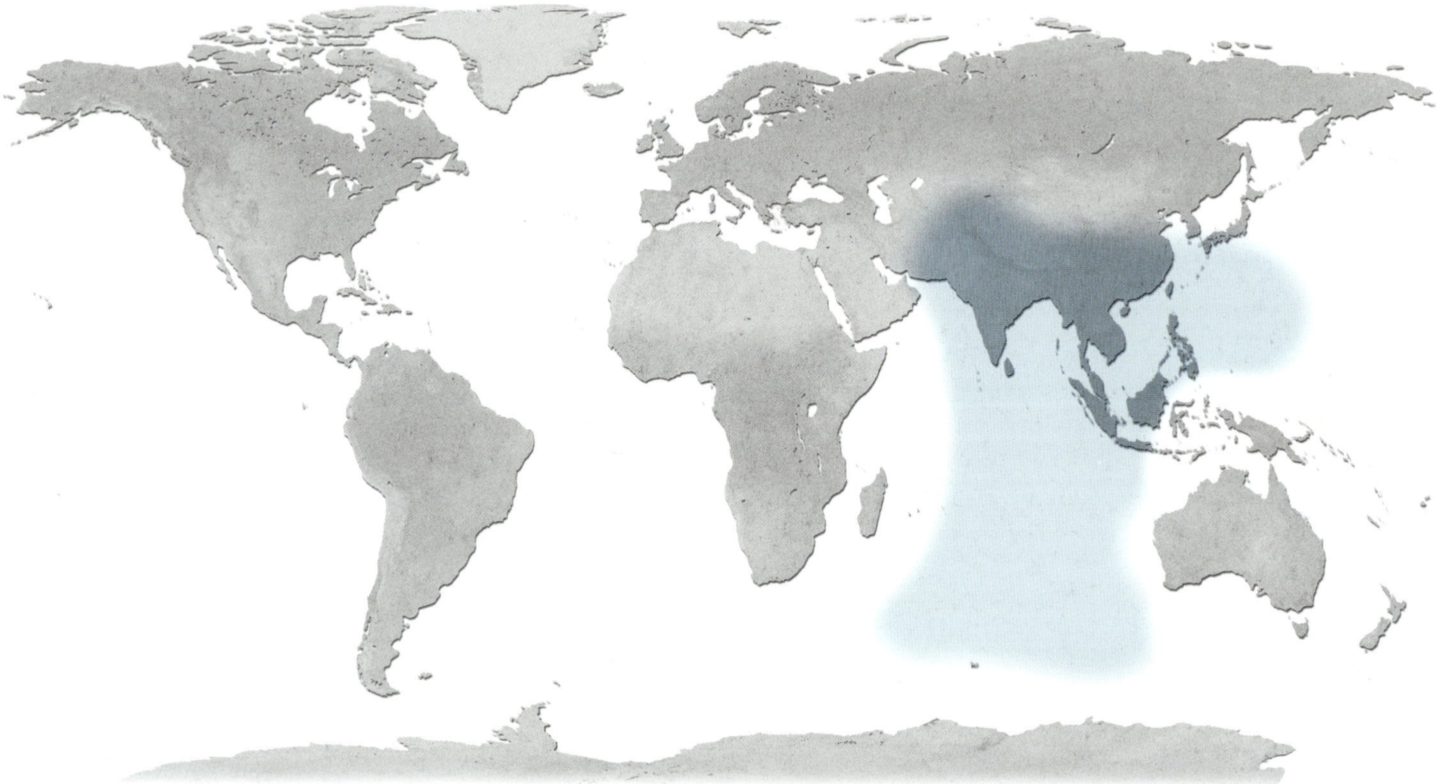

Graupelikan *(oben)*

Lateinisch: *Pelecanus philippensis*
Familie: Pelikane – Pelecanidae
Verbreitung: SO-Indien, Sri Lanka
Lebensraum: Flüsse, Seen, Küstengewässer
Größe: 127–152 cm

Mit nur noch 1300 Brutpaaren ist die einst weit über Südostasien verbreitete Art heute die seltenste Pelikanart. Lebensraumzerstörung, Bejagung und der übermäßige Einsatz von Pestiziden haben zu dem starken Rückgang der Fischfresser beigetragen. Graupelikane brüten in Bäumen in gemischten Kolonien mit Störchen, Reihern und Kormoranen. Nachdem die 3–4 Eier ausgebrütet worden sind, dauert es noch vier Monate, bis die Jungen flügge sind.

Bindenfregattvogel *(Mitte)*

Lateinisch: *Fregata minor*
Familie: Fregattvögel – Fregatidae
Verbreitung: Tropische Ozeane
Lebensraum: Inseln, offenes Meer
Größe: 85–105 cm

Unterstützt durch eine Flügelspannweite von über 2 m halten sich die gabelschwänzigen Bindenfregattvögel fast ständig in der Luft auf, um die Wasseroberfläche der offenen See nach Fischen und Tintenfischen abzusuchen. An Land spreizen sie gern die Flügel, um die beanspruchte Muskulatur zu kühlen. In Baumnestern wird in Kolonien gebrütet, wegen der langen Aufzuchtzeit von bis zu 18 Monaten jedoch nur alle zwei Jahre.

Mohrenscharbe *(unten)*

Lateinisch: *Phalacrocorax niger*
Familie: Kormorane – Phalacrocoracidae
Verbreitung: SO-Asien
Lebensraum: Süßgewässer, Mangroven, Flussmündungen
Größe: 51–56 cm

Die recht kleinen Kormorane haben ein sehr dunkles Gefieder und sind im größten Teil ihres Verbreitungsgebiets recht häufig. Zusammen mit Reihern und Kormoranen brüten sie in dichten Kolonien, am liebsten in Bäumen, deren Äste über das Wasser reichen. Der Nachwuchs besteht aus 3–5 Jungvögeln. Mohrenscharben tauchen vor allem nach kleinen Fischen, doch zählen auch Frösche und Kaulquappen zu ihrer Nahrung.

Weißbauch-Fregattvogel *(ganz rechts)*

Lateinisch: *Fregata andrewsi*
Familie: Fregattvögel – Fregatidae
Verbreitung: Christmasinsel, östlicher Indischer Ozean
Lebensraum: Regenwald, offener Ozean
Größe: 89–100 cm

Die nur 1600 Paare umfassende Population verteilt sich auf drei Kolonien, die sich alle in Bäumen auf der kleinen, südlich von Java gelegenen Christmasinsel befinden. Ein Paar brütet nur alle zwei Jahre ein Ei aus, denn selbst nach dem Flüggewerden wird der Jungvogel noch 5–10 Monate lang betreut. Die Nahrung setzt sich vorwiegend aus Fischen und Tintenfischen zusammen, die von der Wasseroberfläche aufgesammelt werden.

Silberklaffschnabel *(oben links)*

Lateinisch: *Anastomus oscitans*
Familie: Störche – Ciconiidae
Verbreitung: Indien bis Indochina
Lebensraum: Feuchtgebiete aller Art
Größe: 81 cm

Silberklaffschnäbel ernähren sich ganz überwiegend von den etwa 4 cm großen Apfelschnecken, deren Fleisch sie mit Hilfe ihres speziell geformten Schnabels aus dem Gehäuse ziehen. Trotz starker Bejagung sind Silberklaffschnäbel die häufigsten Störche Asiens. Ihre vier Jungen erbrüten sie in Kolonien, von denen die größte in Thailand bis zu 14 000 Nester umfasst.

Buntstorch *(oben rechts)*

Lateinisch: *Mycteria leucocephala*
Familie: Störche – Ciconiidae
Verbreitung: Indien bis O-China
Lebensraum: Seen, Flüsse, Reisfelder
Größe: 93–102 cm

Buntstörche fressen vor allem Fische, aber auch Frösche und Krebse, die sie mit dem Schnabel im flachen Wasser ertasten. Sie brüten in dichten Kolonien, wobei sich 70–100 Nester auf nur 5–6 Bäume verteilen können. Ihre 3–4 Jungvögel schützen sie vor Hitze, indem sie im Schnabel herangetragenes Wasser über sie träufeln und mit abgespreizten Flügeln eine Art Sonnenschirm bilden.

Riesenstorch *(unten)*

Lateinisch: *Ephippiorhynchus asiaticus*
Familie: Störche – Ciconiidae
Verbreitung: Indien, Vietnam, Neuguinea, N-Australien
Lebensraum: Ausgedehnte Feuchtgebiete
Größe: 110–137 cm

Riesenstörche sind mit den afrikanischen Sattelstörchen verwandt, haben aber einen einfarbigen Schnabel und leuchtend rote Beine. Durch die Entwässerung von Feuchtgebieten ist die Art in Asien sehr selten geworden. In flachem Wasser stochern sie mit dem Schnabel nach Fischen und Amphibien. Ihr riesiges Nest bauen sie für ihre 2–3 Eier auf einzeln stehenden Bäumen.

Glanzente *(oben)*

Lateinisch: *Sarkidiornis melanotos*
Familie: Entenvögel – Anatidae
Verbreitung: Indien bis S-China, Afrika südl. Sahara, S-Amerika
Lebensraum: Sümpfe, Flüsse, Seen
Größe: 56–76 cm

Beide Geschlechter sind sehr ähnlich gefärbt, doch erkennt man die Männchen immer am riesigen, fleischigen Wulst über dem Schnabel. Generell brüten Glanzenten in der Regenzeit, wenn überflutete Wiesen besonders günstige Ernährungsbedingungen bieten. Die 6–20 Eier werden meist in einer Baumhöhle, manchmal auch in dichter Vegetation am Boden ausgebrütet.

Streifengans *(Mitte und unten)*

Lateinisch: *Anser indicus*
Familie: Entenvögel – Anatidae
Verbreitung: Zentralasien; im Winter Indien
Lebensraum: Feuchtgebiete des Hochplateaus; im Winter Sümpfe, Seen, Flüsse
Größe: 71–76 cm

Streifengänse brüten in Kolonien an 4 000 – 5 000 m hoch gelegenen Gewässern und haben bis zu acht Jungvögel. Im Herbst überqueren sie das Hochgebirge des Himalaja und haben für diesen Flug in sehr großer Höhe spezielle physiologische Anpassungen an die dünne Luft. Im Winter bevölkern sie Feuchtgebiete im Norden Indiens, wo sie Gras und grüne Teile anderer Pflanzen zu sich nehmen.

Brahminenweih *(oben)*

Lateinisch: *Haliastur indus*
Familie: Habichtartige – Accipitridae
Verbreitung: SO-Asien, N-Australien
Lebensraum: Küsten, Binnengewässer, Wälder, Grasland
Größe: 45–51 cm

Der weißbraune Greifvogel kreist auf der Suche nach Kleintieren und Aas hoch über Gewässern oder über der offenen Landschaft, doch kann die Jagd auch in niedrigem Flug oder vom Ansitz aus erfolgen. Zum Brüten bauen die Vögel ein 40–60 cm breites, mit Laub ausgepolstertes Baumnest, meist in der Nähe eines Gewässers. Aus den bis zu vier Eiern, die vom Weibchen bebrütet werden, geht in der Regel nur ein flügger Jungvogel hervor.

Bengalengeier *(Mitte)*

Lateinisch: *Gyps bengalensis*
Familie: Habichtartige – Accipitridae
Verbreitung: Indien bis Indochina
Lebensraum: Offenes Gelände um Siedlungen
Größe: 76–93 cm

Bengalengeier leben in dichter Nachbarschaft zum Menschen und ernähren sich von totem Weidevieh und Abfällen. Mit ihren ausgezeichneten Augen spähen sie aus kreisendem Flug nach Aas und beobachten andere Geier, ob diese in Richtung eines Kadavers fliegen. Ihre kleinen Brutkolonien befinden sich oft mitten in Dörfern oder Städten. Die Nester bauen sie hoch im Baum, jedes Paar hat nur einen Jungvogel.

Kahlkopfgeier *(unten)*

Lateinisch: *Sarcogyps calvus*
Familie: Habichtartige – Accipitridae
Verbreitung: Indien bis Indochina
Lebensraum: Offene Landschaften, Waldland
Größe: 76–84 cm

Der nackte rote Kopf ist das Kennzeichen der sehr dunkel befiederten Geier. An Tierkadavern versammeln sie sich mit anderen Geierarten, von denen sie gelegentlich Nahrungsbrocken stibitzen. Sie brüten nicht in Kolonien, sondern verteidigen ein Brutrevier gegen Artgenossen. Das Nest, in dem das einzige Ei 45 Tage lang bebrütet wird, befindet sich etwa 10 m hoch im Baum.

Affenadler *(rechte Seite links)*

Lateinisch: *Pithecophaga jefferyi*
Familie: Habichtartige – Accipitridae
Verbreitung: Philippinen
Lebensraum: Wälder
Größe: 86–102 cm

Affenadler jagen im Inneren von Wäldern verschiedene mittelgroße Säugetiere, darunter auch Affen. Von Ansitz zu Ansitz gelangen sie dabei allmählich hangabwärts, bis sie mit einem Flug an Höhe gewinnen, um dieselbe Runde von vorn zu beginnen. Der einzige Jungvogel wird in einem großen, über 30 m hoch in einem Baum gebauten Nest aufgezogen.

Haubenadler *(rechts)*

Lateinisch: *Spizaetus cirrhatus*
Familie: Habichtartige – Accipitridae
Verbreitung: Indien bis Indonesien
Lebensraum: Wälder, Plantagen
Größe: 57–79 cm

Im größten Teil des Verbreitungsgebiets sind Haubenadler noch recht häufig, doch wird ihr Lebensraum durch fortschreitende Rodungen immer kleiner. Ihr Nest bauen sie 10–30 m hoch in einer Baumkrone oder in eine kräftige Astgabel. Das einzige Ei wird ausschließlich vom Weibchen bebrütet. Im schnellen Jagdflug erbeuten sie Vögel, Schlangen, Frösche, Eidechsen und kleine Säugetiere.

Zwergwachtel *(oben)*

Lateinisch: *Coturnix chinensis*
Familie: Glattfußhühner – Phasianidae
Verbreitung: Indien bis SO-Australien
Lebensraum: Grasland
Größe: 12–15 cm

Bei den winzigen Hühnervögeln sind die Geschlechter sehr unterschiedlich gefärbt: die Weibchen tarnfarben bräunlich, die Männchen erheblich bunter. Sie brüten am Boden in einer mit Gras ausgelegten Mulde. Die 4–7 Jungvögel sind schon nach drei Monaten erwachsen und können dann selbst brüten. Zwergwachteln scharren am Boden überwiegend nach Grassamen und Termiten.

Straußwachtel *(Mitte)*

Lateinisch: *Rollulus rouloul*
Familie: Glattfußhühner – Phasianidae
Verbreitung: S-Thailand, Sumatra, Borneo
Lebensraum: Immergrüne Wälder
Größe: 26 cm

Männchen und Weibchen sind unterschiedlich gefärbt, auffälligstes Kennzeichen der Männchen ist der rote Schopf. In einer mit trockenen Blättern ausgelegten Mulde brütet das Weibchen 5–6 Eier aus. Straußwachteln ernähren sich von Samen, Früchten, Käfern und kleinen Schnecken. Sie folgen gern Wildschweinen, um deren Reste von gefressenen Früchte zu erlangen.

Satyrtragopan *(unten)*

Lateinisch: *Tragopan satyra*
Familie: Glattfußhühner – Phasianidae
Verbreitung: N-Indien, Nepal
Lebensraum: Bergwälder
Größe: Männchen 67–72 cm, Weibchen 57 cm

Satyrtragopane bewohnen Rhododendron-Wälder mit dichtem Unterwuchs und Bambus in Höhenlagen von 2400–4250 m. Im Winter wandern sie in 1000–2000 m gelegene Bereiche. Bei der Nahrungssuche halten sie sich meist in der Nähe von Bächen auf und fressen dort Blätter und Wurzeln, aber auch Insekten und andere Wirbellose.

Temmincktragopan *(rechte Seite oben rechts)*

Lateinisch: *Tragopan temminckii*
Familie: Glattfußhühner – Phasianidae
Verbreitung: N-Myanmar, N-Vietnam, S-China
Lebensraum: Immergrüne Wälder
Größe: Männchen 64 cm, Weibchen 58 cm

Die Männchen haben eine nackte Kehle, die beim Balzschauspiel plötzlich zu einem großen blauroten Schild aufgefaltet und durch zwei nach oben stehende blaue Hörner ergänzt wird. Schon nach wenigen Sekunden ist die Pracht wieder vorbei. Das Weibchen legt 3–5 Eier in ein Baumnest und brütet sie allein aus. Blüten, Blätter, Bambussprosse und Beeren gehören zu ihrem Speiseplan.

Bankivahuhn *(oben links)*

Lateinisch: *Gallus gallus*
Familie: Glattfußhühner – Phasianidae
Verbreitung: N-Indien bis Indonesien
Lebensraum: Sehr vielfältig
Größe: Männchen 65–75 cm, Weibchen 42–46 cm

Bankivahühner sind die Stammform unserer Haushühner. Auch bei ihnen sind die Hähne prächtig befiedert und haben einen nackten Kamm. Gebrütet wird auf dem Boden, meist im Schutz eines Busches. Nur das Weibchen ist mit der Brut und der Aufzucht der 5–6 Jungen beschäftigt. Die Nahrung besteht aus Samen und Früchten, aber auch Insekten und besonders Termiten spielen eine Rolle.

Rotschwanzmonal *(unten)*

Lateinisch: *Lophophorus impejanus*
Familie: Glattfußhühner – Phasianidae
Verbreitung: Himalaja
Lebensraum: Offene Nadel- und Mischwälder im Gebirge
Größe: 63–72 cm

Im Gegensatz zum tarnfarben braunen Weibchen ist das in vielen Farben schillernde Männchen ein prächtiger Anblick in den Bergwäldern des Himalaja. Der Nationalvogel Nepals gräbt mit dem Schnabel Wurzelknollen aus dem Boden, frisst aber auch Samen, Beeren und Insekten. Während die Vögel im Sommer bis in Höhen von 4500 m vorkommen, wandern sie im Winter bis auf 2100 m hinunter.

Silberfasan *(oben)*

Lateinisch: *Lophura nycthemera*
Familie: Glattfußhühner – Phasianidae
Verbreitung: S-China, Indochina
Lebensraum: Waldland und angrenzendes Grasland
Größe: Männchen 120–125 cm,
Weibchen 70–71 cm

Trotz des eher kleinen Verbreitungsgebiets gibt es 15 Unterarten, die sich in Schwanzlänge und Weißfärbung der Oberseite stark unterscheiden. Wegen der versteckten Lebensweise ist vom Brutgeschäft wenig bekannt, doch haben Männchen in der Regel mehrere Weibchen. Als Nahrung dienen vor allem Früchte und Samen, die sie mit den Füßen aus dem Boden scharren oder sogar ausgraben.

Prälatfasan *(unten rechts)*

Lateinisch: *Lophura diardi*
Familie: Glattfußhühner – Phasianidae
Verbreitung: Indochina
Lebensraum: Wälder
Größe: Männchen 80 cm,
Weibchen 60 cm

Der überwiegend rote Kopf (Männchen) bzw. das rote Gesicht (Weibchen) kennzeichnen diese seltenen Fasanen, deren Bestand auf 5000–10 000 Vögel geschätzt wird. Da sie überwiegend in Wäldern des Flachlands zu Hause sind, leiden sie unter der starken Nutzung dieser Gebiete und der Jagd. Über die Lebensweise ist wenig bekannt, da sie sich die meiste Zeit im Verborgenen aufhalten.

Blauer Ohrfasan *(linke Seite unten links)*

Lateinisch: *Crossoptilon auritum*
Familie: Glattfußhühner – Phasianidae
Verbreitung: China
Lebensraum: Nadel- und Mischwälder
Größe: 96 cm

Bei den mit einem großen Schwanz ausgestatteten Fasanen sehen Männchen und Weibchen sehr ähnlich aus. Sie fressen vor allem Samen, Blätter und andere Pflanzenteile, aber auch Käfer. Dabei halten sie sich in Gruppen auf und graben einen Teil der Beute aus dem Boden aus. In der Deckung eines Busches oder Baumes brütet das Weibchen in einer Bodenmulde 6–12 Eier aus.

Königsfasan *(oben)*

Lateinisch: *Syrmaticus reevesii*
Familie: Glattfußhühner – Phasianidae
Verbreitung: China
Lebensraum: Waldland, hohes Gras
Größe: Männchen 210 cm, Weibchen 75 cm

Die Männchen fallen durch ihren sehr langen Schwanz auf, der allein bis zu 160 cm der Körpergröße ausmacht und in der traditionellen Pekingoper als Kopfschmuck verwendet wird. Dieser Bedarf wird heute aus gezüchteten Vögeln gedeckt. Großflächige Waldrodungen haben der Art aber große Teile ihres Lebensraums genommen, man schätzt den derzeitigen Bestand auf etwa 5 000 Vögel.

Fasan *(unten links und rechts)*

Lateinisch: *Phasianus colchicus*
Familie: Glattfußhühner – Phasianidae
Verbreitung: Asien; eingebürgert in Europa, N-Amerika, Tasmanien, Neuseeland
Lebensraum: Felder, Wiesen, Gebüsche, offene Wälder
Größe: Männchen 75–89 cm, Weibchen 53–62 cm

Den Männchen der mindestens 31 Unterarten ist ein grün schillerndes Kopfgefieder mit roten Hautlappen gemeinsam. Fasane sind recht anspruchslos und vielfältig in der Wahl von Lebensraum und Nahrung (Früchte, Samen, Gras, Insekten). Da sie zudem leicht zu schießen sind, wurden sie zu Jagdzwecken in vielen Teilen der Welt ausgesetzt. Männchen haben einen Harem von 3–5 Weibchen, die in Bodenmulden je 9–14 Eier ausbrüten.

Goldfasan *(oben)*

Lateinisch: Chrysolophus pictus
Familie: Glattfußhühner – Phasianidae
Verbreitung: S-China; stellenweise eingebürgert in England
Lebensraum: Gebüsche und Bambusdickichte im Gebirge
Größe: Männchen 100–115 cm, Weibchen 61–70 cm

Wie bei allen Fasanen sind die Weibchen gut getarnt braun, die Männchen hingegen auffällig bunt mit sehr langem Schwanz. Goldfasane fressen Blätter und Schösslinge von Büschen und Bambus, verzehren aber auch Rhododendron-Blüten. Da sie als Käfigvogel beliebt und zudem eine kostspielige Delikatesse in Restaurants sind, wird ihnen stark nachgestellt.

Diamantfasan *(rechte Seite oben)*

Lateinisch: *Chrysolophus amherstiae*
Familie: Glattfußhühner – Phasianidae
Verbreitung: S-China, NO-Myanmar; stellenweise eingebürgert in England
Lebensraum: Berghänge mit Bambus, Gebüschen und Wald
Größe: Männchen 130–173 cm, Weibchen 66–68 cm

Das Männchen gehört zum farbenprächtigsten was die Familie der Glattfußhühner zu bieten hat. Zudem kann der Schwanz bis zu 115 cm lang werden. Diamantfasane leben recht hoch in den Bergen (2 100–3 600 m) und fressen dort vor allem Bambusschösslinge, aber auch Ohrwürmer, Spinnen und Käfer. Zumindest in strengen Wintern wandern sie in niedrigere Höhenstufen hinunter.

Argusfasan *(rechte Seite Mitte)*

Lateinisch: *Argusianus argus*
Familie: Glattfußhühner – Phasianidae
Verbreitung: Thailand, Borneo, Sumatra
Lebensraum: Wälder
Größe: Männchen 160–200 cm, Weibchen 72–76 cm

Der Unterschied zwischen den Geschlechtern ist beim Argusfasan extrem. Das Männchen hat bis zu 140 cm lange Schwanzfedern, aber auch die Armschwingen sind sehr lang und breit. Bei der Balz bilden letztere ein pfauenähnliches Rad. Nach der Paarung brütet das Weibchen allein zwei Eier aus, während sich das Männchen um weitere Weibchen bemüht.

Pfau *(unten)*

Lateinisch: *Pavo cristatus*
Familie: Glattfußhühner – Phasianidae
Verbreitung: SO-Pakistan, Indien, Sri Lanka
Lebensraum: Offene Wälder
Größe: Männchen 180–230 cm, Weibchen 90–100 cm

Das zur Balzzeit vom Männchen präsentierte Rad aus schmuckvollen Federn ist weithin bekannt. Es dient dem Anlocken der Weibchen, die im Territorium des Männchens je 3–6 Eier ausbrüten. Gegen benachbarte Männchen wird das Revier heftig verteidigt. Neben Insekten, Reptilien und Körnern sind Beeren und Feigen am beliebtesten. Als Indiens Nationalvogel ist die Art gut geschützt.

Ährenträgerpfau *(unten links)*

Lateinisch: *Pavo muticus*
Familie: Glattfußhühner – Phasianidae
Verbreitung: NO-Indien bis Vietnam, Java
Lebensraum: Offenes Waldland
Größe: Männchen 180–250 cm, Weibchen 100–110 cm

Die Bejagung (v. a. wegen der Schmuckfedern) sowie Lebensraumverluste haben der weniger bekannten Pfauenart stark zugesetzt, so dass nur noch wenige tausend Tiere existieren. Sie ernähren sich von Samen, Beeren und Insekten. Die Weibchen brüten 3 – 6 Eier in einer Mulde aus, die zwar versteckt angelegt ist, aber eine gute Übersicht gewährt.

KRANICHVÖGEL

Saruskranich *(Mitte rechts)*

Lateinisch: *Grus antigone*
Familie: Kraniche – Gruidae
Verbreitung: N-Indien, SO-Asien, N-Australien
Lebensraum: Künstliche Gewässer, Sümpfe, Felder, Reisfelder
Größe: 120–140 cm

Der hellgrau befiederte, am Kopf nackte Saruskranich ist die größte flugfähige Vogelart. Während sie in Südostasien in mehreren Ländern ausgestorben sind, nehmen ihre Bestände in Australien zu. Besonders in Indien sind sie Kulturfolger und halten sich meist an Kanälen, Dorfteichen und in Reisfeldern auf. Dort ernähren sie sich von Pflanzenteilen, fressen aber auch Kleintiere.

Wasserfasan *(oben)*

Lateinisch: *Hydrophasianus chirurgus*
Familie: Blatthühnchen – Jacanidae
Verbreitung: SO-Asien
Lebensraum: Gewässer mit Schwimmblattvegetation
Größe: 39–58 cm

Ihren Namen verdankt die schwarzweiß gefärbte Art mit gelbem Hinterhals ihrem fasanenartigen, langen Schwanz. Mit langen Zehen und Krallen wird das Gewicht der Vögel so stark verteilt, dass sie über Seerosenblätter und andere Wasserpflanzen laufen können. Die viel größeren Weibchen verpaaren sich mit mehreren Männchen, denen sie jeweils vier Eier zur Aufzucht überlassen.

TAUBEN

Kragentaube *(Mitte)*

Lateinisch: *Caloenas nicobarica*
Familie: Tauben – Columbidae
Verbreitung: Indonesien bis Salomoninseln, Philippinen
Lebensraum: Mangroven, Gebüsche, Wälder
Größe: 32–35 cm

Kragentauben sind an ihrer schillernden Halskrause, aber auch am Schnabelhöcker gut zu bestimmen. Sie bewohnen nur sehr kleine, bewaldete Inseln und suchen dort am Boden nach Früchten und Samen. Sie haben einen sehr muskulösen, mit Hornplatten ausgestatteten Magen, der es ihnen erlaubt, sogar Nüsse zu knacken. Gebrütet wird in Kolonien mit tausenden von Baumnestern.

Dolchstichtaube *(unten)*

Lateinisch: *Gallicolumba luzonica*
Familie: Tauben – Columbidae
Verbreitung: N-Philippinen
Lebensraum: Wälder
Größe: 30 cm

Der blutrote Fleck an der Brust, der eine Rolle beim Balzritual spielt, gab dieser Taube den Namen. Zwar leben Dolchstichtauben im Wald, doch halten sie sich auf der Suche nach Früchten, Insekten und Würmern fast immer am Boden auf. Auch bei Gefahr fliegen sie nur kurz auf und erledigen die weitere Flucht zu Fuß. Häufig werden sie als Käfigvögel und zu Speisezwecken gefangen.

Molukkenkakadu *(oben)*

Lateinisch: *Cacatua moluccensis*
Familie: Kakadus – Cacatuidae
Verbreitung: Molukken
Lebensraum: Regenwald
Größe: 50 cm

Das farbene Gefieder unterscheidet Molukkenkakadus von einigen ähnlichen Arten. Durch Abholzung von Wäldern sowie Fang und Export sind sie in ihrem Bestand bedroht. Sie fressen Samen, Früchte und Nüsse und gelangen mit ihrem kräftigen Schnabel auch durch die Schale grüner Kokosnüsse bis an den Kern. Bei Gefahr wird das Kopfgefieder aufgeplustert, um Feinde abzuschrecken.

Rotlori *(unten)*

Lateinisch: *Eos bornea*
Familie: Papageien – Psittacidae
Verbreitung: Molukken
Lebensraum: Wälder, Mangroven, Kokosnussplantagen
Größe: 31 cm

Die prächtig rot befiederten Papageien besuchen blühende Bäume und lecken dort mit ihrer pinselartigen Zunge Nektar auf. Bei Magenuntersuchungen wurden aber auch Insekten als Nahrung nachgewiesen. Zum Brüten benutzen Rotloris hoch in alten Bäumen befindliche Höhlen. Gefährdet sind sie durch Fang und anschließenden Export in reiche westliche Länder.

Großer Alexandersittich *(unten rechts)*

Lateinisch: *Psittacula eupatria*
Familie: Papageien – Psittacidae
Verbreitung: Pakistan bis Indochina
Lebensraum: Wälder, Kokosnussplantagen, Gärten
Größe: 50–62 cm

Alexandersittiche verzehren in erster Linie Früchte, Samen und Nektar. Wo sie in der Kulturlandschaft leben, stammt ihre Nahrung größtenteils aus Anbauflächen, so dass die in Schwärmen auftretenden Vögel dort große Schäden anrichten können. Das Nest wird meist in Kokospalmen oder anderen Bäumen gebaut. Das Gelege umfasst 3–4 Eier und wird drei Wochen lang bebrütet.

Malaienkauz *(oben links)*

Lateinisch: *Strix leptogrammica*
Familie: Eulen – Strigidae
Verbreitung: Indien bis Indonesien
Lebensraum: Wälder
Größe: 40–55 cm

Vom Malaienkauz wurden 14 Unterarten beschrieben, die sich vor allem in der Größe und im Farbton des Gesichts unterscheiden. Sie leben in abgeschiedenen, dichten Wäldern bis in 4 000 m Höhe. Neben Vögeln, Reptilien und großen Insekten fressen sie in erster Linie kleine Säuger, darunter auch Fledermäuse. Ihre beiden Eier bebrüten sie meist in Baumhöhlen.

Fischuhu *(oben Mitte)*

Lateinisch: *Ketupa zeylonensis*
Familie: Eulen – Strigidae
Verbreitung: Pakistan bis Thailand, Naher Osten
Lebensraum: Flüsse und Seen in Wäldern
Größe: 50–57 cm

Die gräulich braunen Fischuhus haben kleine Federbüschel am Kopf und sind meist nachtaktiv. Bei der Jagd greifen sie Fische, Frösche und Krebse aus dem Wasser. Damit sie diese glitschige Beute nicht verlieren, haben sie an der Innenseite der Zehen kleine Dornen. Baumhöhlen, alte Greifvogelnester, Felsvorsprünge und steile Flussufer dienen als Brutplatz; in Indien auch Ruinen.

Maskeneule *(oben rechts)*

Lateinisch: *Phodilus badius*
Familie: Schleiereulen – Tytonidae
Verbreitung: Indien bis Indonesien
Lebensraum: Wälder, Plantagen
Größe: 23–33 cm

Tagsüber ruhen die an ihrer eigentümliche Kopfform erkennbaren Eulen in hohlen Bäumen. Nachts starren sie vom Ansitz aus in ihr Revier, um kleine Säuger, Vögel oder Frösche auszumachen. Die recht kurzen Flügel erlauben ein gutes Manövrieren zwischen Ästen. Paare brüten jahrelang in der selben Baumhöhle, so dass die Umgebung mit ausgewürgten Nahrungsresten übersät ist.

Sundafischuhu *(unten rechts)*

Lateinisch: *Ketupa ketupu*
Familie: Eulen – Strigidae
Verbreitung: SO-Asien
Lebensraum: Wälder und Parks an Gewässern, Mangroven
Größe: 38–44 cm

Die rötlich braunen Eulen ernähren sich ausschließlich von Wassertieren. Nachts stürzen sie sich vom Ansitz aus auf Fische, Frösche, Krebse, Reptilien, große Wasserinsekten und kleine Säuger, doch waten sie mit ihren unbefiederten Beinen gelegentlich durch flaches Wasser, um an ihre Beute zu gelangen. So fressen sie auch Aas, z. B. tote Krokodile.

SCHWALMVÖGEL

Langschwanz-Nachtschwalbe (oben)

Lateinisch: *Caprimulgus macrurus*
Familie: Nachtschwalben – Caprimulgidae
Verbreitung: Indien bis N-Australien
Lebensraum: Wälder, offene Landschaften mit Bäumen, Dörfer
Größe: 25–29 cm

Die Männchen der recht häufigen Nachtschwalben tragen nachts einen monotonen, klopfenden Gesang vor. Die Nahrung umfasst die verschiedensten Insekten, die durch kurze Anflüge oder auf ausgedehnten Jagdflügen erbeutet werden. Oft rütteln die Vögel in der Umgebung von Weidevieh, um von diesem aufgescheuchte Insekten zu fangen. Die 1–2 Eier werden vom Weibchen am Boden ausgebrütet.

SEGLER UND KOLIBRIS

Weißnestsalangane (Mitte)

Lateinisch: *Aerodramus fuciphagus*
Familie: Segler – Apodidae
Verbreitung: Indochina bis Indonesien
Lebensraum: Sehr vielfältig
Größe: 12 cm

Die kleinen, braunen Segler jagen vor allem in der Dämmerung. Sie brüten in großen Felshöhlen, an deren Wände sie Nester aus Speichel bauen. Diese werden alljährlich zu Millionen „geerntet" und v. a. nach China verkauft, wo sie der wichtigste Bestandteil der „Schwalbennestsuppe" sind. Allein aus Indonesien werden pro Jahr Nester im Wert von 1 Milliarde US-Dollar exportiert!

Kronenbaumsegler (unten)

Lateinisch: *Hemiprocne coronata*
Familie: Baumsegler – Hemiprocnidae
Verbreitung: Indien bis Indochina
Lebensraum: Offene Laubwälder
Größe: 23–25 cm

Obwohl nicht mit ihnen verwandt ähneln Baumsegler den Schwalben – nicht zuletzt wegen ihres tief gegabelten Schwanzes und ihrer Flugweise. Im Gegensatz zu den Seglern sitzen sie häufig auf Ästen, um von dort aus kurze Flüge zum Fang von Insekten zu unternehmen. Das einzige Ei wird hoch im Baum in ein sehr kleines Nest geklebt und von beiden Eltern bebrütet.

Braunliest *(oben)*

Lateinisch: *Halcyon smyrnensis*
Familie: Eisvögel – Alcedinidae
Verbreitung: Türkei bis Indonesien
Lebensraum: Gewässer, Farmland, Gärten, Laubwälder
Größe: 27–28 cm

Braunlieste sind sehr vielseitige Jäger, die vom Ansitz aus Kleintiere im Wasser oder am Boden fangen. Fliegende Insekten können sie auch in der Luft schnappen, ferner wurde beobachtet, dass sie im Boden nach Insekten graben. Balzflüge führen in bis zu 60 m Höhe. Bruten finden in bis zu 150 cm tiefen Röhren statt, die in Böschungen gegraben werden. Der Nachwuchs umfasst 4–7 Jungvögel.

Hinduracke *(Mitte)*

Lateinisch: *Coracias benghalensis*
Familie: Racken – Coraciidae
Verbreitung: Irak bis Indochina
Lebensraum: Farmland, Plantagen, Parks, Gärten
Größe: 30–34 cm

Die volle Pracht des Gefieders zeigen Hinduracken erst im Flug, wenn ihre türkisblauen Flügelfedern sichtbar werden. In ihrem gesamten Verbreitungsgebiet sind sie eine häufige Erscheinung, gern sitzen sie auf Leitungen und Masten entlang von Straßen. Ebenso gleiten sie von Bäumen aus zu Boden, sobald sie ein kleines Tier entdeckt haben und ergreifen es mit dem Schnabel. Gebrütet wird in Höhlen, in Bäumen, im Mauerwerk oder in der Erde.

Malabarhornvogel *(unten)*

Lateinisch: *Anthracoceros coronatus*
Familie: Nashornvögel – Bucerotidae
Verbreitung: Indien, Sri Lanka
Lebensraum: Waldland
Größe: 65 cm

Malabarhornvögel tragen schwarzweißes Gefieder und haben einen Schnabelhöcker, der fast so groß ist wie der Schnabel selbst. Sie leben in kleinen Trupps hoch in den Bäumen und ernähren sich dort von verschiedenen Früchten, besonders aber Feigen. Während das Weibchen eingemauert in einer Baumhöhle seine 2–4 Eier ausbrütet, mausert es seine Flügel- und Schwanzfedern.

Rhinozeroshornvogel *(rechte Seite links)*

Lateinisch: *Buceros rhinoceros*
Familie: Nashornvögel – Bucerotidae
Verbreitung: Malaysia, Indonesien
Lebensraum: Immergrüne Wälder
Größe: 80–90 cm

Rhinozeroshornvögel tragen ihren Namen wegen des aufwärts gerichteten Schnabelhöckers. Altvögel suchen meist paarweise in Baumkronen nach Früchten, während der Brutzeit wird das Weibchen wie bei anderen Hornvögeln in einer Baumhöhle eingemauert. Jüngere Vögel leben in Trupps von bis zu 25 Vögeln und unternehmen lange Flüge auf der Suche nach Früchte tragenden Bäumen.

Doppelhornvogel *(rechte Seite rechts)*

Lateinisch: *Buceros bicornis*
Familie: Nashornvögel – Bucerotidae
Verbreitung: W-Indien bis Sumatra
Lebensraum: Tropischer Regenwald
Größe: 95–105 cm

Die an ihrem mächtigen Schnabel erkennbaren, schwarzweiß-gelb gefärbten Doppelhornvögel brüten in großen Baumhöhlen. Das Männchen mauert das Gelege samt Weibchen bis auf eine kleine Öffnung ein und bringt vier Monate lang täglich bis zu 185 kleine Früchte (meist Feigen) als Futter heran. Außerhalb der Brutzeit leben sie in kleinen Gruppen meist hoch in den Baumkronen.

Feuerhornvogel (oben)

Lateinisch: *Buceros hydrocorax*
Familie: Nashornvögel – Bucerotidae
Verbreitung: Philippinen
Lebensraum: Immergrüne Wälder
Größe: 60–65 cm

Die feuerroten Hornvögel fressen in den Baumkronen Früchte, kommen aber gelegentlich zum Boden, um dort Insekten zu erbeuten. Sie leben in Gruppen von bis zu sieben Vögeln, die alle das in einer Baumhöhle brütende Weibchen füttern. Das großflächige Abholzen von Urwäldern und die Bejagung aufgrund ihrer Federn haben zu Bestandsabnahmen geführt.

Langschopf-Hornvogel (unten links)

Lateinisch: *Aceros comatus*
Familie: Nashornvögel – Bucerotidae
Verbreitung: S-Thailand bis Borneo
Lebensraum: Immergrüne Wälder
Größe: 75–80 cm

Altvögel haben eine weiße Haube und schwarze Flügel, das Körpergefieder ist bei den Männchen weiß und bei den Weibchen schwarz. Wie andere Hornvögel fressen sie viele Früchte, aber auch Kleintiere. Nach diesen suchen sie am Boden oder hämmern mit dem Schnabel in der Borke von Bäumen. Innerhalb einer Gruppe von 3–8 Vögeln schreitet nur ein dominantes Weibchen zur Brut.

Furchenhornvogel (unten rechts)

Lateinisch: *Aceros undulatus*
Familie: Nashornvögel – Bucerotidae
Verbreitung: NO-Indien bis Indonesien
Lebensraum: Immergrüne Wälder
Größe: 75–85 cm

Unterhalb des gefurchten Schnabels haben die Männchen einen gelben und die Weibchen einen blauen Kehlsack. Als Nahrung wurden Früchte von 30 verschiedenen Baumarten nachgewiesen. Auf der Suche nach fruchtenden Bäumen streifen Furchenhornvögel über große Distanzen in den von ihnen bewohnten Waldgebieten umher. Ein Paar zieht pro Jahr nur einen Jungvogel auf.

Kupferschmied *(oben)*

Lateinisch: *Megalaima haemacephala*
Familie: Bartvögel – Capitonidae
Verbreitung: NO-Pakistan bis Indonesien
Lebensraum: Wälder, Gärten, Städte
Größe: 15–17 cm

Der Artname stammt vom ganztägig vorgetragenen Gesang, einer monotonen Folge von 80–200 Tönen pro Minute. Als Kulturfolger bewohnen Kupferschmiede viele vom Menschen geschaffene Lebensräume und besiedeln selbst das dicht bebaute Singapur. Das Weibchen zimmert eine Bruthöhle in morsche Bäume, beim Bebrüten der 2–4 Eier wechseln sich die Partner ab.

Blauwangen-Bartvogel *(unten rechts)*

Lateinisch: *Megalaima asiatica*
Familie: Bartvögel – Capitonidae
Verbreitung: NO-Pakistan bis Vietnam
Lebensraum: Wälder, Obstgärten, Städte
Größe: 22–23 cm

Die bunt befiederten Vögel sind sehr anpassungsfähig und daher recht häufig. Sie sind überall dort anzutreffen, wo fruchtende Bäume und besonders Feigen zu finden sind. Dabei dringen sie selbst in Städte vor. Der Gesang besteht aus einem Duett von Männchen und Weibchen. Zum Bebrüten ihrer meist 3–4 Eier bauen sie eine Höhle in morsches Holz oder bewohnen eine alte Spechthöhle.

Sultanspecht *(unten links)*

Lateinisch: *Chrysocolaptes lucidus*
Familie: Spechte – Picidae
Verbreitung: Indien bis Philippinen
Lebensraum: Wälder, Mangroven
Größe: 28–34 cm

Die behäubten Spechte suchen ihre Nahrung bevorzugt an großen Bäumen und klettern dabei vom unteren Teil des Stammes aufwärts. Sie fressen Raupen und Käferlarven, die sie mit dem kräftigen Schnabel aus dem Holz heraushämmern. Gelegentlich sammeln sie auch am Boden Termiten. Die Baumhöhle zur Aufzucht ihrer Jungvögel meißeln beide Partner vier Wochen lang in einen Stamm.

Rotohrbülbül *(oben)*

Lateinisch: *Pycnonotus jocosus*
Familie: Bülbüls – Pycnonotidae
Verbreitung: Indien bis S-China; eingebürgert in Australien
Lebensraum: Offene Wälder, Gebüsche, Gärten
Größe: 20 cm

Rotohrbülbüls tragen ihren Namen aufgrund ihres roten Kopfflecks und sind zusätzlich an ihrem schwarzen Häubchen zu erkennen. Sie besiedeln selbst städtische Lebensräume. Da sie neben Früchten und Ameisen auch Knospen fressen, können sie in Gärten Schäden anrichten. Sie halten sich meist in Trupps auf, die durch ihre ständigen, wohlklingenden Lautäußerungen auffallen.

Purpurpfeifdrossel *(unten links)*

Lateinisch: *Myiophoneus caeruleus*
Familie: Drosseln – Turdidae
Verbreitung: Zentralasien, N-Indien bis Indonesien
Lebensraum: Bergwälder
Größe: 30–32 cm

Die großen, bläulich schimmernden Drosseln bewohnen dichte Bergwälder. Die Männchen tragen zur Brutzeit einen laut flötenden Gesang vor und imitieren dabei auch andere Vogelarten. Zur Nahrungssuche finden sich Purpurpfeifdrosseln an Gewässerufern ein und picken vom Boden oder von der Wasseroberfläche Insekten, kleine Krebse und Schnecken auf.

Scharlachmennigvogel *(linke Seite Mitte links)*

Lateinisch: *Pericrocotus flammeus*
Familie: Stachelbürzler – Campephagidae
Verbreitung: Indien bis Philippinen
Lebensraum: Wälder
Größe: 19 cm

Ein fliegender Trupp von leuchtend schwarzorangefarbenen Männchen und gelbschwarzen Weibchen gegen den blauen Himmel über grünen Baumwipfeln ist ein unvergesslicher Anblick. In kleinen Gruppen leben sie im feinen Geäst hoher Bäume. Sie suchen dort neben Knospen und Früchten vor allem nach Insekten, die sie mitunter auch im Rüttelflug erbeuten.

Smaragdbreitrachen *(linke Seite Mitte rechts)*

Lateinisch: *Calyptomena viridis*
Familie: Breitrachen – Eurylaimidae
Verbreitung: S-Thailand, Sumatra, Borneo
Lebensraum: Regenwald, Sekundärwald, Plantagen
Größe: 14–17 cm

Das hellgrüne Gefieder macht es schwierig, diese Vögel im dichten Laub auf der Suche nach Früchten und Insekten zu entdecken. Aus langen Pflanzenfasern baut das Weibchen innerhalb von fünf Tagen ein 1–2 m über dem Boden hängendes Nest. Auch das Bebrüten der 1–3 Eier sowie das Füttern der Jungen ist ausschließlich Sache des Weibchens, das Männchen hält allenfalls Wache.

Rostbauchprinie *(linke Seite unten rechts)*

Lateinisch: *Prinia socialis*
Familie: Cistensänger – Cisticolidae
Verbreitung: Indien bis Myanmar
Lebensraum: Trockenes Grasland, offene Wälder, Gebüsche, Gärten
Größe: 13–14 cm

In hohem Gras oder in Büschen bauen die langschwänzigen Singvögel ein überdachtes, seitlich offenes Nest. Darin bebrüten beide Eltern zwölf Tage lang 3–5 Eier. Bei der Nahrungssuche bewegen sich Rostbauchprinien flink durch die Vegetation und picken Insekten auf. Zusätzlich ernähren sie sich von Nektar.

Goldstirn-Blattvogel *(rechts)*

Lateinisch: *Chloropsis aurifrons*
Familie: Blattvögel – Chloropseidae
Verbreitung: Indien bis Sumatra
Lebensraum: Wälder, Buschland
Größe: 19 cm

Die weit über Südostasien verbreiteten Vögel halten sich stets in belaubten Bäumen auf und suchen dort Insekten, Beeren und Früchte. Besonders gern nehmen sie mit ihrer rauen Zunge Nektar zu sich. Bei der Balz jagen sich die Partner durch das Geäst, wobei das Männchen oft kopfüber am selben Zweig wie das Weibchen hängt. Beide Eltern teilen sich das Ausbrüten der 2–4 Eier.

Rotstirn-Schneidervogel *(links)*

Lateinisch: *Orthotomus sutorius*
Familie: Zweigsänger – Sylviidae
Verbreitung: Indien bis S-China und Java
Lebensraum: Waldränder, Gärten, Mangroven, Gebüsche
Größe: 12 cm

Schneidervögel tragen ihre Namen aufgrund ihrer Nestbauweise. Sie perforieren ein oder zwei Blätter eines Busches und nähen sie mit Pflanzenfasern oder Spinnweben zusammen. In der entstandenen Tasche wird das eigentliche Nest gebaut. Die Nahrungssuche erfolgt überwiegend im Unterholz, wobei der lange Schwanz aufgestellt wird und ständig wippt.

Sonnenvogel *(Mitte oben)*

Lateinisch: *Leiothrix lutea*
Familie: Timalien – Timaliidae
Verbreitung: N-Indien bis SO-China
Lebensraum: Wälder
Größe: 13–15 cm

Das bunte Gefieder und die Sangesfreudigkeit der Männchen haben Sonnenvögel besonders in China zu beliebten Käfigvögeln gemacht. In Freiheit bewohnen sie in lärmenden Trupps den Unterwuchs von Wäldern, dort brüten sie auch ihre 3–4 Eier aus. Die Nahrung besteht aus verschiedenen Früchten und auch Insekten. Zum Trinken besuchen Sonnenvögel gern herabgefallene Blätter, in denen sich Wasser gesammelt hat.

Dajaldrossel *(Mitte unten)*

Lateinisch: *Copsychus saularis*
Familie: Fliegenschnäpper – Muscicapidae
Verbreitung: Indien bis Philippinen
Lebensraum: Offenes Waldland, Gärten, Dörfer
Größe: 20 cm

Die schwarzweißen Vögel halten sich bei der Nahrungssuche meist am Boden auf. Dabei ist der Schwanz ständig in Bewegung, wird zunächst gefächert nach unten gehalten und kurz darauf wieder steil nach oben geschlagen. Sie sind in südostasiatischen Dörfern eine häufige Erscheinung und nisten dort an Gebäuden. Oft werden sie gefangen und in Käfigen gehalten.

Schwarzgenickschnäpper (rechts unten)

Lateinisch: *Hypothymis azurea*
Familie: Monarchen – Monarchidae
Verbreitung: Indien bis Indonesien
Lebensraum: Wälder, Plantagen, Bambusdickichte
Größe: 16 cm

Die hübsch blau befiederten Männchen beteiligen sich zwar beim Füttern der Jungen, der Bau des Nestes in einer Astgabel und das Bebrüten der Eier obliegen aber allein dem Weibchen. Hoch in Bäumen halten sie Ausschau nach fliegenden Insekten, die sie in kurzen, wendigen Verfolgungsflügen fangen. Zurück auf einem Ast halten sie das Insekt beim Fressen mit den Füßen fest.

Kronenmeise (rechts oben)

Lateinisch: *Parus xanthogenys*
Familie: Meisen – Paridae
Verbreitung: Indien, Himalaja
Lebensraum: Tropische Wälder
Größe: 13 cm

Die bunten, mit einer Haube ausgestatteten Meisen bewegen sich agil im Laubwerk von Bäumen umher, um Insekten und Spinnen, gelegentlich auch Früchte aufzulesen. Sie sind recht zutraulich und haben ein breites Repertoire an Rufen. Obwohl sie auch selbst in der Lage sind, eine Bruthöhle in morsches Holz zu zimmern, bevorzugen sie zur Ablage ihrer 3–5 Eier ehemals von Spechten und Bartvögeln bewohnte Höhlen.

Ceylonnektarvogel *(oben)*

Lateinisch: *Nectarinia zeylonica*
Familie: Nektarvögel – Nectariniidae
Verbreitung: Indien, Sri Lanka
Lebensraum: Wälder, baumbestandenes Kulturland
Größe: 10 cm

Während die meisten Nektarvogelarten lange Schnäbel entwickelt haben, um an den Nektar von Blüten zu gelangen, eigneten sich die Ceylonnektarvögel eine andere Methode an. Mit ihren relativ kurzen Schnäbeln durchstechen sie die Blütenblätter und verschaffen sich so Zugang zum Nektar. Daneben fressen sie aber auch Insekten, die sie aus dem Rüttelflug heraus erbeuten.

Purpurnektarvogel *(rechte Seite links)*

Lateinisch: *Nectarinia asiatica*
Familie: Nektarvögel – Nectariniidae
Verbreitung: S-Iran bis Indochina
Lebensraum: Flussläufe, trockene Wälder, Gärten
Größe: 10 cm

Während die Männchen zur Brutzeit ein dunkles, grünlich bis purpurfarben glänzendes Gefieder tragen, sind die Weibchen unscheinbar grünlich grau. Sie besuchen blühende Bäume, um aus deren Blüten Nektar zu sammeln. Dabei tragen sie wie Bienen zur Bestäubung bei. Auch Insekten zählen zu ihrer Nahrung. Das birnenförmige Nest befestigen sie an Büschen oder Bäumen.

Gangesbrillenvogel *(rechte Seite oben rechts)*

Lateinisch: *Zosterops palpebrosus*
Familie: Brillenvögel – Zosteropidae
Verbreitung: Indien bis Indonesien
Lebensraum: Wälder, Mangroven, Gärten
Größe: 10–11 cm

Die kleinen, gelbgrünen Vögel leben meist in aus mehreren Arten gemischten Trupps, die rastlos durch die Baumkronen streifen und dort nach Insekten suchen. Zur Brutzeit bilden sich Paare, die ihre aus Grashalmen und Spinnweben gebauten Nester unter Astgabeln hängen. Dort hinein legt das Weibchen 2–5 Eier, die anschließend zwölf Tage lang bebrütet werden.

Königsdrongo *(unten)*

Lateinisch: *Dicrurus macrocercus*
Familie: Drongos – Dicruridae
Verbreitung: Iran bis Indonesien
Lebensraum: Offene Landschaften
Größe: 30 cm

Königsdrongos tragen ein glänzendes, schwarzes Gefieder mit tief gegabeltem Schwanz. Sie sitzen aufrecht auf Bäumen, Telefonleitungen, Mauern oder auf dem Rücken von Weidevieh und halten nach fliegenden Insekten Ausschau. Diese versuchen sie mit Flügen, die sowohl Gleitstrecken als auch plötzliche Wendungen enthalten können, zu fangen. Ihre Brut findet in einem tellerförmigen Baumnest statt.

Türkisfeenvogel *(unten)*

Lateinisch: *Irena puella*
Familie: Feenvögel – Irenidae
Verbreitung: Indien bis Philippinen
Lebensraum: Wälder
Größe: 27 cm

Obwohl die schwarzblauen Männchen ein glänzenderes Gefieder tragen, sind auch die türkis gefärbten Weibchen hübsch anzusehen. Oft leben sie in Trupps hoch in den Baumkronen, wo sie unter ständigem Rufen auf der Suche nach Feigen und anderen Früchten sind. Nur zum Trinken kommen sie zum Boden. Ebenfalls hoch im Baum bauen sie in Astgabeln ihr Nest aus Pflanzenmaterialien, in dem zwei Eier 13 Tage lang bebrütet werden.

Jagdelster *(oben)*

Lateinisch: *Cissa chinensis*
Familie: Rabenvögel – Corvidae
Verbreitung: NW-Indien bis Sumatra
Lebensraum: Tropische Wälder, Bambusdickichte, buschige Flussufer
Größe: 35 cm

Das Gefieder ist außer den kastanienbraunen Flügeln überwiegend grün, kann aber im ausgeblichenen Zustand bläuliche Töne annehmen. Jagdelstern brüten im dichten Unterholz und ziehen 3–7 Jungvögel auf. Außerhalb der Brutzeit halten sie sich in Trupps von bis zu sechs Vögeln auf, oft zusammen mit Häherlingen. Auf dem Boden suchen sie nach großen Insekten, Fröschen und kleinen Reptilien, auch Früchte werden genommen.

Dschungelkrähe *(unten)*

Lateinisch: *Corvus macrorhynchos*
Familie: Rabenvögel – Corvidae
Verbreitung: Indien bis Indonesien und O-Sibirien
Lebensraum: Wälder, Parks, Dörfer, Gebirge; im Winter Küstenlandschaften
Größe: 48 cm

Die mit einem kräftigen, rabenartigen Schnabel ausgestatteten Krähen bewohnen ganz unterschiedliche Lebensräume. Im Extrem kommen sie in tropischen Wäldern vor, folgen aber auch Bergsteigern im Himalaja bis in 6400 m Höhe. Die Brutpaare halten über Jahre zusammen, auch wenn sie sich im Winter mit Artgenossen zu Trupps zusammenschließen können. Dschungelkrähen sind Allesfresser und legen sich oft Vorratslager an.

Beo *(rechte Seite oben)*

Lateinisch: *Gracula religiosa*
Familie: Stare – Sturnidae
Verbreitung: Indien bis Indonesien
Lebensraum: Bergwälder
Größe: 29 cm

Beos sind an den gelben Hautlappen am Kopf und einem weißen Flügelfeld zu erkennen. Bekannt und als Käfigvögel beliebt sind sie aber vor allem durch ihre Fähigkeit, die menschliche Stimme zu imitieren. Auch in Freiheit, wo sie paarweise oder in kleinen Gruppen leben, äußern sie laute Rufe. Sie brüten in Baumhöhlen und bleiben auch bei der Suche nach Früchten (besonders Feigen), Insekten und Eidechsen meist hoch in den Bäumen.

Hirtenmaina *(unten)*

Lateinisch: *Acridotheres tristis*
Familie: Stare – Sturnidae
Verbreitung: Zentralasien bis Malaysia; eingebürgert in Australien, Neuseeland, Südafrika
Lebensraum: Felder, Gärten, Städte
Größe: 23 cm

Die auch als Hirtenstare bekannten, dunkelbraunen Vögel zeigen im Flug ein auffälliges, weißes Flügelfeld. Typisch ist auch der nackte, gelbe Ohrfleck. Gruppenweise gehen sie am Boden der Nahrungssuche nach, wobei sie besonders größere Insekten verzehren. Auch Früchte werden gern genommen. Abends sammeln sich die Höhlenbrüter zu großen Schlafplatzgemeinschaften in Bäumen oder an Gebäuden.

Balistar *(oben links)*

Lateinisch: *Leucopsar rothschildi*
Familie: Stare – Sturnidae
Verbreitung: Bali
Lebensraum: Bewaldete Savannen
Größe: 25 cm

Die nur auf Bali lebenden, weißschopfigen Stare sind fast ausgerottet, da die wenigen verbliebenen Exemplare trotz aller Schutzbemühungen immer wieder von Wilderern für den Export gefangen werden. Im Jahr 1999 gab es nur noch zwölf wild lebende Vögel. Selbst die für eine Auswilderung gezüchteten Tiere wurden entwendet, da für einen Vogel bis zu 2000 US-Dollar gezahlt werden.

Pagodenstar *(Mitte links)*

Lateinisch: *Sturnus pagodarum*
Familie: Stare – Sturnidae
Verbreitung: Afghanistan, Indien, Sri Lanka
Lebensraum: Waldland, Farmland, Gärten
Größe: 21–22 cm

Die recht bunt befiederten Stare sind sehr häufig in Städten, Dörfern und an Eisenbahnlinien anzutreffen. Sie ernähren sich von Früchten und Samen, nehmen aber auch gern Nektar zu sich. Zu diesem Zweck haben sie eine pinselartig verbreiterte Zungenspitze. Bei ihren Blütenbesuchen spielen sie wie Bienen eine wichtige Rolle bei der Bestäubung der Blüten.

Olivastrild *(linke Seite oben rechts)*

Lateinisch: *Amandava formosa*
Familie: Prachtfinken – Estrildidae
Verbreitung: Indien
Lebensraum: Grasland, Buschland, Felder
Größe: 10 cm

Lebensraumverluste und der Fang für die Käfighaltung haben den hübschen, früher stellenweise recht häufigen Prachtfinken stark zugesetzt. Dort, wo sie noch nicht verschwunden sind, brüten sie in kleinen Kolonien, in denen sich die Partner eines Paares das Bebrüten der 4–7 Eier teilen. Truppweise gehen sie am Boden der Suche nach Samen und Insekten nach.

Spitzschwanz-Bronzemännchen
(linke Seite unten)

Lateinisch: *Lonchura striata*
Familie: Prachtfinken – Estrildidae
Verbreitung: Indien bis Sumatra
Lebensraum: Baumbestandenes Grasland, Felder, Gärten
Größe: 10 cm

Die kleinen, überwiegend braun gefärbten Prachtfinken (Zuchtformen sind bunter.) halten sich die meiste Zeit in kleinen Trupps auf, in denen die Vögel ständig durch Rufe Kontakt halten. Am Boden nehmen sie Sämereien und auch kleine Insekten auf. Letztere werden insbesondere an Jungvögel verfüttert, die sie in einem kugelförmigen oder ovalen Nest, das in Büsche oder Bäume gebaut wurde, aufziehen.

Reisfink *(oben)*

Lateinisch: *Padda oryzivora*
Familie: Prachtfinken – Estrildidae
Verbreitung: Java, Bali;
eingebürgert in Afrika, China, Hawaii
Lebensraum: Mangroven, Dickichte, Grasland, Felder
Größe: 14 cm

Am dicken Schnabel, der bei den bunteren Männchen rot und bei den schlichteren Weibchen grau gefärbt ist, kann man Reisfinken als Körnerfresser erkennen. Wie ihr Name andeutet, besteht ihre Nahrung zu großen Teilen aus Reiskörnern, so dass sie als Verursacher von Ernteausfällen wenig beliebt sind. Mehr Zuneigung erfahren sie von Vogelliebhabern, die sie gern in Käfigen halten.

Lauchgrüne Papageiamadine *(unten)*

Lateinisch: *Erythrura prasina*
Familie: Prachtfinken – Estrildidae
Verbreitung: Myanmar bis Indonesien
Lebensraum: Wälder
Größe: 13 cm

Die recht bunten Männchen kommen in zwei Farbvarianten vor, denn der Bauch ist entweder rot oder gelb. Weibchen sind dagegen fast einfarbig grün. Sie halten sich bevorzugt im dichten Unterholz oder im Bambusdickicht auf. Daher sind sie schwer zu beobachten, obwohl sie stellenweise häufig sind und in großen Trupps auftreten können. Mitunter besuchen sie auch Reisfelder.

Nordamerika

Vom ewigen Eis bis zur heißen Wüste – kaum ein Kontinent weist eine solch breite Palette von Lebensräumen auf wie Nordamerika. Durch das im größten Teil dieser Region vorherrschende kalte Klima leben hier dennoch nur 750 Vogelarten, darunter der Weißkopf-Seeadler als Wappenvogel der USA. Ein großer Teil der Vögel macht sich im Herbst auf den Weg nach Süden: Viele Singvögel überwintern im tropischen Regenwald Mittel- und Südamerikas, Watvögel ziehen sogar bis nach Feuerland.

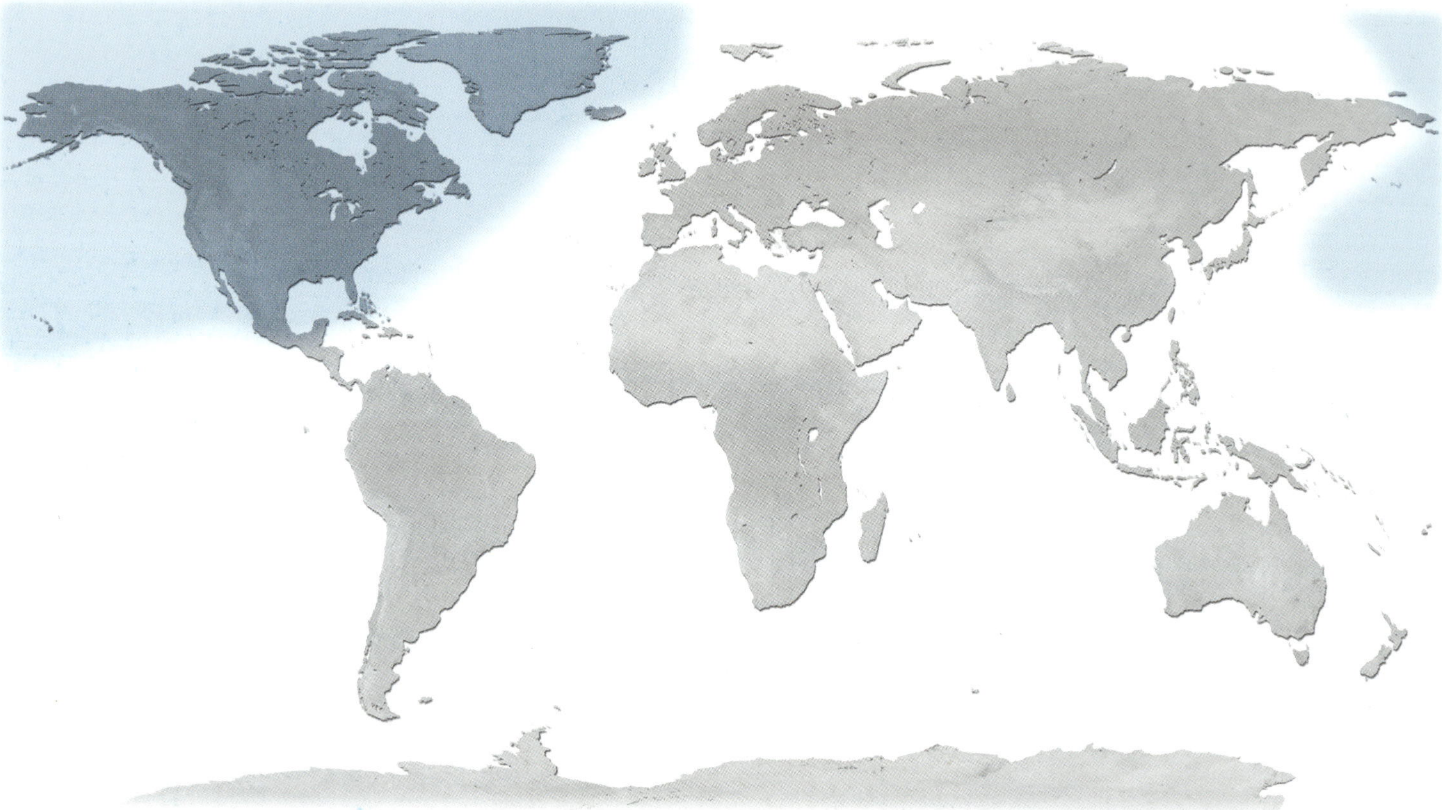

Pazifiktaucher *(rechts)*

Lateinisch: *Gavia pacifica*
Familie: Seetaucher – Gaviidae
Verbreitung: N-Nordamerika; im Winter Pazifikküste von Alaska bis Mexiko
Lebensraum: Große Seen; im Winter Küstengewässer
Größe: 58–73 cm

Pazifiktaucher brüten in einem flüchtig zusammengelegten Pflanzenhaufen unmittelbar am Seeufer. Im Gegensatz zu den meisten anderen Vogelarten fehlt ihnen ein unbefiederter Brutfleck. Eine besonders stark durchblutete Bauchregion ermöglicht es aber trotzdem, die Eier bei einer Temperatur von 35 °C zu halten. Wie andere Seetaucher erbeuten sie Fische unter Wasser, wobei als mittlere Dauer eines Tauchgangs 45 Sekunden gemessen wurden.

Eistaucher *(unten)*

Lateinisch: *Gavia immer*
Familie: Seetaucher – Gaviidae
Verbreitung: N-Nordamerika bis Island; im Winter Küsten N-Amerikas und W-Europas
Lebensraum: Große Seen; im Winter Küstengewässer
Größe: 69–91 cm

Mit stromlinienförmigem Körper und am Hinterende ansetzenden Beinen sind Eistaucher perfekte Tauchvögel. Weil sie mit ihren kleinen Flügeln lange Anläufe auf dem Wasser bis zum Abheben benötigen, kommen kleine Gewässer für die Fischfresser nicht als Lebensraum in Frage. Obwohl sie von Anfang an schwimmen und tauchen können, bleiben die Küken anfangs überwiegend auf dem Rücken der Eltern, deren Aktionsradius dadurch deutlich größer ist.

Renntaucher *(links)*

Lateinisch: *Aechmophorus occidentalis*
Familie: Lappentaucher – Podicipedidae
Verbreitung: W-Nordamerika
Lebensraum: Süßwasserseen; im Winter Küstengewässer
Größe: 51–74 cm

Ihren Namen erhielten Renntaucher aufgrund ihres spektakulären Balzverhaltens: Mit aufgerichteten Körpern und nach oben gestreckten Hälsen laufen Männchen und Weibchen dicht nebeneinander auf der Wasseroberfläche einher. Renntaucher brüten in Kolonien mit hunderten, teilweise sogar tausenden von Paaren. Im Herbst ziehen sie zum Überwintern an die Pazifikküste.

Bindentaucher *(unten)*

Lateinisch: *Podilymbus podiceps*
Familie: Lappentaucher – Podicipedidae
Verbreitung: S-Kanada bis S-Südamerika
Lebensraum: Seen, Teiche, Flüsse; im Winter auch Küstengewässer
Größe: 31–38 cm

Von Februar bis September tragen Bindentaucher ihr Brutkleid mit schwarzem Kinn; am dicken Schnabel ist dann die namensgebende schwarze Binde vorhanden. Sie bevorzugen Gewässer mit dichter Vegetation am Ufer und im Wasser. In kurzen Tauchgängen erbeuten sie Wasserinsekten, aber auch Krebstierchen und kleine Fische. An Wasserpflanzen verankert bauen sie ein schwimmendes Nest.

RÖHRENNASEN

Laysanalbatros *(links)*

Lateinisch: *Diomedea immutabilis*
Familie: Albatrosse – Diomedeidae
Verbreitung: N-Pazifik
Lebensraum: Steile Hänge, Ozean
Größe: 84–94 cm

Ein Großteil der insgesamt 350 000 Paare der Laysanalbatrosse brütet auf der gleichnamigen Insel westlich von Hawaii sowie auf den benachbarten Midwayinseln. Jüngst hat die in ihrem Bestand zunehmende Art auch kleine Inseln vor der japanischen und mexikanischen Küste besiedelt. Laysanalbatrosse streifen im gesamten Nordpazifik umher und sammeln Fische von der Wasseroberfläche.

Nashornpelikan *(oben)*

Lateinisch: *Pelecanus erythrorhynchos*
Familie: Pelikane – Pelecanidae
Verbreitung: N-Amerika
Lebensraum: Süßwasserseen; im Winter Küstengewässer
Größe: 127–178 cm

Nashornpelikane tragen ihren Namen wegen eines hornartigen Schnabelhöckers, der nur zur Brutzeit vorhanden ist. Beim Fischen gehen sie kooperativ vor, indem sie in Hufeisenform Fische vor sich her treiben, bis kein Entkommen mehr möglich ist. Nashornpelikane brüten in Kolonien von bis zu 5 000 Paaren; die Nester mit durchschnittlich zwei Eiern befinden sich stets auf dem Boden. Bis zum Flüggewerden verzehrt ein Jungvogel etwa 80 kg Fisch.

Braunpelikan *(rechts)*

Lateinisch: *Pelecanus occidentalis*
Familie: Pelikane – Pelecanidae
Verbreitung: Pazifikküste von Kanada bis S-Chile, Atlantikküste von USA bis N-Brasilien
Lebensraum: Kleine Inseln, Küstengewässer
Größe: 105–152 cm

Als einzige Pelikanart haben Braunpelikane kein weißes Gefieder und leben ausschließlich am Meer. In ihrer Familie einzigartig ist auch, dass sie Fische durch Stoßtauchen erbeuten. Besonders am südamerikanischen Humboldtstrom sind sie sehr häufig, allein in Peru brüten bis zu 1 Million Vögel. Die Nester mit 2–3 Eiern werden meist am Boden, mitunter sogar in Klippen gebaut, doch gibt es auch Kolonien mit Busch- und Baumbruten.

Ohrenscharbe *(links)*

Lateinisch: *Phalacrocorax auritus*
Familie: Kormorane – Phalacrocoracidae
Verbreitung: N-Amerika
Lebensraum: Meeres- und Binnengewässer
Größe: 76–91 cm

Ohrenscharben haben ein glänzendes, schwarzes Gefieder, das sie nicht einfetten können und deshalb nach dem Aufenthalt im Wasser an Land trocknen müssen. Sie ernähren sich ausschließlich von Fisch, den sie bei Tauchgängen unter Wasser jagen. Oft gehen sie dabei mit vielen Artgenossen gemeinsam vor. Auch zur Brutzeit sind sie gesellig, denn sie nisten in großen Kolonien mit mehreren tausend Paaren. Binnenländische Vögel ziehen im Winter an die Küste.

Amerikanischer Schlangenhalsvogel *(oben)*

Lateinisch: *Anhinga anhinga*
Familie: Schlangenhalsvögel – Anhingidae
Verbreitung: SO-USA bis N-Argentinien
Lebensraum: Seen, große Flüsse, Sümpfe, Küstenlagunen
Größe: 81–91 cm

Wie ihre größeren afrikanischen Verwandten jagen die kormoranähnlichen Vögel Fische, indem sie sie unter Wasser mit dem Schnabel aufspießen. Nach dem Tauchen muss das wasserdurchlässige Gefieder getrocknet werden, so dass man die Vögel häufig mit ausgebreiteten Flügeln rasten sieht. In 1–4 m Höhe über dem Wasser bauen sie in Büsche oder Bäume ein Nest aus Ästen und Zweigen, in das das Weibchen 3–5 Eier legt.

Kanadareiher *(oben links)*

Lateinisch: *Ardea herodias*
Familie: Reiher – Ardeidae
Verbreitung: N- und Mittelamerika, Galapagosinseln
Lebensraum: Flüsse, Sümpfe, Mangroven
Größe: 91–137 cm

Kanadareiher ähneln den europäischen Graureihern, sind aber deutlich größer und haben mehr Brauntöne im Gefieder. Sie brüten einzeln oder in kleinen Kolonien, gewöhnlich in den höchsten Bäumen in der Nähe eines Feuchtgebiets. Bei der Balz plustern sie ihre weißen Schmuckfedern an Hals und Rücken auf. Fische und kleine Landtiere fangen sie mit schnellem Schnabelhieb.

Rötelreiher *(oben rechts)*

Lateinisch: *Egretta rufescens*
Familie: Reiher – Ardeidae
Verbreitung: S-USA, Mexiko, Karibik, N-Südamerika
Lebensraum: Flache Küstengewässer
Größe: 66–81 cm

Vom Rötelreiher gibt es zwei Farbvarianten: die namengebenden grauen Vögel mit rotbraunem Hals, aber auch rein weiß befiederte Vögel. Bei der Balz werden die rötlichen bzw. weißen Schmuckfedern am Hals sternförmig gespreizt. In gemischten Reiherkolonien ziehen Rötelreiher bis zu sieben Jungvögel auf, die schon im Dunenkleid entweder bräunlich oder weiß gefärbt sind.

Dreifarbenreiher *(ganz oben)*

Lateinisch: *Egretta tricolor*
Familie: Reiher – Ardeidae
Verbreitung: S-USA bis N-Südamerika
Lebensraum: Feuchtgebiete an Küsten
Größe: 50–76 cm

Grau, weiß, braun – das sind die für den Namen verantwortlichen Gefiederfarben der Fischfresser, die sich in den letzten Jahrzehnten entlang der Atlantikküste nordwärts ausgebreitet haben, von dort aber als Zugvögel im Herbst gen Süden wandern. Zusammen mit anderen Reiherarten brüten sie in Kolonien, in denen sich die Nester meist in Büschen und Bäumen befinden.

Schmuckreiher *(oben)*

Lateinisch: *Egretta thula*
Familie: Reiher – Ardeidae
Verbreitung: USA bis S-Südamerika
Lebensraum: Gewässer aller Art
Größe: 48–68 cm

Das Pendant zum in der Alten Welt lebenden Seidenreiher ist über weite Bereiche des amerikanischen Kontinents verbreitet und bevölkert fast alle Feuchtgebiete bis hin zu 4 000 m hoch gelegenen Seen in den Anden. Der Handel mit den Schmuckfedern führte im vergangenen Jahrhundert zu einer starken Bestandsabnahme, die aber durch Schutzmaßnahmen wieder rückgängig gemacht werden konnte. Kleine Wassertiere sind die Nahrung des Koloniebrüters.

Krabbenreiher *(unten)*

Lateinisch: *Nyctanassa violacea*
Familie: Reiher – Ardeidae
Verbreitung: S-USA bis Peru und O-Brasilien
Lebensraum: Mangroven, Seen, Küsten
Größe: 51–70 cm

Ihren Namen tragen Krabbenreiher zu Recht, denn sie haben sich bei ihrer überwiegend nächtlichen Nahrungssuche auf den Fang größerer Krebse spezialisiert. Die sechs Unterarten unterscheiden sich in der Schnabelgröße und haben sich damit offenbar an unterschiedliche Krebsarten als Hauptnahrung angepasst. Sie brüten einzeln oder in kleinen Kolonien und ziehen in Nordamerika meist 4–5 Jungvögel auf.

Nordamerikanische Rohrdommel *(oben links)*

Lateinisch: *Botaurus lentiginosus*
Familie: Reiher – Ardeidae
Verbreitung: N-Amerika; im Winter auch Mittelamerika
Lebensraum: Feuchtgebiete mit dichter Vegetation
Größe: 59–70 cm

Anders als andere Rohrdommeln zeigen sich die nordamerikanischen Vertreter auch in offeneren Feuchtgebieten. Sie fressen dort bevorzugt Fische, aber auch Frösche, Schlangen und kleine Säuger. Zum Brüten bevorzugen aber auch sie dichtes Schilf oder hohes Gras. Ab September wandern die meisten nach Mittelamerika und nur wenige trotzen dem harten Winter.

Amerikanische Zwergdommel *(oben rechts)*

Lateinisch: *Ixobrychus exilis*
Familie: Reiher – Ardeidae
Verbreitung: USA bis Brasilien
Lebensraum: Dicht bewachsene Gewässerufer, Mangroven
Größe: 28–36 cm

Die kleine Reiherart ist im dichten Uferbewuchs von Seen und Flüssen schwer zu sehen, zumal sie auf der Suche nach kleinen Fischen und anderen Wassertieren vor allem in der Dämmerung aktiv ist. Auch das Nest ist gut versteckt und enthält 2–4 Eier, die zumeist vom Weibchen bebrütet werden. Fast alle nordamerikanischen Brutvögel sind Zugvögel die sich im Winter im Süden aufhalten.

Schneesichler *(unten)*

Lateinisch: *Eudocimus albus*
Familie: Ibisse – Threskiornithidae
Verbreitung: S-USA bis NW-Peru
Lebensraum: Wattflächen, Mangroven, Binnengewässer
Größe: 56–71 cm

Im Sitzen wirkt das Gefieder einfarbig weiß, doch sind im Flug schwarze Flügelspitzen sichtbar. Schneesichler schreiten gewöhnlich durch flaches Wasser oder über das Watt und stochern mit dem langen Schnabel nach Krebsen. Sie brüten in Kolonien, die größte umfasst in Florida 20 000 Paare. Brut- und Nahrungsgebiete können dabei weit voneinander entfernt liegen.

Trompeterschwan *(links)*

Lateinisch: *Cygnus buccinator*
Familie: Entenvögel – Anatidae
Verbreitung: Alaska, W-Kanada, NW-USA
Lebensraum: Sümpfe, Wiesen, flache Seen; im Winter auch Küstengewässer
Größe: 150–180 cm

Wie sein eurasisches Gegenstück, der Singschwan, sind diese Vögel sehr stimmfreudig. Die trompetenden Rufe schallen weit über die offenen Lebensräume dieser Art, die durch starke Bejagung schon fast ausgestorben war. Zum Nestbau am Gewässerufer rupfen die schwarzschnäbeligen Schwäne Pflanzen aus der direkten Umgebung aus. Während sie im Nordwesten der USA ganzjährig vorkommen, ziehen Brutvögel aus Alaska und Kanada zum Überwintern an den Pazifik.

Schneegans *(unten)*

Lateinisch: *Anser caerulescens*
Familie: Entenvögel – Anatidae
Verbreitung: Arktisches N-Amerika; im Winter S- und W-USA
Lebensraum: Tundra; im Winter Ackerland, Salzwiesen, Gewässer
Größe: 66–84 cm

Schneegänse kommen in zwei Färbungsvarianten vor: Entweder sind sie mit Ausnahme der schwarzen Flügelspitzen ganz weiß oder überwiegend blaugrau mit weißem Kopf. In der arktischen Tundra brüten sie in großen Kolonien, wobei jedes Weibchen 4–5 (maximal 10) Eier legt. Nachdem sie bis zu 3 500 km im Nonstopflug nach Süden gezogen sind, bevölkern sie in großen Scharen vor allem Reisfelder am Golf von Mexiko. Trotz starker Bejagung im Winter nehmen die Bestände zu.

Kaisergans *(rechts)*

Lateinisch: *Anser canagicus*
Familie: Entenvögel – Anatidae
Verbreitung: W-Alaska, NO-Sibirien; im Winter Aleuten
Lebensraum: Tundra; im Winter Felsküsten
Größe: 66–89 cm

Kaisergänse haben eigentlich ein weißes Kopfgefieder. Bei der Nahrungssuche in eisenoxidhaltigem Schlamm und durch anschließendes Putzen gelangt ein Farbton ins Gefieder, so dass viele Vögel einen rotbraunen Kopf haben. In der Tundra bilden Kaisergänse ab Ende Mai lockere Kolonien, in denen die Weibchen bis zu acht Eier legen. Zum Überwintern ziehen sie zu den Aleuten und fressen dort vor allem Seegras und Algen.

Kanadagans *(unten)*

Lateinisch: *Branta canadensis*
Familie: Entenvögel – Anatidae
Verbreitung: N-Amerika; eingebürgert von Großbritannien bis Skandinavien, Neuseeland
Lebensraum: Gewässer aller Art
Größe: 55–110 cm

Kanadagänse sind braun befiedert, doch besitzt der lange Hals und der Kopf eine schwarze Färbung mit weißen Kopfseiten. In Nordamerika kommen elf verschiedene Unterarten vor, die sich vor allem in ihrer Körpergröße unterscheiden. Als Pflanzenfresser grasen sie entweder an Land oder pflücken Nahrung vom Gewässergrund. In Ufernähe wird ein Nest aus Wasserpflanzen gebaut, in dem 4–7 Eier ausgebrütet werden. Nördliche Populationen sind ausgeprägte Zugvögel.

Kragenente *(links)*

Lateinisch: *Histrionicus histrionicus*
Familie: Entenvögel – Anatidae
Verbreitung: N-Amerika, Island, O-Asien
Lebensraum: Schnell fließende Gewässer; im Winter felsige Küstengewässer
Größe: 38–51 cm

Im Gegensatz zu den recht bunt blau-weiß-rot gefärbten Männchen sind die Weibchen schlicht dunkelbraun. Im Sommer sind Kragenenten Vögel des Berglands, wo sie in reißenden Flüssen und Bächen nach Insektenlarven und kleinen Fischen suchen. Nach der Brutzeit verteilen sie sich entlang der Küsten und tauchen dort in der Brandungszone nach Muscheln und Krebsen.

Dunkelente *(unten links)*

Lateinisch: *Anas rubripes*
Familie: Entenvögel – Anatidae
Verbreitung: O-Nordamerika
Lebensraum: Süß- und Brackgewässer mit Baumbestand
Größe: 53–61 cm

Bei Dunkelenten hat das Männchen kein buntes Prachtkleid, sondern ist stets schlicht schwärzlich braun wie ein Weibchen befiedert. Die Nester befinden sich in dichter Ufervegetation oder in Baumhöhlen und enthalten 7–12 Eier. Konkurrenz mit der sich ausbreitenden Stockente, starke Bejagung und Lebensraumverluste haben zu einem starken Rückgang dieser Art geführt.

Brautente *(unten rechts)*

Lateinisch: *Aix sponsa*
Familie: Entenvögel – Anatidae
Verbreitung: S-Kanada, USA; im Winter auch N-Mexiko
Lebensraum: Gewässer in Wäldern
Größe: 43–51 cm

Bei kaum einer Entenart ist der Kontrast zwischen dem schlicht graubraun gefärbten Weibchen und dem bunt schillernden Männchen so stark wie bei der Brautente. Wegen der hübschen Federn wurden Brautenten einst stark bejagt. Sie brüten in Baumhöhlen, aus denen die 9–15 Küken kurz nach dem Schlüpfen zu Boden springen, um dann vom Weibchen zum Wasser geführt zu werden.

Schwarzkopf-Ruderente *(oben)*

Lateinisch: *Oxyura jamaicensis*
Familie: Entenvögel – Anatidae
Verbreitung: N- und S-Amerika; eingebürgert in England
Lebensraum: Vegetationsreiche Gewässer; im Winter auch Lagunen und Ästuare
Größe: 35–43 cm

Die Männchen sind rotbraun mit schwarzem Hals, weißem Gesicht und hellblauem Schnabel. Weibchen sind schlicht braun, aber mit leicht gestreiftem Kopf. Der Schwanz wird oft aufgerichtet, so dass sie recht gedrungen wirken. Mit dem breiten Schnabel durchsieben tauchende Ruderenten den schlammigen Gewässerboden, doch können sie Beutetiere auch von der Wasseroberfläche aufsammeln.

Brillenente *(Mitte)*

Lateinisch: *Melanitta perspicillata*
Familie: Entenvögel – Anatidae
Verbreitung: N-Nordamerika; im Winter Pazifik- und Atlantikküste
Lebensraum: Gewässer in Tundra und Taiga; im Winter Küstengewässer
Größe: 46–55 cm

Die fast einfarbig dunkel gefärbten Enten haben helle Flecken am Kopf, das Männchen fällt zudem durch einen bunten Schnabel auf. Obwohl Brillenenten an Binnengewässern brüten, zählt man sie zu den Meeresenten, weil sie sich außerhalb der Brutzeit gruppenweise in Küstengewässern aufhalten und dort nach Muscheln und Krebsen tauchen. Ab Mai besuchen sie das Brutgebiet.

Kappensäger *(unten)*

Lateinisch: *Mergus cucullatus*
Familie: Entenvögel – Anatidae
Verbreitung: N-Amerika
Lebensraum: Kleine Seen im Waldland; im Winter große Seen, Küstenlagunen
Größe: 42–50 cm

Durch ihren Federschopf wirkt der Kopf ungewöhnlich groß. Wie die anderen Säger haben Kappensäger Zähnchen im Schnabel, mit denen sie die unter Wasser gefangenen Fische und Krebse besonders gut festhalten können. Die 10–12 Eier brüten die Weibchen in Baumhöhlen, gelegentlich aber auch in Erdhöhlungen aus.

Kalifornischer Kondor *(oben links)*

Lateinisch: *Gymnogyps californianus*
Familie: Neuweltgeier – Cathartidae
Verbreitung: S-Kalifornien
Lebensraum: Bewaldetes Hügelland
Größe: 117–134 cm

Die einst an der Pazifikküste weit verbreitete Art stand durch Abschuss, Vergiftung und Kollisionen mit Stromleitungen unmittelbar vor dem Aussterben, so dass man 1987 die letzten 22 Vögel einfing. Deren erfolgreiche Zucht führte zum Auswildern vieler Kondore. Anfang 2004 lebten bereits wieder 88 dieser riesigen Vögel mit 270 cm Flügelspannweite in freier Wildbahn.

Truthahngeier *(oben rechts)*

Lateinisch: *Cathartes aura*
Familie: Neuweltgeier – Cathartidae
Verbreitung: S-Kanada bis Feuerland
Lebensraum: Vielfältig: von Wüsten bis Wälder
Größe: 64–81 cm

In weiten Teilen Amerikas sind die schwarzen Geier mit nacktem roten Kopf eine häufige Erscheinung. Sie ernähren sich ausschließlich von Aas, das sie mit ihrem ausgeprägten Geruchssinn über weite Strecken orten können. Oft sind sie deshalb in der Nähe von Straßen zu sehen. Die nordamerikanischen Truthahngeier sind Zugvögel, die zu Millionen nach Südamerika fliegen.

Weißkopf-Seeadler *(links)*

Lateinisch: *Haliaeetus leucocephalus*
Familie: Habichtartige – Accipitridae
Verbreitung: N-Amerika
Lebensraum: Küsten, Ströme, Seen
Größe: 71–96 cm

Der Wappenvogel der USA ist mit weißem Kopf und weißem Schwanz eine prächtige Erscheinung. Jahrzehntelang litt die Art unter Bejagung und Pestizidvergiftung, doch haben Schutzmaßnahmen zur Erholung der Bestände geführt. Im Sommer sind Fische und Wasservögel, im Winter Säugetiere und Aas ihre Hauptnahrung. Die lebenslang verpaarten Altvögel ziehen pro Jahr einen Jungvogel auf.

Rundschwanzsperber *(oben)*

Lateinisch:	*Accipiter cooperii*
Familie:	Habichtartige – Accipitridae
Verbreitung:	S-Kanada, USA; im Winter bis Mittelamerika
Lebensraum:	Wälder; im Winter auch offene Landschaften, Städte
Größe:	37–49 cm

Die am rund endenden Schwanz bestimmbaren Vögel führen ihre Jagdflüge in Schneisen und Lichtungen von Wäldern durch und erbeuten dabei vielfach Vögel, aber auch kleine Säugetiere und Reptilien. Als Brutplatz wählen sie gern Bäume in der Nähe von Gewässern. Das Nest wird in mindestens 8 m Höhe aus Zweigen und Borke eng am Stamm gebaut.

Eckschwanzsperber *(unten links)*

Lateinisch:	*Accipiter striatus*
Familie:	Habichtartige – Accipitridae
Verbreitung:	N-Amerika; im Winter auch Mittelamerika
Lebensraum:	Wälder; im Winter auch offene Landschaften
Größe:	25–34 cm

Die beiden nordamerikanischen Sperberarten haben sehr ähnliches Gefieder, im Flug erkennt man die kleineren Eckschwanzsperber am gerade abgeschnitten wirkenden Schwanz. Mit rasanten Jagdflügen überraschen sie ihre Beute, die zu über 90 % aus kleinen Vögeln besteht. Diese wird an bestimmten Plätzen gerupft, bevor sie gefressen oder an die 4–5 Jungvögel verfüttert wird.

Rotschulterbussard *(unten rechts)*

Lateinisch:	*Buteo lineatus*
Familie:	Habichtartige – Accipitridae
Verbreitung:	USA
Lebensraum:	Waldland in Gewässernähe
Größe:	43–61 cm

Der Name stammt von der rostroten Färbung der Schulterfedern, bei einigen der fünf Unterarten sind auch andere Gefiederpartien rostrot. Die Jagd findet eher unauffällig im Wald oder auf Lichtungen statt und richtet sich gegen kleine Säuger, Reptilien und Vögel. Das Nest wird fast immer in einem Laubbaum gebaut. Sind die Jungen flügge, werden sie noch 8–10 Wochen gefüttert.

Königsbussard *(oben links)*

Lateinisch: *Buteo regalis*
Familie: Habichtartige – Accipitridae
Verbreitung: SW-Nordamerika
Lebensraum: Grasland, Agrarlandschaft, Halbwüsten
Größe: 56–69 cm

Mit nur etwa 5 000 Brutpaaren gehören die Königsbussarde zu den selteneren Greifvögeln Nordamerikas. Aus Zweigen und Stöckchen bauen sie ein ungewöhnlich großes, 1 m breites und 1–2 m tiefes Nest auf Felsen oder Strommasten. Viele Paare schreiten nur in den Jahren zur Brut, in denen ihre Beutetiere (Kaninchen, Hasen, Präriehunde) häufig sind.

Präriebussard *(oben rechts)*

Lateinisch: *Buteo swainsoni*
Familie: Habichtartige – Accipitridae
Verbreitung: N-Amerika; im Winter S-Amerika
Lebensraum: Waldland, Prärien, Steppen, Wüsten
Größe: 48–56 cm

Die über weite Teile Nordamerikas verteilten Brutvögel ziehen im Herbst nach Südamerika und passieren allesamt die mittelamerikanische Landbrücke. Trupps von mehreren tausend Vögeln sind dabei keine Seltenheit. Während des langen Fluges nehmen Präriebussarde keine Nahrung zu sich; im Brutgebiet fressen sie kleine Säugetiere und im Winterquartier vor allem Heuschrecken.

Rotschwanzbussard *(unten)*

Lateinisch: *Buteo jamaicensis*
Familie: Habichtartige – Accipitridae
Verbreitung: N- und Mittelamerika
Lebensraum: Vielfältig: von Wüsten bis tropischer Regenwald
Größe: 45–65 cm

Im großen Verbreitungsgebiet gibt es 14 Unterarten, die recht unterschiedlich gefärbt sind und nicht alle einen roten Schwanz haben. Ihre Anpassungsfähigkeit wird in der großen Palette bewohnter Lebensräume deutlich, aber auch in der Nahrung, die kleine Säuger, Vögel und Reptilien umfasst. Nester befinden sich auf Bäumen, Kakteen, Felsen, Masten und sogar auf Gebäuden.

Präriefalke *(oben links)*

Lateinisch: *Falco mexicanus*
Familie: Falken – Falconidae
Verbreitung: SW-Kanada bis N-Mexiko
Lebensraum: Trockenes Grasland
Größe: 37–47 cm

Die braunen Falken ernähren sich vorwiegend von Erdhörnchen, die sie aus einem recht flachwinkeligen Sturzflug heraus vom Boden greifen. Daneben stehen aber auch Vögel in der Größe von Lerchen bis Tauben auf dem Speiseplan. Zum Bebrüten ihrer 3–5 Eier suchen sich Präriefalken unbenutzte, aus Zweigen gebaute Nester von Krähen oder Greifvögeln, meist auf Felsen.

Gerfalke *(ganz oben rechts)*

Lateinisch: *Falco rusticolus*
Familie: Falken – Falconidae
Verbreitung: N-Nordamerika, N-Eurasien
Lebensraum: Felsküsten, Tundra, Taiga
Größe: 48–60 cm

Von den weltweit größten Falken gibt es eine weiße, eine graue und eine dunkelbraune Farbvariante. Während sich Gerfalken an Küsten vorwiegend von Seevögeln ernähren, erbeuten sie in der Tundra vor allem Schneehühner und Lemminge. Die Bestände leiden unter illegalen Aushorstungen für die Falknerei, in Sibirien auch unter Bejagung durch Trapper.

Buntfalke *(oben rechts)*

Lateinisch: *Falco sparverius*
Familie: Falken – Falconidae
Verbreitung: Alaska bis Feuerland
Lebensraum: Sehr vielfältig, fehlt nur in der Tundra
Größe: 21–31 cm

Das amerikanische Pendant zum Turmfalken ist bunt rotbraun, blaugrau und weiß befiedert, innerhalb des riesigen Verbreitungsgebiets gibt es aber erhebliche Variationen. Buntfalken jagen meist vom Ansitz aus, halten aber auch im Rüttelflug Ausschau nach Beute. Diese setzt sich besonders aus Insekten und Mäusen zusammen, gebietsweise spielen auch Eidechsen eine große Rolle.

Blauflügelguan *(links)*

Lateinisch: *Ortalis vetula*
Familie: Hokkohühner – Cracidae
Verbreitung: S-Texas bis Mittelamerika
Lebensraum: Wälder, Dickichte
Größe: 48–58 cm

Die schlicht gefärbten Hühnervögel leben sowohl am Boden als auch in Büschen und Bäumen. In Gruppen von bis zu 15 Vögeln gehen sie auf die Suche nach fleischigen Früchten. Für den Bau ihres Nestes, das sich meist im dichten Geäst eines Baumes befindet, brechen sie kleine Zweige ab und sammeln Gras und Laub. Das Gelege besteht in der Regel aus drei Eiern und wird 22–27 Tage lang bebrütet.

Truthuhn *(oben rechts)*

Lateinisch: *Meleagris gallopavo*
Familie: Truthühner – Meleagrididae
Verbreitung: S-Kanada bis N-Mexiko
Lebensraum: Wälder, Gestrüpp
Größe: Weibchen 90 cm, Männchen 110 cm

Lange bevor sie von Europäern in Massentierhaltung gemästet wurden, dienten Truthühner den Ureinwohnern Nordamerikas als Nahrung. Bejagung gefährdete noch im 20. Jahrhundert die wild lebenden Bestände, inzwischen sind Schutzmaßnahmen erfolgreich. Als Nahrung sammeln Truthühner Blätter, Eicheln und andere Pflanzenteile vom Boden auf. Die Weibchen legen 10–13 Eier in eine gut versteckte Bodenmulde, die Familie bleibt dann fast ein Jahr zusammen.

Kragenhuhn *(rechts)*

Lateinisch: *Bonasa umbellus*
Familie: Raufußhühner – Tetraonidae
Verbreitung: N-Nordamerika
Lebensraum: Wälder
Größe: 43–48 cm

Kragenhühner haben tarnfarbenes braunes oder graues Gefieder und eine Haube auf dem Kopf. Der Artname stammt vom Balzverhalten des Männchens, bei dem das Halsgefieder gespreizt und der Schwanz gefächert wird. Durch schnelles Flügelschlagen wird gleichzeitig ein hohles, trommelndes Geräusch erzeugt. Die Jungen sind Nestflüchter und können schon nach zehn Tagen fliegen.

Felsengebirgshuhn *(unten links)*

Lateinisch: *Dendragapus obscurus*
Familie: Raufußhühner – Tetraonidae
Verbreitung: W-Nordamerika
Lebensraum: Gebirge
Größe: 47–57 cm

Während die meisten Gebirgsvögel im Winter in tiefere Lagen abwandern, ist es bei diesen Bewohnern der Rocky Mountains umgekehrt. Nach der Brutzeit ziehen sie sich in hoch gelegene Nadelwälder zurück und überwintern in bis zu 3 600 m Höhe. Dort fressen sie vor allem Nadelblätter, während sie im Sommer in erster Linie Laubblätter und Beeren zu sich nehmen.

Tannenhuhn *(unten rechts)*

Lateinisch: *Dendragapus canadiensis*
Familie: Raufußhühner – Tetraonidae
Verbreitung: Alaska, Kanada
Lebensraum: Nadelwälder
Größe: 38–43 cm

Das graubraune Gefieder macht Tannenhühner im mit Flechten bewachsenen Nadelbaumgeäst fast unsichtbar. Im Winter ernähren sie sich von deren Nadeln und Knospen, nur im Sommer treten auch Blätter, Blüten und Beeren von Blau- und Krähenbeeren hinzu; Jungvögel fressen auch Insekten. Während der Balzzeit schwillt den Männchen ein roter „Kamm" über dem Auge.

Beifußhuhn *(oben)*

Lateinisch: *Centrocercus urophasianus*
Familie: Raufußhühner – Tetraonidae
Verbreitung: W-Nordamerika
Lebensraum: Trockenes Grasland mit Beifuß
Größe: Männchen 66–76 cm, Weibchen 48–58 cm

Der Name dieser großen, gräulich braun gefärbten Raufußhühner deutet an, dass sie eng an das Vorkommen von Beifußpflanzen gebunden sind. Sie fressen überwiegend (im Winter ausschließlich) Beifuß und bauen auch das Nest unter diesen Pflanzen. Zuvor wohnen die Weibchen den Balztänzen der Männchen bei, die dabei ihren Schwanz pfauenartig aufstellen und ihren Kehlsack aufpumpen.

Schweifhuhn *(unten links)*

Lateinisch: *Tympanuchus phasianellus*
Familie: Raufußhühner – Tetraonidae
Verbreitung: N-Nordamerika
Lebensraum: Grasland, Wälder
Größe: 40–48 cm

Der Name des Schweifhuhns bezieht sich auf den zugespitzten Schwanz, dessen mittlere Steuerfedern deutlich verlängert sind. Wie die meisten ihrer Verwandten sammeln sich die Männchen an Balzplätzen und führen dort ihre violett gefärbten Hautsäcke vor, die sonst nicht sichtbar sind. Die Männchen begatten mehrere Weibchen, die sich anschließend allein um das Brutgeschäft kümmern.

Präriehuhn *(unten rechts)*

Lateinisch: *Tympanuchus cupido*
Familie: Raufußhühner – Tetraonidae
Verbreitung: Mittlere USA
Lebensraum: Prärien, Getreidefelder
Größe: 45 cm

Durch die großflächige Zerstörung der Prärien ist dieser typische Bewohner vielerorts ausgestorben und hält sich fast nur noch in Kansas, Nebraska und Süddakota. Beeindruckend sind die Balztänze, zu denen sich mehrere Männchen an leicht erhöhten, kurzgrasigen Stellen treffen. Sie blasen orangefarbene Hautsäcke am Hals auf, stampfen mit den Füßen und äußern tiefe, dumpfe Rufe.

Helmwachtel *(links)*

Lateinisch: *Callipepla gambelii*
Familie: Zahnwachteln – Odontophoridae
Verbreitung: SW-USA, N-Mexiko
Lebensraum: Wüsten, Halbwüsten
Größe: 23–27 cm

Von den ähnlichen Schopfwachteln unterscheidet die Männchen ihr schwarzer Bauchfleck, die Weibchen sind bläulicher als ihre Verwandten. Obwohl sie eigentlich Wüstenbewohner sind, bleiben sie auch, wenn diese bewässert und zu Ackerland umgewandelt wurde. Als Nest benutzen sie eine kleine Mulde hinter einem Grasbüschel. Bei der Aufzucht der Jungen hilft das Männchen mit.

Schopfwachtel *(unten links)*

Lateinisch: *Callipepla californica*
Familie: Zahnwachteln – Odontophoridae
Verbreitung: SW-Kanada bis NW-Mexiko; eingebürgert in Chile, Argentinien, Neuseeland, Hawaii
Lebensraum: Variabel von Wüsten bis Wälder
Größe: 23–27 cm

Die kleinen Hühnervögel fallen durch ihren eigentümlichen Schopf an der Stirn auf, der beim bunten Männchen deutlich größer ist als beim braunen Weibchen. Beide ziehen gemeinsam die Jungen auf. Sie fressen vor allem Samen und Knollen und sind ein beliebtes Jagdwild mit jährlich 2 Millionen Abschüssen in den USA. Zu Jagdzwecken wurden sie auch in anderen Ländern eingebürgert.

Virginiawachtel *(unten rechts)*

Lateinisch: *Colinus virginianus*
Familie: Zahnwachteln – Odontophoridae
Verbreitung: O-USA bis Mexiko; eingebürgert in Kanada, Neuseeland, Hawaii
Lebensraum: Waldland, Felder
Größe: 20–25 cm

Die 22 Unterarten unterscheiden sich in der Ausprägung der Kopfzeichnung und Intensität der Rotfärbung am Bauch. Trotz sehr starker Bejagung mit jährlich 20 Millionen Vögeln in den USA sind Virginiawachteln noch recht häufig und leben außerhalb der Brutzeit in Gruppen von 10–30 Vögeln. Bei Gefahr bleiben die Samenfresser geduckt am Boden sitzen und fliegen dann plötzlich auf.

Kanadakranich *(oben links)*

Lateinisch: *Grus canadensis*
Familie: Kraniche – Gruidae
Verbreitung: Alaska bis Karibik, NO-Sibirien
Lebensraum: Tundra, Grasland, Felder
Größe: 120 cm

Die meisten Kanadakraniche sind Zugvögel, die im Süden der USA überwintern. Mit über 500 000 Vögeln ist die grau befiederte Art mit roter Stirn die häufigste der insgesamt 15 Kranicharten. Die Nahrungssuche kann sowohl an Land als auch im flachen Wasser stattfinden. Gefressen werden verschiedene Pflanzenteile, Insekten, Würmer und Mäuse.

Schreikranich *(oben rechts)*

Lateinisch: *Grus americana*
Familie: Kraniche – Gruidae
Verbreitung: Zentralkanada; im Winter Texas
Lebensraum: Feuchtgebiete in Prärien; im Winter Küstenlagunen, Salzwiesen
Größe: 130–160 cm

Mit nur etwa 160 wild lebenden Vögeln gehört der fast ganz weiß gefärbte Schreikranich zu den seltensten Vogelarten der Erde. Im Sommer leben sie in einem Nationalpark in Zentralkanada, wo die Brutpaare in der Regel zwei Jungvögel haben. Zum Überwintern fliegen sie in ein Schutzgebiet an der texanischen Golfküste. Dort ernähren sie sich von Krabben und Muscheln.

Carolinasumpfhuhn *(Mitte)*

Lateinisch: *Porzana carolina*
Familie: Rallen – Rallidae
Verbreitung: N-Amerika; im Winter S-USA bis N-Südamerika
Lebensraum: Sümpfe, Gewässerufer
Größe: 18–21 cm

Neben Körnern nehmen die versteckt lebenden Rallen auch Schnecken, Krebse und Insekten zu sich. Häufig benutzen sie Schnabel und Füße, um Pflanzen beiseite zu räumen und die Beute freizulegen. Die meist 10–12 Küken schlüpfen nicht gleichzeitig, so dass ein Elternteil schon mit einigen Jungen Nahrung sucht, während der Partner noch auf den restlichen Eiern sitzt.

Klapperralle *(unten)*

Lateinisch: *Rallus longirostris*
Familie: Rallen – Rallidae
Verbreitung: USA bis Brasilien
Lebensraum: Salz- und Brackwassersümpfe
Größe: 31–40 cm

Die von beiden Geschlechtern vorgetragenen Serien rasch aufeinander folgender Töne haben der Art den Namen gegeben. Im küstennahen, vom Meerwasser beeinflussten Grünland und an den dort fließenden Prielen suchen sie nach Kleintieren, wobei sie den langen Schnabel auch zum Stochern einsetzen.

Klippenausternfischer *(unten links)*

Lateinisch: *Haematopus bachmani*
Familie: Austernfischer – Haematopodidae
Verbreitung: Pazifikküste von Alaska bis NW-Mexiko
Lebensraum: Felsküsten
Größe: 43–45 cm

Sobald im Sommer das bei Ebbe ablaufende Wasser die Felsen freigibt, suchen die ganz dunkel gefärbten Austernfischer nach Schnecken, Muscheln, Würmern und Krebsen, die sie mit ihrem kräftigen Schnabel ergreifen und aufhämmern oder aufstemmen. Im Winter besuchen sie Wattflächen und fressen Miesmuscheln. Die 2–3 Eier werden in einer Bodenmulde ausgebrütet.

Braunhals-Säbelschnäbler *(unten rechts)*

Lateinisch: *Recurvirostra americana*
Familie: Stelzenläufer – Recurvirostridae
Verbreitung: USA; im Winter S-USA, Mittelamerika
Lebensraum: Salzige Binnengewässer, Ästuare; im Winter Küstenlagunen, Wattflächen
Größe: 41–51 cm

Mit ihrem gebogenen Schnabel durchseihen Säbelschnäbler das flache Wasser, um Wasserinsekten und Krebstierchen aufzunehmen. Größere Beutetiere wie Würmer oder an Land auch Heuschrecken werden dagegen gezielt aufgepickt. Ab April treffen sich mehrere Paare, um in lockeren Kolonien ihre jeweils vier Eier auszubrüten. Nach der Brutzeit ziehen sie nach Süden.

Amerikanischer Goldregenpfeifer *(oben)*

Lateinisch: *Pluvialis dominica*
Familie: Regenpfeifer – Charadriidae
Verbreitung: N-Kanada, Alaska; im Winter S-Südamerika
Lebensraum: Tundra; im Winter Grasland, Felder, Wattflächen
Größe: 24–27 cm

Schon bald nachdem im Juli die Jungen flügge sind, sammeln sich die Altvögel, um über den westlichen Atlantik und die Karibik nach Südamerika zu ziehen; die Jungvögel folgen ihnen ab Mitte August. Als Nahrung dienen ihnen Insekten und Würmer, im Watt auch Krebstierchen und Schnecken.

Flötenregenpfeifer *(unten)*

Lateinisch: *Charadrius melodus*
Familie: Regenpfeifer – Charadriidae
Verbreitung: Zentral- und O-Nordamerika; im Winter Küsten am Golf von Mexiko
Lebensraum: Sandstrände, Kiesufer; im Winter Strände und Wattflächen
Größe: 17–18 cm

Durch starke Bejagung waren die hellen Regenpfeifer schon vor 100 Jahren selten geworden. Der Restbestand von gut 4 000 Vögeln ist heute durch Entwässerungen und die touristische Nutzung von Stränden gefährdet. Das Weibchen legt vier Eier in eine Mulde im Sand, gern innerhalb oder in Nachbarschaft von Seeschwalbenkolonien. Altvögel bleiben ihrem Brutplatz über Jahre treu.

Keilschwanz-Regenpfeifer *(ganz unten links)*

Lateinisch: *Charadrius vociferus*
Familie: Regenpfeifer – Charadriidae
Verbreitung: S-Alaska bis N-Chile; im Winter S-USA bis N-Südamerika
Lebensraum: Wiesen, Felder, Kiesgruben
Größe: 23–26 cm

Die recht hochbeinigen und mit zwei schwarzen Brustbändern ausgestatteten Regenpfeifer sind sehr ruffreudig. Da sie auf kahlen, steinigen Flächen brüten, gehören auch Parkplätze, Flachdächer und Straßenränder zu ihren Brutplätzen. Das orangebraune Bürzelgefieder spielt eine Rolle bei der Balz und wird besonders zum Schutz ihrer Jungen beim Weglocken von Feinden präsentiert.

Kleiner Schlammläufer *(ganz unten rechts)*

Lateinisch: *Limnodromus griseus*
Familie: Schnepfenvögel – Scolopacidae
Verbreitung: N-Nordamerika; im Winter USA bis N-Südamerika
Lebensraum: Feuchtwiesen, Tundra; im Winter Wattflächen, Gewässerufer
Größe: 25–29 cm

Trotz ihrer recht kurzen Beine, gehen sie bei der Nahrungssuche gern ins flache Wasser. Tagsüber und nachts finden Kleine Schlammläufer ihre aus Insekten, Würmern und Krebstierchen bestehende Beute durch schnelles Schnabelstochern. Nah am Wasser und gut versteckt im Gras brüten beide Partner abwechselnd auf den vier Eiern. Nach dem Schlüpfen begleitet das Männchen die Küken.

Drosseluferläufer *(oben)*

Lateinisch: *Actitis macularia*
Familie: Schnepfenvögel – Scolopacidae
Verbreitung: N-Amerika; im Winter S-USA bis S-Brasilien
Lebensraum: Offenes Gelände an Gewässern; im Winter Gewässerufer, Küsten
Größe: 18–20 cm

Das unten gepunktete Sommergefieder erinnert sehr an eine Drossel. Sie sind nicht an die Küste gebunden und ziehen nach der Aufzucht von vier Jungen quer über die Kontinente. Mit ständig wippendem Schwanz laufen Drosseluferläufer einzeln an der Wasserlinie entlang und picken dabei in erster Linie Insekten auf. Abends sammeln sie sich an Schlafplätzen.

Marmorschnepfe *(Mitte)*

Lateinisch: *Limosa fedoa*
Familie: Schnepfenvögel – Scolopacidae
Verbreitung: SW-Alaska, Zentralkanada; im Winter Küsten von USA bis Panama
Lebensraum: Feuchtwiesen in Prärien und an Küsten; im Winter Wattflächen
Größe: 42–48 cm

Die ähnlich den Brachvögeln gefärbten Marmorschnepfen haben als Anpassung an ihre winterliche Nahrungssuche einen langen Schnabel, mit dem sie tief im Watt lebende Würmer und Muscheln an die Oberfläche bringen. Beutetiere werden im Ganzen verschluckt, unverdauliche Teile von Krebsen und Muscheln werden später wieder ausgewürgt.

Großer Gelbschenkel *(unten)*

Lateinisch: *Tringa melanoleuca*
Familie: Schnepfenvögel – Scolopacidae
Verbreitung: Alaska, S-Kanada; im Winter S-USA bis Feuerland
Lebensraum: Offene Wälder, flache Gewässer
Größe: 29–33 cm

Der Name der vorderseits schwarz gefleckten Vögel stammt zweifellos von den langen, leuchtend gelben Beinen, mit denen sie auf der Suche nach kleinen Wassertieren durch Flachwasserbereiche waten. Brutpaare erbrüten vier Jungvögel und ziehen kurz darauf gen Süden. Im Winter sind die meisten an der Küste zu finden, besonders im Nordosten Südamerikas.

Schlammtreter *(links)*

Lateinisch: *Catoptrophorus semipalmatus*
Familie: Schnepfenvögel – Scolopacidae
Verbreitung: S-Kanada, O-USA, Karibik; im Winter Pazifik- und Atlantikküste von USA bis N-Südamerika
Lebensraum: Feuchtwiesen in Prärien und an Küsten; im Winter Wattflächen, Strände, Mangroven
Größe: 33–41 cm

Sitzende Schlammtreter machen mit graubraunem Gefieder einen unscheinbaren Eindruck, im Flug offenbaren die Flügel dagegen ein auffälliges Schwarzweiß-Muster. Die Nahrungssuche erfolgt tags und nachts, dabei wird im Schlamm nach Würmern gestochert oder das flache Wasser nach Krabben und kleinen Fischen durchsucht.

Graubrust-Strandläufer *(unten links)*

Lateinisch: *Calidris melanotos*
Familie: Schnepfenvögel – Scolopacidae
Verbreitung: N-Nordamerika, N-Sibirien; im Winter S-Amerika, Australien, Neuseeland
Lebensraum: Tundra; im Winter Binnen- und Küstengewässer
Größe: 19–23 cm

Das Männchen imponiert zwar dem Weibchen mit starkem Aufplustern der gestrichelten Brust, beschränkt aber seine Beteiligung am Brutgeschäft auf das Bewachen des brütenden Weibchens. Im Brutgebiet besteht die Nahrung aus Insekten; auf dem Zug und im Winter stochern sie im Schlamm nach Würmern und Schnecken, doch fressen sie in trockeneren Gebieten auch Heuschrecken.

Bergstrandläufer *(unten rechts)*

Lateinisch: *Calidris mauri*
Familie: Schnepfenvögel – Scolopacidae
Verbreitung: W-Alaska, NO-Sibirien; im Winter Küsten von USA bis N-Südamerika
Lebensraum: Tundra; im Winter Wattflächen, Sandstrände
Größe: 14–17 cm

Als Schutz gegen Feinde kommt den am Boden der Tundra brütenden Vögeln ein tarnfarbenes Gefieder mit einigen rotbraunen Partien zu Gute. Die vier Küken werden von beiden Eltern geführt. Nach dem Zug ins Winterquartier bevölkern 2–3 Millionen Bergstrandläufer nun in grauem Gefieder die Küsten und fressen Würmer, Schnecken und Krebstiere.

Ringschnabelmöwe *(oben)*

Lateinisch: *Larus delawarensis*
Familie: Möwen – Laridae
Verbreitung: Zentral- und O-Kanada; im Winter USA bis Mittelamerika
Lebensraum: Seen, Flüsse, Küsten
Größe: 46–54 cm

Die an ihrer schwarzen Schnabelbinde erkennbaren Möwen brüten in dichten Kolonien auf kleinen Inseln in Binnenseen, halten sich zur Nahrungssuche aber auch an Flüssen, auf Äckern hinter dem Pflug und auf Müllkippen auf. Nach der Aufzucht von drei Jungvögeln wandern sie in südlichere Gefilde ab, bleiben vielfach an Binnengewässern, kommen nun aber auch an der Küste vor.

Beringmöwe *(Mitte)*

Lateinisch: *Larus glaucescens*
Familie: Möwen – Laridae
Verbreitung: N-Pazifik von Alaska bis NW-USA; im Winter bis Japan und NW-Mexiko
Lebensraum: Felsige Inseln, Küstengewässer, Wiesen, Parks
Größe: 61–68 cm

Die etwas blasser als Silbermöwen gefärbten Möwen brüten in Kolonien von bis zu 2 000 Paaren auf felsigen Inseln an der Küste, doch gibt es auch einzeln brütende Paare auf Dächern in Ortschaften. Beringmöwen schreiten im Alter von fünf Jahren erstmals zur Brut und führen dann eine lebenslange Ehe. Sie fressen neben Muscheln und Krebsen vor allem Fisch.

Kaliforniermöwe *(unten)*

Lateinisch: *Larus californicus*
Familie: Möwen – Laridae
Verbreitung: Zentralkanada; im Winter Pazifikküste von Kanada bis Mexiko
Lebensraum: Seen, Wiesen, Ackerland; im Winter Küsten
Größe: 51–58 cm

Die der Silbermöwe ähnliche Großmöwe brütet überwiegend im kanadischen Binnenland und kommt nur im Winter in Kalifornien vor. In der Ernährung sind Kaliforniermöwen vielseitig und passen sich dem lokalen Angebot an. Auf Äckern fressen sie Getreidekörner und Insekten, auf Müllkippen Abfälle, an Straßen überfahrene Säugetiere und in Vogelkolonien Eier und Jungvögel.

Elfenbeinmöwe *(oben)*

Lateinisch: *Pagophila eburnea*
Familie: Möwen – Laridae
Verbreitung: Arktis von Kanada bis Sibirien; im Winter arktische Gewässer
Lebensraum: Felsen, Strände; im Winter Packeisgrenze
Größe: 41–47 cm

Erwachsene Elfenbeinmöwen tragen ein komplett weißes Gefieder, Jungvögel sind an den Flecken zu erkennen. Sie brüten in kleinen Kolonien und verlassen auch nach der Aufzucht ihrer beiden Jungen die Arktis nicht. Sie ernähren sich von Fisch, Krebsen und Algen; in der Nähe von Siedlungen auch von Abfällen. Häufig fliegen sie Eisbären hinterher, um Nahrungsreste zu ergattern.

Schwalbenmöwe *(Mitte)*

Lateinisch: *Xema sabini*
Familie: Möwen – Laridae
Verbreitung: N-Nordamerika, N-Sibirien; im Winter W-Südamerika, SW-Afrika
Lebensraum: Tundra; im Winter Ozean
Größe: 30–36 cm

Schwalbenmöwen zeigen ein hübsches schwarzweißes Flügelmuster und tragen ihren Namen wegen des gegabelten Schwanzes. Im Brutgebiet suchen sie ihre Nahrung in Sümpfen in Form von Insekten, kleinen Fischen und Vogeleiern. Im Herbst ziehen sie bis über den Äquator hinaus aufs Meer. Dort trippeln sie mit den Füßen auf dem Wasser und picken Plankton von der Oberfläche.

Rosenmöwe *(unten)*

Lateinisch: *Rhodostethia rosea*
Familie: Möwen – Laridae
Verbreitung: Arktis in Kanada, Grönland, NO-Sibirien
Lebensraum: Tundra; im Winter offenes Meer
Größe: 29–32 cm

Die kleinen Brutkolonien der hübsch mit Rosa überhauchten Möwen befinden sich in Gesellschaft von Küstenseeschwalben oder Watvögeln in sumpfigem Gelände. Bei der Aufzucht der drei Küken stellen Insekten das Gros der Nahrung. Auch nach der Brutzeit bleiben Rosenmöwen in der Arktis und halten sich am Rande des Packeises auf.

Amerikanischer Scherenschnabel *(oben links und rechts)*

Lateinisch: *Rynchops niger*
Familie: Scherenschnäbel – Rynchopidae
Verbreitung: S-USA bis S-Südamerika
Lebensraum: Küsten, große Flüsse
Größe: 41–46 cm

Bei den schwarzweißen Vögeln ist der Unterschnabel deutlich verlängert. Mit diesem durchpflügen sie im Flug die Wasseroberfläche – wird ein Fisch getroffen, schnappen Oberschnabel und Kopf sofort nach unten. Brutkolonien von bis zu 1 000 Paaren befinden sich auf Sandbänken, gern in Nachbarschaft von Flussseeschwalben, die ihnen Schutz verschaffen.

Schmuckseeschwalbe *(Mitte)*

Lateinisch: *Sterna elegans*
Familie: Seeschwalben – Sternidae
Verbreitung: Pazifikküste von Kalifonien bis Mexiko; im Winter bis Chile
Lebensraum: Sandstrände, Küstengewässer
Größe: 39–43 cm

Über 90 % des auf 50 000 Paare geschätzten Bestands brüten auf einer kleinen mexikanischen Insel; erst seit 1970 leben einige hundert Paare in Kalifornien. Im April und Mai legt jedes Paar ein Ei, das 25 Tage lang bebrütet wird. Nach der Brutzeit verteilen sich Schmuckseeschwalben weit entlang der Pazifikküste, die meisten überwintern in Peru und Nordchile.

Königsseeschwalbe *(unten)*

Lateinisch: *Sterna maxima*
Familie: Seeschwalben – Sternidae
Verbreitung: Küsten von USA bis Argentinien und W-Afrika
Lebensraum: Sandstrände, Salzwiesen, Küstengewässer
Größe: 45–51 cm

Die großen Seeschwalben mit orangeroten Schnäbeln brüten in großen Kolonien mit bis zu 11 000 Paaren. Der Abstand zwischen den Nestern ist sehr gering, um eierraubenden Möwen oder Greifvögeln keine Gelegenheit zum Landen zu geben. Bei der Nahrungssuche patroullieren sie entlang der Küste und tauchen aus 5–10 m Höhe ins Wasser, um kleine Fische zu erbeuten.

Zwergalk (oben rechts)

Lateinisch: *Aethia pusilla*
Familie: Alke – Alcidae
Verbreitung: N-Pazifik
Lebensraum: Geröllhänge und Klippen kleiner Inseln, offenes Meer, Küstengewässer
Größe: 12–14 cm

Die kleinste, nicht einmal spatzengroße Alkenart brütet in gewaltigen Kolonien, die bis zu 1 Million Mitglieder haben. Jedes Paar hat ein Ei, das abwechselnd von Männchen und Weibchen in einer Felsspalte bebrütet wird. Das Küken wird mit Krebstierchen gefüttert, nach denen die Altvögel in großen Schwärmen bis zu 25 m tief im Meer tauchen.

Hornlund (oben links)

Lateinisch: *Fratercula corniculata*
Familie: Alke – Alcidae
Verbreitung: N-Pazifik
Lebensraum: Felsküsten, offene See
Größe: 36–41 cm

Der Hornlund ist das pazifische Gegenstück zum im Nordatlantik lebenden Papageitaucher, von dem er sich durch einen größeren Gelbanteil im Schnabel unterscheidet. Der Landung eines Altvogels folgt ein Begrüßungsritual, bei dem die Partner ihre Schnäbel aneinander reiben. Zur Brutzeit werden Fische nahe der Küste gefangen, im Winter verteilen sich Hornlunde über die offene See.

Gelbschopflund (unten)

Lateinisch: *Fratercula cirrhata*
Familie: Alke – Alcidae
Verbreitung: N-Pazifik
Lebensraum: Felsküsten, offene See
Größe: 36–41 cm

Die auch am Bauch schwarzen Gelbschopflunde brüten oft in gemeinsamen Kolonien mit den etwas kleineren Hornlunden, doch erstreckt sich ihr Verbreitungsgebiet etwas weiter nach Süden bis Japan bzw. bis Kalifornien. Wie die Hornlunde fischen sie zur Brutzeit in der Nähe der Kolonie und tauchen dabei bis zu 50 m tief. Pro Jahr zieht ein Paar nur einen Jungvogel auf.

Weißflügeltaube *(oben)*

Lateinisch: *Zenaida asiatica*
Familie: Tauben – Columbidae
Verbreitung: S-USA bis Panama
Lebensraum: Tropische Wälder
Größe: 27–31 cm

Obwohl die weißen Flügelfelder auch im Sitzen als weiße Linie sichtbar sind, so offenbaren sie sich erst beim fliegenden Vogel in voller Größe. Obwohl fast 95 % ihres ursprünglichen Lebensraums durch Abholzung verlorengegangen sind, gibt es noch immer mehrere Millionen Weißflügeltauben. Dort wo die Art noch häufig ist, brüten sie in dichten Kolonien; die Nester enthalten meist zwei Eier. Sie sammeln Grassamen und andere Körner am Boden.

Carolinataube *(unten)*

Lateinisch: *Zenaida macroura*
Familie: Tauben – Columbidae
Verbreitung: S-Kanada bis Panama
Lebensraum: Felder, Grasland, Wüsten, Städte
Größe: 27–34 cm

Die kleine, graubraun bis bronzefarben befiederte Art ist die häufigste und am weitesten verbreitete Taube in Nordamerika. Am Boden picken sie Pflanzensamen auf, zur Brutzeit fressen sie auch Schnecken, um den Kalkbedarf für die Produktion der Eier zu decken. Schon im Alter von 2–3 Monaten sind die Jungen erwachsen und können noch im gleichen Jahr selbst brüten. Die Art wird massiv bejagt, allein in den USA werden jährlich 45 Millionen Vögel geschossen.

Wegekuckuck *(oben links und rechts)*

Lateinisch: *Geococcyx californianus*
Familie: Kuckucke – Cuculidae
Verbreitung: SW-USA bis N-Mexiko
Lebensraum: Halbwüsten
Größe: 56 cm

Der langschwänzige, besser als „Roadrunner" bekannte Kuckuck ist ein bodenbewohnender Laufvogel, der sich von den verschiedensten Kleintieren, die die Halbwüste zu bieten hat, ernährt. Neben Skorpionen, Spinnen, Schlangen und Insekten werden aber auch Kaktusfrüchte und Samen gefressen. Das Nest befindet sich 1–3 m hoch im Gebüsch. Noch während das Männchen die 2–6 Jungen betreut, beginnt das Weibchen mit dem Bebrüten eines zweiten Geleges.

Gelbschnabelkuckuck *(unten)*

Lateinisch: *Coccyzus americanus*
Familie: Kuckucke – Cuculidae
Verbreitung: USA, Mittelamerika; im Winter S-Amerika
Lebensraum: Wälder, Dickichte, Sümpfe
Größe: 29–32 cm

Die langschwänzigen Kuckucke bauen selbst ein Nest in Bäumen und brüten dort 3–5 Eier aus. Vielfach werden aber Eier in Nester von Artgenossen gelegt, gelegentlich auch in die anderer Vogelarten. Um das Brutgeschäft kümmern sich beide Eltern. Die Jungvögel wachsen schnell heran und sind schon nach 8–9 Tagen flügge. Im Herbst überqueren sie auf dem Weg nach Südamerika Meere und können vom Brutgebiet aus 4 000 km im Direktflug zurücklegen.

Virginiauhu *(ganz oben)*

Lateinisch: *Bubo virginianus*
Familie: Eulen – Strigidae
Verbreitung: Alaska bis Argentinien
Lebensraum: Vielfältig: Wälder, Parks, Mangroven, Wüsten
Größe: 51–60 cm

Im riesigen Verbreitungsgebiet werden 12 Unterarten unterschieden, die als Anpassung an die verschiedenen Lebensräume eine Reihe von Färbungstypen umfassen. Allen gemeinsam sind buschige Federohren und eine gelbe Iris. Variabel ist entsprechend auch die Nahrung, doch werden Säuger bevorzugt. Gebrütet wird in alten Raben- oder Greifvogelnestern.

Ostkreischeule *(oben links)*

Lateinisch: *Otus asio*
Familie: Eulen – Strigidae
Verbreitung: SO-Nordamerika
Lebensraum: Wälder, Parks
Größe: 16–25 cm

Von dieser Eulenart gibt es eine graubraune und eine rotbraune Färbungsvariante. Die Jagd findet in der Dämmerung und nachts statt, wobei das breite Beutespektrum von Mäusen und Singvögeln bis zu Insekten und Flusskrebsen reicht. Das Nest befindet sich in tiefen Baumhöhlen, die von Spechten gebaut oder bei Windbruch entstanden sind. Sie erreichen ein Alter von bis zu 14 Jahren.

Fleckenkauz *(oben rechts)*

Lateinisch: *Strix occidentalis*
Familie: Eulen – Strigidae
Verbreitung: SW-Nordamerika
Lebensraum: Wälder mit Altholzbeständen
Größe: 41–48 cm

Die dunkelbraun-weiß gemusterten Fleckenkäuze haben ein dunkles Gesicht und dunkle Augen. Sie bewohnen meist über 200 Jahre alte Baumbestände, vermutlich wegen der günstigen Nistmöglichkeiten oder des guten Nahrungsangebots. Nachts machen sie Jagd auf verschiedene Säuger (z.B. Flughörnchen, Mäuse, Schneeschuhhasen), denen sie mit einem Schnabelhieb die Halswirbel durchtrennen.

Kaninchenkauz *(ganz oben)*

Lateinisch: *Athene cunicularia*
Familie: Eulen – Strigidae
Verbreitung: SW-Kanada bis Feuerland
Lebensraum: Offene, trockene Landschaften
Größe: 19–25 cm

Als Anpassung an ihr Leben am Boden haben Kaninchenkäuze recht lange Beine. Nachts gehen sie auf Jagd nach Insekten und Mäusen, während sie tagsüber meist wachsam in erhöhter Position sitzen. Zum Brüten benutzen sie Erdhöhlen, die von Säugetieren (z.B. Präriehunde, Stinktiere) gebaut wurden. Um Feinde abzuschrecken, imitieren sie die Geräusche einer Klapperschlange.

Elfenkauz *(oben links)*

Lateinisch: *Micrathene whitneyi*
Familie: Eulen – Strigidae
Verbreitung: S-USA, Mexiko
Lebensraum: Wüsten mit Kakteen, Wälder
Größe: 13–14 cm

Die kleinste Eulenart der Welt ist durch zimtbraunes Gefieder und einen kurzen Schwanz gekennzeichnet. Elfenkäuze sind ausschließlich nachtaktiv und jagen vor allem Nachtfalter, Zikaden und Käfer. Sie brüten fast immer in Spechthöhlen, in der Wüste in großen Kakteen und im Wald in Bäumen. Die im Süden der USA beheimateten Vögel überwintern in insektenreichen Gegenden Mexikos.

Sägekauz *(oben rechts)*

Lateinisch: *Aegolius acadicus*
Familie: Eulen – Strigidae
Verbreitung: S-Alaska bis Mexiko
Lebensraum: Nadel- und Mischwälder
Größe: 18–21 cm

Die kleinen, dunkelbraunen und vorderseits rötlich getupften Sägekäuze sind vor allem nächtliche Jäger. Dank ihres guten Gehörs und unterstützt durch hervorragendes Sehvermögen finden sie auch im besonders dunklen Nadelwald verschiedene Mäuse als Beute. Ihr Brutgeschäft verrichten sie in Spechthöhlen, wobei die 5–7 Eier nur auf Holzspänen liegen.

Nachtfalke *(oben)*

Lateinisch: *Chordeiles minor*
Familie: Nachtschwalben – Caprimulgidae
Verbreitung: N- und Mittelamerika; im Winter S-Amerika
Lebensraum: Savannen, Grasland, Felder, offene Wälder, Städte
Größe: 22–25 cm

Ebenso vielfältig wie die Lebensräume dieser gut getarnten Vögel ist deren Nistplatzwahl. Nester enthalten 1–3 Eier und wurden am Boden, auf Ästen und gelegentlich selbst zwischen Bahngleisen gefunden. In der Dämmerung jagen sie truppweise fliegende Insekten, wobei ihr weißes Flügelfeld sichtbar wird. Gern jagen sie rund um Straßenlaternen, die Insekten anlocken.

Schwarzkehl-Nachtschwalbe *(unten)*

Lateinisch: *Caprimulgus vociferus*
Familie: Nachtschwalben – Caprimulgidae
Verbreitung: SO-Nordamerika, Mexiko
Lebensraum: Wälder
Größe: 22–27 cm

Die an der dunklen Kehle erkennbaren Vögel tragen wie ihre Verwandten ein Gefieder, dass einer Baumrinde täuschend ähnlich sieht. So sind sie beim Brüten und bei ihrer Ruhephase am Tag bestens getarnt. Nachts jagen sie im Flug nach Insekten. Die Eiablage stimmen sie mit den Mondphasen ab, damit die Aufzucht bei Vollmond stattfindet, wenn helle Nächte gute Jagdbedingungen bieten.

Schornsteinsegler *(oben rechts)*

Lateinisch:	*Chaetura pelagica*
Familie:	Segler – Apodidae
Verbreitung:	SO-Kanada, USA; im Winter Ecuador bis N-Chile
Lebensraum:	Städte, Waldland
Größe:	12–13 cm

Die recht einfarbig braun gefärbten Segler brüten heute fast ausschließlich in Schornsteinen, in denen sie halbkreisförmige Nester aus Speichel und Zweigen bauen. Truppweise gehen sie im Luftraum auf Insektenjagd, ihre 2–7 Jungen werden anfangs alle 30 und später alle 45 Minuten gefüttert. Ende August machen sie sich auf den Weg nach Südamerika.

Rubinkehlkolibri *(oben links)*

Lateinisch:	*Archilochus colubris*
Familie:	Kolibris – Trochilidae
Verbreitung:	S-Kanada, O-USA; im Winter Mittelamerika
Lebensraum:	Laub- und Mischwälder, Parks, Gärten
Größe:	9 cm

Die einzigen Kolibris im Osten Nordamerikas machen sich ab August auf den Weg in ihr Winterquartier. Die nur 3 g schweren Vögel meiden dabei meist die Überquerung des Golfes von Mexiko und nehmen lieber einen Umweg entlang der Küste in Kauf. Auf der Suche nach Nektar besuchen sie gern rote und orangefarbene Blüten. Im Winter kann über 70 % der Nahrung aus Insekten bestehen.

Sternelfe *(Mitte)*

Lateinisch:	*Stellula calliope*
Familie:	Kolibris – Trochilidae
Verbreitung:	SW-Kanada bis Kalifornien; im Winter S-Mexiko
Lebensraum:	Bergwiesen, Waldränder
Größe:	7 cm

Der kleinste Vogel Nordamerikas schillert oberseits grün, der Artname stammt von den magentafarbenen, strahlenförmigen Streifen an der Kehle. Als Nektarfresser müssen sie im Herbst ihre kühle Gebirgsheimat verlassen und ziehen 4 500 km nach Süden. Da die Bergwiesen im Frühjahr noch schneebedeckt sind, fliegen sie auf dem Heimweg entlang der warmen Pazifikküste.

Zimtkolibri *(unten)*

Lateinisch:	*Selasphorus rufus*
Familie:	Kolibris – Trochilidae
Verbreitung:	NW-Nordamerika; im Winter S-USA, Mexiko
Lebensraum:	Halboffenes Gelände
Größe:	8,5 cm

Nur beim Männchen dominieren zimtfarbene Federpartien, das Weibchen schillert überwiegend in grünen Farbtönen. Zimtkolibris sind Zugvögel, die schon im Februar und März ins Brutgebiet zurückkehren, dafür aber auch im Juni und Juli wieder abwandern. Neben Nektar fressen sie auch kleine Insekten. An günstigen Nahrungsplätzen werden auch auf dem Zug Reviere verteidigt.

Carolinaspecht *(oben links)*

Lateinisch: *Melanerpes carolinus*
Familie: Spechte – Picidae
Verbreitung: O-USA
Lebensraum: Wälder
Größe: 24 cm

Bei den hübsch befiederten Spechten wird die Nisthöhle vom Männchen gebaut, das Weibchen hilft nur am Ende ein wenig mit. Sind die bis zu acht Jungen geschlüpft, haben beide Eltern viel zu tun, denn bis zu 45-mal pro Stunde wird gefüttert. Wenn die Jungen flügge sind, teilen sie sich in zwei Gruppen, die von je einem Elternteil noch bis zu sechs Wochen lang betreut werden.

Eichelspecht *(ganz oben links)*

Lateinisch: *Melanerpes formicivorus*
Familie: Spechte – Picidae
Verbreitung: W-USA bis N-Kolumbien
Lebensraum: Eichen- und Mischwälder
Größe: 23 cm

Obwohl diese Spechte auch andere Samen und Insekten fressen, besteht der größte Teil ihrer Nahrung aus Eicheln. Diese pflücken sie in der Regel direkt vom Baum, teilweise noch im unreifen Zustand. Viele Eicheln werden als Vorrat in Rindenspalten oder in extra ausgehämmerten Löchern versteckt. Sie brüten in Gruppen von 1–4 Männchen, 2–3 Weibchen und bis zu zehn Helfern.

Gilaspecht *(oben rechts)*

Lateinisch: *Melanerpes uropygialis*
Familie: Spechte – Picidae
Verbreitung: S-Kalifornien bis NW-Mexiko
Lebensraum: Wälder, Trockengebiete mit Kakteen, Gärten
Größe: 22–24 cm

Gilaspechte sind äußerst vielseitig in ihrer Ernährung. Sie nehmen Insekten, Vogeleier, Würmer und Eidechsen zu sich, fressen Kaktusfrüchte, Samen, Beeren und Eicheln sowie Nektar. Sie tauchen sogar kleine Borkenstücke oder Samen in Baumsaft, um ihn an ihre 2–7 Jungen zu verfüttern. Diese erbrüten sie in selbst gebauten Höhlen in Bäumen oder Kakteen.

Goldstirnspecht *(oben links)*

Lateinisch: *Melanerpes aurifrons*
Familie: Spechte – Picidae
Verbreitung: Texas bis Nicaragua
Lebensraum: Trockenes Gelände mit lockerer Bewaldung
Größe: 22–26 cm

Männchen und Weibchen haben jeweils einen goldgelben Stirnfleck und hämmern innerhalb von zwei Wochen eine Bruthöhle in einen Baum oder in einen hölzernen Zaunpfahl. Auch das Ausbrüten der bis zu sieben Eier und das Füttern der Jungen teilen sie sich. Ihre Nahrung besteht in erster Linie aus Insekten, daneben fressen sie auch Früchte, Beeren und Samen.

Rotkopfspecht *(rechts)*

Lateinisch: *Melanerpes erythrocephalus*
Familie: Spechte – Picidae
Verbreitung: S-Kanada, O-USA
Lebensraum: Offene Wälder, Gärten
Größe: 24 cm

Rotkopfspechte benötigen in ihrem Lebensraum abgestorbene Bäume zum Anlegen ihrer Bruthöhle sowie offene Bereiche zum Fangen von Insekten in der Luft. Die Nahrung ist vielfältig und umfasst neben verschiedensten Insekten auch Würmer, Früchte und Baumsaft sowie im Winter Eicheln und Nüsse. Mit dem Schnabel hämmern sie die Bruthöhlen kleinerer Vögel auf und rauben deren Jungvögel.

Kiefernsaftlecker *(ganz oben links)*

Lateinisch: *Sphyrapicus thyroideus*
Familie: Spechte – Picidae
Verbreitung: W-USA; im Winter bis Mexiko
Lebensraum: Bergwälder
Größe: 21–23 cm

Saftlecker haben sich darauf spezialisiert, winzige Löcher in Bäume zu hämmern, aus denen sie den Baumsaft aufnehmen. Auch vom süßen Saft angelockte Insekten werden gefressen. Kiefernsaftlecker sind etwas vielseitiger als verwandte Arten und nehmen auch andere Insekten und Beeren zu sich. Die 3–7 Jungen werden in einer selbst gezimmerten Baumhöhle aufgezogen.

Goldspecht *(oben links)*

Lateinisch: *Colaptes auratus*
Familie: Spechte – Picidae
Verbreitung: Alaska bis Nicaragua
Lebensraum: Offene Wälder, Wiesen, Parks, Gärten
Größe: 30–35 cm

Goldspechte sind zwar bunt gefärbt, ihr Name wird aber erst deutlich, wenn man im Flug die goldgelben Unterflügel sieht. Bei einigen der neun Unterarten sind diese jedoch kupferfarben. Ihr Brutrevier markieren Goldspechte mit Rufen und Schnabeltrommeln. Die Bruthöhle wird in Totholz gehämmert, doch werden auch Baumhöhlen oder Löcher in Zaunpfählen oder Telegrafenmasten benutzt.

Helmspecht *(ganz oben rechts)*

Lateinisch: *Dryocopus pileatus*
Familie: Spechte – Picidae
Verbreitung: S-Kanada bis SO-USA
Lebensraum: Wälder
Größe: 40–48 cm

Zur Balzzeit suchen sich die schwarz-weiß-roten Helmspechte hohle Bäume, damit ihr Schnabeltrommeln möglichst weit zu hören ist. Beide Elternteile hämmern gemeinsam eine Bruthöhle in dickstämmige Bäume. Meist haben sie 2–4 Junge, denen sie zuvor verschluckte Insekten hervorwürgen. Die Nahrungssuche findet am Boden statt, gefressen werden in erster Linie Ameisen.

Haarspecht *(oben rechts)*

Lateinisch: *Picoides villosus*
Familie: Spechte – Picidae
Verbreitung: Alaska bis Panama
Lebensraum: Wälder
Größe: 17–26 cm

Die 14 Unterarten unterscheiden sich stark in der Helligkeit des Bauch- und Kopfgefieders sowie in der Größe. Am kleinsten sind die Haarspechte in Mittelamerika, die größten leben in Kanada. Sie hämmern Insektenlarven aus Baumstämmen, fressen aber auch andere Wirbellose und Früchte. Gelegentlich besuchen sie die von Saftleckern angelegten „Zapfstellen" für Baumsaft.

Schnäppertyrann *(oben links)*

Lateinisch: *Myiarchus crinitus*
Familie: Tyrannen – Tyrannidae
Verbreitung: SO-Kanada, O-USA; im Winter S-Florida bis N-Südamerika
Lebensraum: Offene Wälder
Größe: 18–20 cm

Die leicht gehäubten Tyrannen jagen vom Ansitz aus nach Käfern, Schmetterlingen, Heuschrecken und Libellen, die sie im Flug aus der Luft schnappen oder am Boden fangen. Auch kleinere Eidechsen können sie erbeuten. Zum Brüten beziehen sie meist alte Spechthöhlen, doch benutzen sie auch Nistkästen. Oft müssen sie sich an ihrer Höhle gegenüber Staren oder Eichhörnchen behaupten.

Phoebe *(oben rechts)*

Lateinisch: *Sayornis phoebe*
Familie: Tyrannen – Tyrannidae
Verbreitung: N- und O-Nordamerika; im Winter S-USA bis Mexiko
Lebensraum: Wälder, Farmland
Größe: 18 cm

Der Name der langschwänzigen Tyrannen stammt vom im Sommer ständig von Männchen und Weibchen vorgetragenen, zweisilbigen Gesang („fii-bii"). Das Nest ist napfförmig und wird vom Weibchen aus Schlamm und Pflanzenmaterial unter Brücken oder an Gebäuden gebaut. Die Jagd nach fliegenden Insekten findet vom Ansitz aus statt. Im Winter werden auch Früchte und Samen gefressen.

Buchentyrann *(unten)*

Lateinisch: *Empidonax virescens*
Familie: Tyrannen – Tyrannidae
Verbreitung: O-USA; im Winter Mittelamerika, N-Südamerika
Lebensraum: Feuchte Wälder
Größe: 14–16 cm

Wie einige ihrer sehr ähnlichen, oft nur an der Stimme unterscheidbaren Verwandten halten Buchentyrannen von Ästen aus Ausschau nach Fluginsekten, um sie dann mit kurzem, aber wendigen Jagdflug zu erbeuten. Das Weibchen baut in einem Baum ein Nest, von dem einzelne Halme hinunterhängen. Sind die 2–4 Jungvögel flügge, beginnt das Weibchen bereits ein zweites Gelege.

Königstyrann *(oben links)*

Lateinisch: *Tyrannus tyrannus*
Familie: Tyrannen – Tyrannidae
Verbreitung: N-Amerika; im Winter N-Südamerika
Lebensraum: Waldränder, Farmland, Gärten
Größe: 21–23 cm

Königstyrannen verteidigen ihr Brutrevier vehement gegen Eindringlinge, insbesondere gegen Greifvögel und Krähen. Auch erkennen sie besser als andere Singvögel fremde, von Kuhstärlingen in ihr Nest gelegte Eier und entfernen diese. Vom Ansitz aus gehen sie der Insektenjagd nach, doch können sie auch aus dem Rüttelflug heraus Beeren von Büschen picken.

Scherentyrann *(oben rechts)*

Lateinisch: *Tyrannus forficatus*
Familie: Tyrannen – Tyrannidae
Verbreitung: S-USA, N-Mexiko; im Winter Mittelamerika
Lebensraum: Offenes Gelände
Größe: 30–38 cm

Scherentyrannen fallen durch ihre stark verlängerten äußeren Schwanzfedern auf, die im Sitzen fast waagrecht gehalten werden und beim akrobatischen Balzflug wie Bänder flattern. Die Nahrung setzt sich aus Insekten und Spinnen, aber auch aus Beeren und Früchten zusammen. Ihr Nest bauen sie in einzeln stehende Bäume und verteidigen es energisch gegen Krähen und Greifvögel.

Sumpfschwalbe *(unten)*

Lateinisch: *Tachycineta bicolor*
Familie: Schwalben – Hirundinidae
Verbreitung: Alaska bis Zentral-USA, im Winter S-USA bis Mittelamerika
Lebensraum: Offenes Gelände in Wassernähe
Größe: 13–15 cm

Die schwarzweißen Schwalben brüten in Baumhöhlen, oft in verlassenen Spechthöhlen, aber auch in Nistkästen. Sie bauen ein Nest aus Grashalmen, Moos und Federn, in dem sie 4–7 Junge aufziehen. Im Flug jagen sie Insekten, wobei sie sich bis zu 100 km vom Nest entfernen können. Bei schlechtem Wetter, wenn keine Insekten fliegen, nehmen sie auch Samen und Beeren zu sich.

Rubingoldhähnchen *(oben links)*

Lateinisch: *Regulus calendula*
Familie: Goldhähnchen – Regulidae
Verbreitung: Alaska bis S-USA; im Winter S- und W-USA bis Guatemala
Lebensraum: Nadel- und Mischwälder
Größe: 10–11 cm

Ähnlich den europäischen Goldhähnchen ist diese Art fast einfarbig olivgrau gefärbt, doch haben die Männchen auf dem Kopf einen roten Fleck. Der Gesang ist überraschend laut und flötend. Aus Moos, Flechten und Laub baut das Weibchen ein Nest unter den Ast eines Nadelbaums. Als Nahrung dienen Insekten, Spinnen, Samen und Früchte.

Grauwasseramsel *(oben rechts)*

Lateinisch: *Cinclus mexicanus*
Familie: Wasseramseln – Cinclidae
Verbreitung: Alaska bis W-USA, Mexiko
Lebensraum: Bergbäche
Größe: 18–22 cm

Wie ihre europäischen Verwandten können Grauwasseramseln in schnell fließenden Bächen sowohl schwimmen als auch tauchen. Oft stellen sie sich mit halb geöffneten Flügeln der Strömung entgegen. Sie erbeuten vor allem die im Wasser lebenden Larven von Insekten. Unmittelbar am Ufer wird ein aus Moos bestehendes Nest unter Wurzeln oder Steinen gebaut.

Sumpfzaunkönig *(Mitte)*

Lateinisch: *Cistothorus palustris*
Familie: Zaunkönige – Troglodytidae
Verbreitung: S-Kanada, USA; im Winter S-USA bis Mittelamerika
Lebensraum: Süß- und Brackwassersümpfe
Größe: 10–14 cm

Während in Europa nur eine Zaunkönigart vorkommt, leben in Amerika viele verschiedene Arten in unterschiedlichen Lebensräumen. Sumpfzaunkönige bewohnen mit Weiden und Schilf bestandene Sümpfe. Ein Männchen hat meist mehrere Weibchen, die jeweils ein kugelförmiges Nest bauen. Vom Männchen errichtete Nester werden teils als Ruheplatz genutzt.

Trauerseidenschnäpper *(unten)*

Lateinisch: *Phainopepla nitens*
Familie: Seidenschnäpper – Ptilogonatidae
Verbreitung: SW-USA bis Mexiko
Lebensraum: Buschland, Halbwüsten mit einzelnen Bäumen
Größe: 18–20 cm

Trauerseidenschnäpper sind die nördlichsten Vertreter der auf Mistelbeeren spezialisierten Familie. Da solche Beeren in ihrem Verbreitungsgebiet nicht ganzjährig zu finden sind, ergänzen sie ihre Nahrung durch Insekten, die sie im Flug aus der Luft fangen. Dabei werden dann in den Flügeln die großen weißen Abzeichen sichtbar.

Katzenvogel *(ganz oben)*

Lateinisch:	*Dumetella carolinensis*
Familie:	Spottdrosseln – Mimidae
Verbreitung:	S-Kanada, USA; im Winter SO-USA bis Panama
Lebensraum:	Gebüsche an Waldrändern und Flüssen, Gärten
Größe:	19–22 cm

Die überwiegend schiefergrau befiederten Vögel wurden nach ihrer katzenähnlichen Stimme benannt. Am Boden suchen sie nach Insekten, Spinnen und Tausendfüßlern, wobei sie Blätter beiseite räumen, um an die Beutetiere zu gelangen. Wenn im Sommer Früchte reifen, spielen diese eine immer größere Rolle bei der Ernährung und machen im Herbst 80 % der Nahrung aus.

Rote Spottdrossel *(oben links)*

Lateinisch:	*Toxostoma rufum*
Familie:	Spottdrosseln – Mimidae
Verbreitung:	S-Kanada, USA; im Winter S-USA
Lebensraum:	Waldland, Gebüsche, Gärten
Größe:	25 cm

Die kräftig gefärbten Vögel leben recht zurückgezogen in Gebüschen und halten sich in Bodennähe auf. Dort sammeln sie Insekten, kleine Wirbeltiere, Beeren und Früchte, doch zum Singen setzen sich die Männchen gern etwas erhöht auf Baumstümpfe oder Äste. Die 4–5 Eier legt das Weibchen in ein Nest, das sich ebenfalls nah am Boden in dichtem Gebüsch befindet.

Spottdrossel *(oben rechts)*

Lateinisch:	*Mimus polyglottos*
Familie:	Spottdrosseln – Mimidae
Verbreitung:	SO-Kanada bis Mexiko
Lebensraum:	Städte, Parks, Felder, Wüsten
Größe:	25–28 cm

Spottdrosseln sind hervorragende Sänger, die die Stimmen anderer Singvögel ebenso wie Maschinengeräusche in ihre Strophen einbauen. Noch unverpaarte Männchen singen häufig durchgehend Tag und Nacht. Spottdrosseln leben zwar in der Umgebung von Menschen, greifen diese aber ebenso wie Krähen und Greifvögel an, wenn sie in die Nähe des Nestes gelangen.

Rotkehl-Hüttensänger *(oben links)*

Lateinisch: *Sialia sialis*
Familie: Drosseln – Turdidae
Verbreitung: S-Kanada, O-USA, Mexiko
Lebensraum: Offenes Waldland, Parks, Gärten, Farmland
Größe: 18 cm

Die bunten Singvögel sitzen auf exponierten Ästen oder Leitungen, um von dort aus Insekten und Würmer am Boden zu fangen. Im Winter sind sie auf Beeren und Früchte angewiesen. Sie brüten zwei- bis dreimal jährlich, gern in alten Spechthöhlen. Durch die Konkurrenz mit anderen Höhlenbrütern (besonders die eingebürgerten Stare und Haussperlinge) ging ihr Bestand stark zurück.

Wanderdrossel *(oben rechts)*

Lateinisch: *Turdus migratorius*
Familie: Drosseln – Turdidae
Verbreitung: N-Amerika, Mexiko
Lebensraum: Wälder, Parks, Gärten, Tundra
Größe: 22–25 cm

Die bunt befiederten Drosseln spielen in Amerika eine ähnliche Rolle wie in Europa die Amseln. Sie sind häufige Bewohner von Siedlungen und suchen gern auf Grasflächen nach Würmern und anderen Wirbellosen. Die Brutvögel der USA sind zumeist Standvögel, die im Winter gern Futterhäuser besuchen; nördlichere Vögel überwintern südlich bis Mexiko.

Walddrossel *(unten)*

Lateinisch: *Hylocichla mustelina*
Familie: Drosseln – Turdidae
Verbreitung: O-USA; im Winter Mexiko bis Panama
Lebensraum: Wälder, Parks
Größe: 19–22 cm

Nach der Rückkehr aus dem Winterquartier wirbt das Männchen mit flötendem Gesang um ein Weibchen. In Bäumen oder Büschen sucht das Weibchen einen Standort für das nur von ihm gebaute Nest aus. Das Füttern der Jungvögel mit am Boden gsammelten Insekten übernehmen beide Partner. In Vorbereitung auf den Zug werden im Herbst vor allem Früchte gefressen.

Blaumückenfänger *(unten links)*

Lateinisch: *Polioptila caerulea*
Familie: Mückenfänger – Polioptilidae
Verbreitung: USA bis Guatemala
Lebensraum: Sumpfige Wälder, trockenes Buschland
Größe: 12–13 cm

Die schlanken Vögel bewegen sich unermüdlich im Geäst von Bäumen und Büschen umher, um Insekten zu fangen. In den dort gebauten Nestern teilen sich die Elternteile das Bebrüten der 4–5 Eier. Fast alle Brutvögel der USA – die östlichen leben in sumpfigen Wäldern, die westlichen in trockenem Gebüsch – verlassen ihr Brutgebiet im Herbst in Richtung Süden.

Schwarzkopfmeise *(oben)*

Lateinisch: *Parus atricapillus*
Familie: Meisen – Paridae
Verbreitung: N-USA bis Alaska
Lebensraum: Wälder; im Winter auch Gärten
Größe: 12–15 cm

Die nordamerikanischen Schwarzkopfmeisen sind die nahen Verwandten der eurasischen Weidenmeise. Ebenso wie diese bauen sie ihre Bruthöhle selbst in morsche Bäume und ziehen dort 6–8 Junge auf. Im Winter führen sie aus verschiedenen Vogelarten zusammengewürfelte Trupps an, die auch in Vorstädte eindringen und dort Futterhäuser besuchen.

Indianermeise *(unten rechts)*

Lateinisch: *Parus bicolor*
Familie: Meisen – Paridae
Verbreitung: O-USA, NO-Mexiko
Lebensraum: Laubwälder, Parks; im Winter auch Gärten
Größe: 15 cm

Auffälligstes Kennzeichen der grauen Meisen ist die graue, in Texas auch schwarze Haube. Ihre 5–6 Eier werden in Baumhöhlen oder Nistkästen ausgebrütet. Oft klammern sie sich an die Borke von Bäumen, um Spinnen und Insekten von der Unterseite der Äste zu picken. Im Winter ernähren sie sich von Samen und Nüssen, auch an Futterhäusern.

Weißbrustkleiber *(ganz oben links)*

Lateinisch: *Sitta carolinensis*
Familie: Kleiber – Sittidae
Verbreitung: S-Kanada bis N-Mexiko
Lebensraum: Laub- und Mischwälder
Größe: 13–15 cm

Weißbrustkleiber klettern mit dem Kopf voran an Baumstämmen hinunter und suchen dabei nach Insekten und Samen, die sie auch hinter der Borke als Vorrat für den Winter verstecken. Die Brut findet in einer Baumhöhle statt, wobei 5–6 Jungvögel aufgezogen werden. Auch im Winter bleibt ein Paar zusammen und verweilt im Bereich des Brutreviers.

Goldköpfchen *(ganz oben rechts)*

Lateinisch: *Auriparus flaviceps*
Familie: Beutelmeisen – Remizidae
Verbreitung: S-USA, N-Mexiko
Lebensraum: Wüsten, Halbwüsten
Größe: 10–11 cm

Die kleinen, gelbköpfigen Vögel hängen ihr kugelförmiges Nest in Kakteen und sehr dorniges Geäst, wo sie die 3–5 Eier bestens geschützt vor Feinden ausbrüten können. Zugleich ist es gut gepolstert, um Überhitzung zu vermeiden. Da man Goldköpfchen niemals beim Trinken beobachtet, nehmen sie die nötige Flüssigkeit wohl aus Insekten, Beeren und Samen auf.

Louisianawürger *(oben)*

Lateinisch: *Lanius ludovicianus*
Familie: Würger – Laniidae
Verbreitung: S-Kanada bis Mexiko
Lebensraum: Offenes Waldland, Grasland mit Bäumen, Obstgärten, Wüsten
Größe: 20–25 cm

Die grauschwarzen Würger sind das südliche Gegenstück zu den im Norden Nordamerikas und in Europa lebenden Raubwürgern. Ihre Nahrung besteht überwiegend aus großen Insekten, im Winter vermehrt auch aus kleinen Vögeln und Mäusen. Ein Teil der Beute wird als Vorrat in Dornenbüschen oder an Stacheldrahtzäunen aufgespießt.

Buschhäher *(oben links)*

Lateinisch: *Aphelocoma coerulescens*
Familie: Rabenvögel – Corvidae
Verbreitung: Florida
Lebensraum: Gestrüpp
Größe: 33 cm

Die nur in Florida vorkommende Art ist fast ganz blau gefärbt, nur Bauch, Kehle und Rücken sind grau. Buschhäher leben in kleinen Gruppen von bis zu zwölf Vögeln, die ein gemeinsames Territorium bewohnen. Ein Paar baut nahe am Boden ein großes Nest, alle anderen Gruppenmitglieder (oft Jungvögel der Vorjahre) halten Wache und helfen später beim Füttern der Jungen.

Blauhäher *(oben rechts)*

Lateinisch: *Cyanocitta cristata*
Familie: Rabenvögel – Corvidae
Verbreitung: O-Kanada, O-USA
Lebensraum: Laubwälder, Parks, Gärten
Größe: 30 cm

Die hübsch blau gefärbten Vögel sind sehr ruffreudig und aggressiv gegenüber anderen Vögeln, die sie von günstigen Nahrungsplätzen vertreiben. Blauhäher sind Allesfresser und gehen dabei sehr geschickt vor. Nüsse halten sie mit den Füßen fest und hacken sie mit dem Schnabel auf. Im Herbst verstecken sie die Nüsse, doch trotz dieser Vorratswirtschaft ziehen viele nach Süden.

Diademhäher *(unten)*

Lateinisch: *Cyanocitta stelleri*
Familie: Rabenvögel – Corvidae
Verbreitung: SW-Alaska bis Mittelamerika
Lebensraum: Nadelwälder
Größe: 30–34 cm

Die auf den Westen Nordamerikas beschränkten Häher sind durch ihre schwarze Haube unverkennbar. Im Bereich ihres Nestes, das gut verborgen im Geäst von Nadelbäumen gebaut wird, verhalten sie sich heimlich. Auch bei der Nahrungssuche halten sie still von Baumspitzen aus Ausschau. Gern kommen sie an Campingplätze und sammeln Abfälle.

Kiefernhäher *(Mitte)*

Lateinisch: *Nucifraga columbiana*
Familie: Rabenvögel – Corvidae
Verbreitung: W-Kanada bis N-Mexiko
Lebensraum: Nadelwälder im Gebirge
Größe: 35 cm

Im Sitzen wirken Kiefernhäher einfarbig grau mit schwarzen Flügeln. Im Flug blitzen aber der weiße Schwanz und ein weißes Flügelfeld auf. Sie fressen überwiegend Kiefernsamen, von denen sie im Herbst so viele verstecken, dass sie im Winter ausreichend Nahrung haben und ihr Brutgebiet nicht verlassen müssen. Die einzige Jahresbrut findet in dichtem Gehölz statt.

Amerikanerkrähe *(unten)*

Lateinisch: *Corvus brachyrhynchos*
Familie: Rabenvögel – Corvidae
Verbreitung: Kanada, USA
Lebensraum: Waldland, Parks, Felder
Größe: 43–53 cm

Die weit verbreiteten Krähen sind Allesfresser. Neben Insekten, Mäusen und Abfällen fressen sie auch Getreidekörner und sind deshalb bei Farmern unbeliebt. Sie können die Nester anderer Vögel plündern, andererseits profitieren diese Vögel vom Warnverhalten der Krähen. Ihre Nester bauen Amerikanerkrähen hoch in den Bäumen aus Zweigen.

Rotaugenvireo *(oben)*

Lateinisch: *Vireo olivaceus*
Familie: Vireos – Vireonidae
Verbreitung: Kanada bis SO-USA; im Winter N-Südamerika
Lebensraum: Laub- und Mischwälder
Größe: 13–14 cm

Rotaugenvireos gehören zu den häufigsten Singvögeln Nordamerikas und machen durch permanenten Gesang auf sich aufmerksam. Sie bewegen sich langsam durch Unterholz und Baumkronen von Wäldern und suchen Insekten. Im Winterquartier nehmen sie dagegen überwiegend Früchte zu sich. Das Nest mit 3–4 Eiern wird heftig verteidigt, selbst gegen große Spechte.

Goldzeisig *(oben links)*

Lateinisch: *Carduelis tristis*
Familie: Finken – Fringillidae
Verbreitung: S-Kanada, USA, im Winter bis N-Mexiko
Lebensraum: Offenes Gelände mit Büschen und Bäumen
Größe: 11 cm

Das prächtig schwarzgelb gefärbte Männchen sitzt meist singend im Geäst eines Baumes, während das schlicht graugrün befiederte Weibchen daneben das Nest baut. Auch das Bebrüten der 4–6 Eier übernimmt das Weibchen, wird dabei aber vom Männchen gefüttert. Truppweise suchen sie Samen am Boden, oft zusammen mit anderen Finkenvögeln.

Abendkernbeißer *(oben rechts)*

Lateinisch: *Coccothraustes vespertinus*
Familie: Finken – Fringillidae
Verbreitung: S-Kanada, W-USA, NW-Mexiko; im Winter auch O-USA
Lebensraum: Nadelwälder; im Winter auch Laubwälder, Gärten
Größe: 18–20 cm

Wie ihr dicker Schnabel vermuten lässt, ernähren sich die bunten Finken von Samen, doch auch von Beeren und Insekten. Im Winter leben sie in Trupps und besuchen gern Futterhäuser, wo sie bevorzugt Sonnenblumenkerne fressen. Dieses gute Nahrungsangebot hat schließlich zu einer Ausbreitung bis nach Neufundland geführt.

Hausgimpel *(Mitte)*

Lateinisch: *Carpodacus mexicanus*
Familie: Finken – Fringillidae
Verbreitung: S-Kanada bis Mexiko
Lebensraum: Buschland, Wüsten, Städte
Größe: 13–15 cm

Ursprünglich beschränkten sich Hausgimpel auf trockene Lebensräume im Westen Nordamerikas. Entflogene Käfigvögel etablierten sich seit 1940 zunächst in New York und breiteten sich schließlich über die gesamte USA aus, wo sie Parks und Gärten in Städten bewohnen. Sie brüten bis zu viermal im Jahr, wobei ein Gelege aus 3–5 Eiern besteht.

Rosenbauch-Schneegimpel *(unten)*

Lateinisch: *Leucosticte arctoa*
Familie: Finken – Fringillidae
Verbreitung: W-Nordamerika bis Mittelsibirien
Lebensraum: Gebirge, Bergtundra
Größe: 15–17 cm

Oberhalb der Baumgrenze suchen diese Finkenvögel nach Samen, die vom Wind in die Hochlagen geweht wurden. In zur Brutzeit ausgebildeten Kehltaschen transportieren sie diese zu ihren 3–5 Jungvögeln, die in einem Nest in einer Felshöhle aufwachsen. Brutvögel aus Alaska ziehen im Herbst nach Süden, die aus den südlicheren Gebirgen oft nur in tiefere Lagen.

Goldwaldsänger *(oben)*

Lateinisch:	*Dendroica petechia*
Familie:	Waldsänger – Parulidae
Verbreitung:	Alaska bis N-Südamerika
Lebensraum:	Offene Landschaften mit Gebüschen, Mangroven
Größe:	12–13 cm

Im riesigen Verbreitungsgebiet kommen 33 Unterarten vor. Allen gemeinsam ist ein goldgelbes Gefieder; mittel- und südamerikanische Brutvögel haben aber einen ganz oder teilweise rotbraun gefärbten Kopf. Alle nordamerikanischen Goldwaldsänger sind Zugvögel, die in Mittel- und Südamerika überwintern. Sie sammeln Insekten von Blättern oder schnappen nach ihnen im Flug.

Tigerwaldsänger *(Mitte)*

Lateinisch:	*Dendroica tigrina*
Familie:	Waldsänger – Parulidae
Verbreitung:	S-Kanada; im Winter Karibik
Lebensraum:	Wälder, im Winter auch Parks, Gärten
Größe:	13 cm

Die Männchen sind bunt mit schwarz gestrichelter, gelber Unterseite und braunen Wangen. Die Weibchen wirken wie eine blassere Variante. Während im tropischen Winterquartier vor allem Nektar und Beeren gefressen werden, besteht die Nahrung im Brutgebiet aus Insekten. Tigerwaldsänger profitieren vom Massenauftreten eines Forstschädlings und haben dann bis zu neun Junge.

Kronwaldsänger *(unten)*

Lateinisch:	*Dendroica coronata*
Familie:	Waldsänger – Parulidae
Verbreitung:	Alaska, Kanada, W-USA; im Winter S-USA bis Kanada
Lebensraum:	Wälder
Größe:	13–14 cm

Kronwaldsänger sind nach dem gelben Kopffleck des Männchens benannt. Sie halten sich in den oberen Bereichen von Bäumen auf, wo sie Insekten von Blättern und Nadeln picken oder im Flug fangen. Im Winter spielen auch Früchte eine Rolle. Das Nest wird meist in einem Nadelbaum gebaut und enthält 3–5 Eier, auf denen das Weibchen 12–13 Tage lang brütet.

Fichtenwaldsänger *(ganz oben)*

Lateinisch: *Dendroica fusca*
Familie: Waldsänger – Parulidae
Verbreitung: S-Kanada, NO-USA; im Winter N-Südamerika
Lebensraum: Nadelwald; im Winter tropische Bergwälder
Größe: 13 cm

Den schlichten Weibchen stehen prächtig gefärbte Männchen mit orangeroter Kehle gegenüber. Die 4–5 Eier werden in ein napfförmiges Nest, das sich hoch im Nadelbaum befindet, gelegt und 11–13 Tage lang vom Weibchen bebrütet. Im Herbst ziehen die Insektenfresser über Mittelamerika ins Winterquartier, auf dem Rückweg nehmen sie den kürzesten Weg quer über den Golf von Mexiko.

Pieperwaldsänger *(oben links)*

Lateinisch: *Seiurus aurocapillus*
Familie: Waldsänger – Parulidae
Verbreitung: O-USA bis Zentralkanada; im Winter S-USA bis Panama
Lebensraum: Laub- und Mischwälder; im Winter tropischer Regenwald
Größe: 13–15 cm

Sowohl der ruckartige Gang am Boden, bei dem im Laub nach Insekten und Spinnen gesucht wird, als auch die Gefiederfärbung erinnern an die Familie der Pieper. Aus Gras, Laub und Moos wird unter Büschen ein überdachtes Nest gebaut, in dem das Weibchen 3–6 Eier ausbrütet. Schon Ende Juli beginnt der Zug nach Süden, um erst ab Ende April zurückzukehren.

Zitronenwaldsänger *(oben rechts)*

Lateinisch: *Protonotaria citrea*
Familie: Waldsänger – Parulidae
Verbreitung: O-USA; im Winter Karibik, S-Mexiko bis N-Südamerika
Lebensraum: Sumpfige Wälder; im Winter auch Mangroven
Größe: 14 cm

Die zitronengelben Waldsänger zeigen einige für ihre Familie ungewöhnliche Verhaltensweisen. So bleiben die Paare auch im Winterquartier zusammen und sammeln sich abends zu Schlafplatztrupps. Außerdem brüten sie in Baumhöhlen, wobei sie oft alte Spechthöhlen benutzen. Insekten und Spinnen suchen sie vor allem an den unteren Ästen von Bäumen.

Scharlachtangare *(oben links)*

Lateinisch: *Piranga olivacea*
Familie: Tangaren – Thraupidae
Verbreitung: O-USA; im Winter N-Südamerika
Lebensraum: Wälder
Größe: 15–17 cm

Trotz ihres leuchtend roten Gefieders sind die Männchen im dichten Laub fast ebenso schwer zu entdecken wie die grün gefärbten Weibchen. Außerhalb der Brutzeit tragen auch die Männchen ein grünes Federkleid. Auf einem waagrechten Ast platzieren sie das Nest, in dem bis zu vier Jungvögel aufwachsen. Die Nahrung besteht aus Insekten und Früchten.

Schwirrammer *(oben rechts)*

Lateinisch: *Spizella passerina*
Familie: Ammern – Emberizidae
Verbreitung: Kanada bis Nicaragua
Lebensraum: Wälder, offenes Waldland, Parks, Gärten
Größe: 12–14 cm

Der von Baumspitzen aus vorgetragene Gesang aus Tönen in gleicher Höhe kann so schnell werden, dass er sich wie ein Schwirren anhört. Die an ihrer kastanienbraunen Kappe erkennbaren Vögel halten sich sonst meist am Boden auf, wo sie Samen und zur Brutzeit auch Insekten fressen. Im Winter besuchen sie häufig Futterhäuser. Das Nest wird in einem dichten Busch gebaut.

Prärieammer *(unten)*

Lateinisch: *Calamospiza melanocorys*
Familie: Ammern – Emberizidae
Verbreitung: Zentral-USA; im Winter S-USA bis N-Mexiko
Lebensraum: Prärien, trockene Ebenen, im Winter Ackerland, Halbwüsten
Größe: 18 cm

Die schwarzen Männchen zeigen im Flug ein leuchtend weißes Flügelfeld. Die bräunlichen Weibchen sind dagegen unscheinbar und damit am Boden gut getarnt. Gewöhnlich brüten sie in großen, aber lockeren Kolonien. Die Jungen werden fast nur mit Heuschrecken gefüttert, Altvögel fressen auch andere Insekten und Samen. Im Winter schließen sie sich zu großen Schwärmen zusammen.

Junko *(rechts)*

Lateinisch: *Junco hyemalis*
Familie: Ammern – Emberizidae
Verbreitung: Alaska, Kanada, W- und N-USA; im Winter S-Kanada bis N-Mexiko
Lebensraum: Waldland; im Winter Waldränder, Felder, Gärten
Größe: 13–14 cm

Von den häufigen Ammern werden 15 Unterarten unterschieden, deren Männchen sich anhand der Gefiederfärbung in eine grauweiße, schwarzrostbraune und graubraune Gruppe einteilen lassen. Die nördlichen Populationen sind Zugvögel und leben im Winter in Trupps. Die Männchen überwintern weiter nördlich als die Weibchen, um im Frühjahr ein günstiges Revier im Brutgebiet zu besetzen.

Singammer *(unten links)*

Lateinisch: *Melospiza melodia*
Familie: Ammern – Emberizidae
Verbreitung: N-Amerika
Lebensraum: Buschiges Gelände
Größe: 14 cm

Alle 29 Unterarten sind überwiegend braun gefärbt und unterseits gestrichelt. Der Artname stammt vom während der Brutzeit von morgens bis abends, teilweise auch nachts fast pausenlos von erhöhten Punkten aus erklingenden trillernden Gesang. Das Nest mit 3–6 Eiern befindet sich in dichtem Pflanzenbewuchs am Boden, auch die Suche nach Sämereien und Insekten findet am Boden statt.

Weißkehlammer *(unten rechts)*

Lateinisch: *Zonotrichia albicollis*
Familie: Ammern – Emberizidae
Verbreitung: Kanada, NO-USA; im Winter USA
Lebensraum: Offenes Waldland; im Winter Gebüsche, Gärten, Städte
Größe: 15–17 cm

Die in Nordamerika sehr häufigen Ammern haben einen hübschen gelben Fleck vor dem Auge. Der angenehm pfeifende Gesang besteht aus zwei Einzeltönen und drei darauffolgenden Silben und kann entsprechend der Brutheimat mit „pure sweet Canada" umschrieben werden. Sie ernähren sich überwiegend von Samen und besuchen deshalb im Winter Futterhäuser.

Rotkardinal *(links)*

Lateinisch: *Cardinalis cardinalis*
Familie: Kardinäle – Cardinalidae
Verbreitung: SO-Kanada bis S-Mexiko
Lebensraum: Waldland, Gärten
Größe: 22 cm

Im Winter sind die prächtig roten Männchen und die unauffällig braunen Weibchen häufige Gäste an Futterhäusern, wo sie gern Sonnenblumenkerne verzehren. Ihre natürliche Nahrung besteht aus Insekten, Samen, Früchte und Knospen. Rotkardinäle sind fleißige Brüter, denn bis zu viermal im Jahr haben sie Nachwuchs. Der Gesang wird von Männchen und Weibchen ganzjährig vorgetragen.

Papstfink *(unten links)*

Lateinisch: *Passerina ciris*
Familie: Kardinäle – Cardinalidae
Verbreitung: S-USA, N-Mexiko; im Winter Florida, Mexiko bis Panama
Lebensraum: Buschiges Gelände, Gärten
Größe: 13–14 cm

Die Männchen sind papageienartig bunt, die Weibchen tragen dagegen ein tarnfarben grünliches Gefieder. Ab Ende April wird ein Nest in dichter Bodenvegetation gebaut, das gesamte Brutgeschäft ist Sache des Weibchens. Wegen des hübschen Gefieders werden Papstfinken häufig für die Käfighaltung gefangen, was zusammen mit Lebensraumverlusten zu einer Bestandsabnahme geführt hat.

Rosenbrust-Kernknacker *(unten rechts)*

Lateinisch: *Pheucticus ludovicianus*
Familie: Kardinäle – Cardinalidae
Verbreitung: S-Kanada, NO-USA; im Winter Mexiko bis N-Südamerika
Lebensraum: Waldland, baumbestandene Flüsse
Größe: 20 cm

Die Männchen sind mit schwarzem Kopf und roter Brust hübsch anzusehen, die Weibchen sind braun und haben einen hellen Überaugenstreif. Der dicke Schnabel verrät, dass sie sich von Körner und Früchten ernähren, aber auch von Insekten. Beide Elternteile kümmern sich um die Brut, zuletzt aber nur noch das Männchen, während das Weibchen schon ein neues Gelege produziert.

Bobolink *(ganz oben)*

Lateinisch:	*Dolichonyx oryzivorus*
Familie:	Stärlinge – Icteridae
Verbreitung:	S-Kanada, N-USA; im Winter S-Amerika
Lebensraum:	Grasland, Feuchtgebiete, Reisfelder
Größe:	16–18 cm

Von März bis August tragen die Männchen ein überwiegend schwarzes Brutkleid, sonst ähneln sie den schlicht braunen Weibchen. Die Männchen leben polygam und haben meist mehrere Weibchen, die jeweils 4–7 Eier legen. Auf dem Zug nach Südamerika sammeln sie sich zu großen Trupps und machen auf den Reisfeldern im Süden der USA Zwischenstation.

Lerchenstärling *(oben links)*

Lateinisch:	*Sturnella magna*
Familie:	Stärlinge – Icteridae
Verbreitung:	O- und S-USA bis N-Südamerika
Lebensraum:	Wiesen, Felder, Prärien
Größe:	23–25 cm

Auf Zaunpfählen singende Männchen sind eine typische Erscheinung im nordamerikanischen Farmland. Die Männchen leben polygam, ihre Weibchen brüten am Boden von Wiesen und verlieren die aus 3–7 Eiern bestehenden Gelege häufig bei der Mahd. Auch durch Schlangen, Füchse und Stinktiere gehen viele Bruten verloren.

Rotschulterstärling *(oben rechts)*

Lateinisch:	*Agelaius phoeniceus*
Familie:	Stärlinge – Icteridae
Verbreitung:	N- und Mittelamerika
Lebensraum:	Feuchtgebiete, Wiesen, Felder
Größe:	18–19 cm

Der auffälligste Teil des weit hörbaren Gesangs des Männchens ist ein langer, heiserer Ton. Beim Singen spreizen sie die Flügel leicht ab und zeigen ein rotgelbes Flügelfeld. Bis zu dreimal im Jahr kann ein Paar 3–5 Jungvögel aufziehen. Nach der Brutzeit sammeln sich Rotschulterstärlinge zu Schwärmen, in denen die kanadischen Brutvögel auch nach Süden ziehen.

Baltimoretrupial *(oben links)*

Lateinisch: *Icterus galbula*
Familie: Stärlinge – Icteridae
Verbreitung: O-Nordamerika; im Winter SO-USA, Mittelamerika bis N-Südamerika
Lebensraum: Offene Wälder
Größe: 17–19 cm

Die hübsch schwarz und orangefarben befiederten Vögel weben im Geäst von Bäumen ein taschenförmiges, oben offenes Nest. Das Gelege besteht aus 4–6 Eiern, die allein vom Weibchen ausgebrütet werden. Baltimoretrupiale fressen vor allem Raupen, aber auch Beeren und Nektar. Insekten können sie mit kurzen Flügen aus der Luft schnappen.

Brillenstärling *(oben rechts)*

Lateinisch: *Xanthocephalus xanthocephalus*
Familie: Stärlinge – Icteridae
Verbreitung: S-Kanada, W-USA; im Winter S-USA bis Mexiko
Lebensraum: Feuchtgebiete, offene Landschaften
Größe: 20–28 cm

Die prächtig gefärbten Männchen sind deutlich größer als die blasseren Weibchen. Brillenstärlinge brüten in dichten Kolonien in Bäumen, meist in der Nähe von Gewässern. Ihre Nester werden aus Pflanzenmaterial und Schlamm gebaut. Truppweise suchen sie am Boden nach Insekten und Samen, im Winterquartier bilden sie Schwärme von mehreren Millionen Vögeln.

Purpurgrackel *(unten)*

Lateinisch: *Quiscalus quiscula*
Familie: Stärlinge – Icteridae
Verbreitung: S-Kanada, O-USA
Lebensraum: Offenes Waldland, Parks, Felder
Größe: 28–33 cm

Wie der wissenschaftliche Name andeutet, haben Purpurgrackel einen quietschenden Gesang, der wie ein rostiges Scharnier klingt. Sie brüten einzeln oder in lockeren Kolonien, wobei die Nester in allen Stockwerken von Büschen und Bäumen gebaut werden und fünf Eier enthalten. Neben Insekten und Körnern fressen sie Krebse, Frösche, Mäuse sowie auch Vogeleier.

Mittel- und Südamerika

Bunte Papageien, Tukane und Kolibris als Bewohner tropischer Regenwälder sind sicherlich die bekanntesten Vögel im Süden der Neuen Welt. Doch auch die Pampa, das Hochgebirge der Anden und der fischreiche Humboldtstrom vor der Pazifikküste sorgen dafür, dass dieser Kontinent mit 2500 Vogelarten der mit Abstand formenreichste ist.

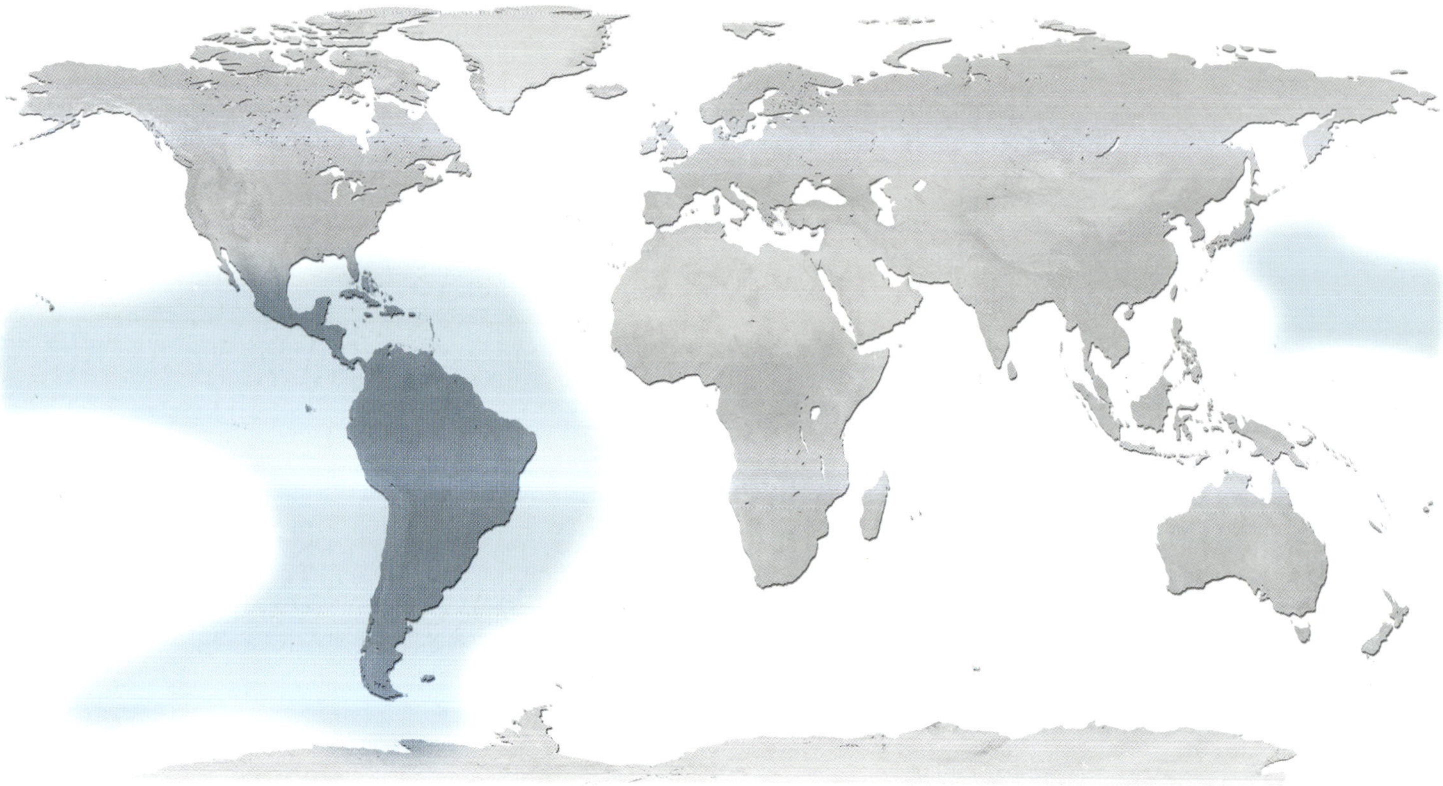

Darwin-Nandu *(oben)*

Lateinisch: *Pterocnemia pennata*
Familie: Nandus – Rheidae
Verbreitung: N-Chile bis Feuerland
Lebensraum: Hochebenen bis 4 500 m, Grasland
Größe: 92–100 cm

Die kleinere Nanduart fällt durch weiße Federspitzen auf und ersetzt die größere Art in den Hochebenen der mittleren Anden und in den Grasländern Südargentiniens. Darwin-Nandus bewegen sich gemächlich und haben den Hals fast immer zum Boden gesenkt, um Gras, Samen und kleine Tiere aufpicken zu können. Oft sind sie dabei mit grasenden Lamas vergesellschaftet. Auch beim Darwin-Nandu zieht das Männchen bis zu 30 Jungvögel mehrerer Weibchen auf.

Nandu *(unten)*

Lateinisch: *Rhea americana*
Familie: Nandus – Rheidae
Verbreitung: S-Brasilien bis Argentinien
Lebensraum: Grasland
Größe: 127–140 cm

Nandus sind große bräunliche, flugunfähige Laufvögel, die in ihrer Gestalt sehr an Strauße erinnern. Sie sind typische Bewohner der Pampa und ernähren sich größtenteils von Pflanzen, aber auch von Heuschrecken, Eidechsen und anderen kleinen Tieren. Männchen halten sich einen Harem von bis zu 15 Weibchen, die ihre Eier alle in eine gemeinsame Nestmulde legen und das Bebrüten der bis zu 80 Eier sowie die Jungenaufzucht allein dem Männchen überlassen.

Perlsteißhuhn *(oben)*

Lateinisch: *Eudromia elegans*
Familie: Steißhühner – Tinamidae
Verbreitung: Argentinien, S-Chile
Lebensraum: Trockenes Grasland, offenes Waldland
Größe: 38–41 cm

Neben Insekten fressen die Bodenvögel auch Früchte und Samen. Um diese im Magen besser zerkleinern zu können, nehmen sie auch Steinchen zu sich. Im Schutz eines Busches legt das Weibchen 5–6 Eier, die meist vom Männchen ausgebrütet werden. Bei beiden Geschlechtern ist Polygamie nicht ungewöhnlich. Im Winter werden Trupps von bis zu 100 Vögeln gebildet.

Pampahuhn *(unten links)*

Lateinisch: *Rhynchotus rufescens*
Familie: Steißhühner – Tinamidae
Verbreitung: Brasilien bis Argentinien
Lebensraum: Grasland, offenes Waldland, Getreidefelder
Größe: 39–42 cm

Mit dem Schnabel scharren Pampahühner am Boden, um Insekten freizulegen. Ihre Lieblingsnahrung sind im Sommer Heuschrecken, während sie im Winter überwiegend Samen und Früchte verzehren. Die meist fünf Eier werden in einer Mulde am Boden drei Wochen lang bebrütet. Die Küken wachsen schnell heran und haben schon nach drei Wochen ein den Altvögeln ähnliches Gefieder.

Großtinamu *(unten rechts)*

Lateinisch: *Tinamus major*
Familie: Steißhühner – Tinamidae
Verbreitung: SO-Mexiko bis Brasilien
Lebensraum: Dichte Regenwälder
Größe: 40–46 cm

Wegen ihres wohlschmeckenden Fleisches werden die am Boden lebenden Steißhühner stark von Ureinwohnern und Siedlern bejagt und kommen deshalb nur noch tief im dichten Wald vor. Sie ernähren sich dort von Beeren, Samen und Früchten, picken aber auch kleinere Tiere auf. Zwischen Wurzeln großer Bäume scharren sie eine Mulde aus, in der 3–6 Eier ausgebrütet werden.

Humboldtpinguin *(oben)*

Lateinisch: *Spheniscus humboldti*
Familie: Pinguine – Spheniscidae
Verbreitung: Peru, N-Chile, Humboldtstrom
Lebensraum: Felsige Küsten, Küstengewässer
Größe: 65–70 cm

Die schwarzweiß gemusterten Humboldtpinguine haben als typisches Merkmal einen fleischfarbenen Schnabelansatz. Durch die Brut in Höhlen oder zwischen Felsen schützen sie sich gegen die Hitze. Sie ernähren sich von kleinen Schwarm- und Tintenfischen und profitieren dabei vom Nahrungsreichtum des Humboldtstroms. In El-Niño-Jahren können tausende an Nahrungsmangel zugrunde gehen.

Magellanpinguin *(unten rechts)*

Lateinisch: *Spheniscus magellanicus*
Familie: Pinguine – Spheniscidae
Verbreitung: S-Südamerika
Lebensraum: Sandküsten, Ozean
Größe: 70–76 cm

Magellanpinguine ähneln sehr dem Humboldtpinguin und dem südafrikanischen Brillenpinguin, sind aber etwas größer und haben einen dicken schwarzen Schnabel. An Stränden oder sandigen Hügeln graben sie mit ihren Füßen Bruthöhlen in den Boden, in denen zwei Eier ausgebrütet werden. Jungvögel versammeln sich oft in Gruppen am

Galapagospinguin *(unten links)*

Lateinisch: *Spheniscus mendiculus*
Familie: Pinguine – Spheniscidae
Verbreitung: Galapagosinseln
Lebensraum: Lavafelder, Küstengewässer
Größe: 48–53 cm

Als einzige Pinguinart kommen diese kleinen, recht schmalschnäbeligen Pinguine in tropischen Gewässern vor. In der Regel nutzen sie den Fischreichtum des Humboldtstroms aus. Im El-Niño-Jahr 1982/1983 verhungerten jedoch 77 % der Vögel durch Nahrungsmangel. Durch mehrmaliges Brüten im Jahr können solche Verluste aber allmählich wieder ausgeglichen werden.

LAPPENTAUCHER

Rollandtaucher *(oben)*

Lateinisch: *Rollandia rolland*
Familie: Lappentaucher – Podicipedidae
Verbreitung: Peru bis Feuerland
Lebensraum: Seen, Tümpel, Flüsse, Fjorde
Größe: 24–36 cm

Von den Küsten bis hin zu 4 500 m hoch in den Anden gelegenen Seen bewohnen Rollandtaucher ein breites Spektrum von Gewässern. Sie tauchen dort nach kleinen Fischen und Wasserinsekten. Ihre Nester sind schwimmende Plattformen aus Wasserpflanzen, die in der benachbarten Vegetation verankert werden und sich gelegentlich in Kolonien befinden. Wenn im Süden des Kontinents ihre Brutgewässer zutrieren, ziehen sie zur Küste.

RÖHRENNASEN

Galapagosalbatros *(links und unten)*

Lateinisch: *Diomedea irrorata*
Familie: Albatrosse – Diomedeidae
Verbreitung: Galapagosinseln, Ozean vor NW-Südamerika
Lebensraum: Lavafelder, Ozean
Größe: 85–93 cm

Fast der gesamte Bestand dieser bräunlichen, gelbschnäbeligen Albatrosart brütet auf der Insel Española der Galapagosgruppe, doch 50 Paare haben sich auf der kleinen Insel La Plata vor der ecuadorianischen Küste angesiedelt. Ihre Brutkolonien befinden sich auf vegetationslosen Lavafeldern. Galapagosalbatrosse leben nur in tropischen Gewässern und jagen dort Fische und Tintenfische – letztere besonders nachts, wenn diese näher an die Oberfläche kommen.

Rotschnabel-Tropikvogel *(oben)*

Lateinisch: *Phaethon aethereus*
Familie: Tropikvögel – Phaethontidae
Verbreitung: Tropische Ozeane
Lebensraum: Kleine Felseninseln, offenes Meer
Größe: 90–105 cm (inkl. Schwanzspieße)

Ihr einziges Ei legen Tropikvögel meist in Felsspalten, um die sie heftig miteinander kämpfen. Außer zum Brüten kommen sie kaum an Land und gehen auf offener See der Nahrungssuche nach. Fische und Tintenfische fangen sie durch Stoßtauchen, besonders gern fangen sie fliegende Fische aus der Luft. Zum Festhalten haben sie sehr scharfe, mit Zähnchen ausgestattete Schnabelkanten.

Blaufußtölpel *(Mitte)*

Lateinisch: *Sula nebouxii*
Familie: Tölpel – Sulidae
Verbreitung: Pazifikküste von Mexiko bis Peru
Lebensraum: Felsküsten, Küstengewässer
Größe: 76–84 cm

Als einzige Tölpelart haben die braunweiß befiederten Vögel leuchtend blaue Füße. Da sie keinen Brutfleck haben, umschließen sie ihre beiden Eier mit den Schwimmhäuten der Füße, um die Temperatur der Eier zu regulieren. Sie bilden große Brutkolonien und suchen Nahrung in den Küstengewässern. Truppweise stürzen sie sich aus großer Höhe ins Wasser, um Fische zu fangen.

Weißbauchtölpel *(unten)*

Lateinisch: *Sula leucogaster*
Familie: Tölpel – Sulidae
Verbreitung: Tropische Ozeane
Lebensraum: Felsige Inseln, Ozean
Größe: 64–74 cm

Mit ihrem dunklen Gefieder ähneln Weißbauchtölpel den Jungvögeln anderer Tölpel. Sie bevorzugen kleinere Brutkolonien an steilen Felsen, brüten aber notfalls auch an flachen Küsten. Beim Fischfang stoßen sie aus der Luft schräg ins Wasser. Besonders die Weibchen betätigen sich als Räuber und nehmen Maskentölpeln auf dem Weg zur Kolonie deren Beute ab.

Rotfußtölpel *(rechte Seite oben links)*

Lateinisch: *Sula sula*
Familie: Tölpel – Sulidae
Verbreitung: Tropische Ozeane
Lebensraum: Kleine Inseln, Ozean
Größe: 66–77 cm

Die weltweit häufigsten Tölpel kommen in mehreren weißen bis braunen Farbvarianten vor, aber alle haben rote Füße. Der Bestand verteilt sich auf hunderte Kolonien, die kleiner sind als bei anderen Tölpeln. Das Weibchen legt zwei Eier, doch wird meist nur ein Junges flügge. Fische jagen sie durch steiles Stoßtauchen, dabei bleiben sie in der Nähe der Küste.

Maskentölpel *(oben rechts)*

Lateinisch: *Sula dactylatra*
Familie: Tölpel – Sulidae
Verbreitung: Tropische Ozeane
Lebensraum: Felsige Inseln, offenes Meer
Größe: 81–92 cm

Maskentölpel brüten in kleinen Kolonien und fliegen zur Nahrungssuche bis zu 1 000 km auf das Meer hinaus. Dadurch müssen die beiden Küken lange Fastenzeiten ertragen. Um den Nahrungsmangel zu mildern, tötet ein Küken meist das andere. Maskentölpel bevorzugen bis zu 40 cm lange Fische und damit größere Beute als die anderen Tölpel.

Guanoscharbe *(unten)*

Lateinisch: *Phalacrocorax bougainvillii*
Familie: Kormorane – Phalacrocoracidae
Verbreitung: Peru, Chile
Lebensraum: Küstengewässer
Größe: 71–76 cm

Zusammen mit Pelikanen und Tölpeln sind diese Kormorane die typischen Guanovögel, deren Kot in den Brutkolonien industriell abgebaut und als Dünger verkauft wurde. Lebten einst entlang des fischreichen Humboldtstroms 30 Millionen Guanoscharben, so haben der Guanoabbau und intensive Fischerei die Bestände stark schrumpfen lassen. Normalerweise hat ein Paar drei Junge, in Jahren mit schlechtem Nahrungsangebot (El Niño) fällt die Brut aus.

Blauaugenscharbe *(unten links)*

Lateinisch: *Phalacrocorax atriceps*
Familie: Kormorane – Phalacrocoracidae
Verbreitung: S-Südamerika
Lebensraum: Meeresküsten, Binnenseen
Größe: 68–76 cm

Zum Brüten sammeln sich Blauaugenscharben in riesigen Kolonien, in denen sich hunderttausende von Vögeln aufhalten können. Die kegelförmigen Nester werden aus Tang, Schlamm und Guano gebaut und befinden sich auf Felsabsätzen, oft in Nachbarschaft anderer Seevogelarten. Die Weibchen brüten meist drei Eier aus, die Nestlinge werden mit Fisch und Krebsen gefüttert.

Galapagosscharbe *(unten rechts)*

Lateinisch: *Nannopterum harrisi*
Familie: Kormorane – Phalacrocoracidae
Verbreitung: Galapagosinseln
Lebensraum: Felsküsten, Küstengewässer
Größe: 89–100 cm

Als die große Kormoranart einst die Galapagosinseln besiedelte, fand sie dort keine Feinde vor und konnte es sich leisten, die Flugfähigkeit aufzugeben. Im Gegenzug entwickelten sich starke, zum Gehen und Schwimmen geeignete Beine. Eingeführte Raubtiere und Nahrungsmangel in El-Niño-Jahren brachten die auch Stummelkormoran genannten Fischfresser an den Rand des Aussterbens.

Prachtfregattvogel *(oben)*

Lateinisch: *Fregata magnificens*
Familie: Fregattvögel – Fregatidae
Verbreitung: Pazifik- und Atlantikküste von Mittel- und S-Amerika, W-Afrika
Lebensraum: Kleine Inseln, Mangroven, Küstengewässer
Größe: 89–114 cm

Die größten Fregattvögel sind für ihr eindrucksvolles Balzspiel bekannt, bei dem die Männchen ihren roten Kehlsack wie einen Luftballon aufblasen. Sie ernähren sich von Fischen und Tintenfischen; stellenweise haben sie gelernt, Fischern ihre Beute zu entwenden. Besonders die Weibchen jagen anderen Seevögeln Fische ab. Gebrütet wird in Kolonien zusammen mit anderen Ruderfüßern.

Blaureiher *(oben)*

Lateinisch: *Egretta caerulea*
Familie: Reiher – Ardeidae
Verbreitung: S-USA bis S-Brasilien
Lebensraum: Seen, nasse Wiesen, Reisfelder, Mangroven
Größe: 51–76 cm

Das Gefieder ist blaugrau gefärbt, doch weisen Hals und Kopf einen bräunlichen Schimmer auf. Meist bilden Blaureiher kleine Teilkolonien inmitten großer Kolonien verschiedener Schreitvogelarten. Die Nester befinden sich auf Bäumen in bis zu 12 m Höhe und enthalten 4–5 Eier. Zusammen mit anderen Reihern und Ibissen waten Blaureiher durch flaches Wasser, um Kleintiere zu fangen.

Mangrovereiher *(unten links)*

Lateinisch: *Butorides striatus*
Familie: Reiher – Ardeidae
Verbreitung: USA bis Argentinien, Afrika, O- und SO-Asien, Australien
Lebensraum: Gewässer, Feuchtgebiete
Größe: 35–48 cm

Die weltweit 30 Unterarten der kleinen Reiherart variieren in der Gefiederfärbung mit verschiedenen Brauntönen. Sie leben versteckt und sind wegen ihrer Nachtaktivität nicht häufig zu sehen. Sie brüten meist gut verborgen in Büschen oder Bäumen. Mangrovereiher fressen verschiedene kleine Wassertiere, die sie mitunter mit ins Wasser gelegten Insekten anködern.

Kahnschnabel *(unten rechts)*

Lateinisch: *Cochlearius cochlearius*
Familie: Reiher – Ardeidae
Verbreitung: S-Mexiko bis N-Argentinien
Lebensraum: Mangroven, bewaldete Gewässerufer
Größe: 45–51 cm

Von anderen Reihern unterscheiden sich Kahnschnäbel durch ihre breite, flache Schnabelform. Sie hilft ihnen, Fische, Garnelen und Amphibien aus dem Wasser zu schöpfen. Kahnschnäbel sind dämmerungs- und nachtaktiv und haben daher große Augen. Sie brüten einzeln oder in Kolonien von 5–6 Paaren und ziehen 2–4 Jungvögel auf.

Marmorreiher *(unten rechts)*

Lateinisch:	*Tigrisoma lineatum*
Familie:	Reiher – Ardeidae
Verbreitung:	S-Mexiko bis N-Argentinien
Lebensraum:	Bewaldete Flussufer, Mangroven
Größe:	66–76 cm

Der mit einer schwarzweißen Linie versehene, zimtbraun gefärbte Hals verleiht der Art ein unverwechselbares Aussehen. Marmorreiher sind nacht- und dämmerungsaktiv und fangen an Gewässerufern Fische, Wasserinsekten, Heuschrecken und Krebse. Die versteckt lebende Art baut ihre Nester hoch in Bäumen. Die drei Eier werden nur vom Weibchen bebrütet.

Waldstorch *(oben links)*

Lateinisch:	*Mycteria americana*
Familie:	Störche – Ciconiidae
Verbreitung:	Florida bis N-Argentinien
Lebensraum:	Mangroven, Sümpfe, flache Gewässer
Größe:	83–102 cm

Waldstörche durchziehen mit geöffnetem Schnabel das flache Wasser. Sobald sie mit einem Fisch in Berührung kommen, schnappen sie zu. In trockenen Jahren brechen sie die Brut wegen Nahrungsmangel ab oder beginnen erst gar nicht mit der Eiablage. Ihre Kolonien befinden sich in Bäumen, mit bis zu 50 Nestern in einem Baum und insgesamt bis zu 10 000 Paaren.

Jabiru *(rechte Seite oben links)*

Lateinisch:	*Jabiru mycteria*
Familie:	Störche – Ciconiidae
Verbreitung:	S-Mexiko bis Uruguay
Lebensraum:	Feuchtwiesen, Savannen, Gewässerufer
Größe:	122–140 cm

Die dickschnäbeligen, schwarzköpfigen Störche führen eine lebenslange Ehe und benutzen meist dauerhaft ein sehr großes, hoch auf Palmen gebautes Nest. Bei der Nahrungssuche waten Jabirus durch flaches Wasser und stecken bei jedem Schritt den Schnabel ins Wasser, um Beute zu ertasten. Sie fressen kleine, im Wasser lebende Tiere. Glitschige Fische bringen sie zum Verzehr an Land.

Mohrenibis *(linke Seite oben rechts)*

Lateinisch: *Phimosus infuscatus*
Familie: Ibisse – Threskiornithidae
Verbreitung: Kolumbien bis N-Argentinien
Lebensraum: Nasses Grünland, Reisfelder, Gewässerufer
Größe: 46–54 cm

Die schwarzen Ibisse waten in Gruppen von bis zu 20 Vögeln durch flaches Wasser oder über Schlamm und nasse Grasflächen und stochern mit dem Schnabel nach Insekten, Muscheln und Würmern. Sie können sowohl einzeln als auch in großen, gemischten Kolonien brüten. Ein Weibchen legt 3–4 Eier, von denen aber fast alle Räubern zum Opfer fallen.

Scharlachsichler *(oben rechts)*

Lateinisch: *Eudocimus ruber*
Familie: Ibisse – Threskiornithidae
Verbreitung: N-Südamerika
Lebensraum: Mangroven, Wattflächen, Lagunen, Reisfelder
Größe: 61 cm

Die herrlich gefärbten Ibisse brüten mit 50–5 000 Paaren in Kolonien, oft gemeinsam mit verwandten Arten. Ihre aus Ästen gebauten Nester sind relativ klein und befinden sich in Bäumen. Zu ihren Nahrungsgebieten, wo sie vor allem Winkerkrabben und Schnecken fressen, fliegen sie in großen Schwärmen. Durch Zerstörung von Lebensräumen hat die Art deutlich abgenommen.

Punaibis *(unten links)*

Lateinisch: *Plegadis ridgwayi*
Familie: Ibisse – Threskiornithidae
Verbreitung: Peru bis NW-Argentinien
Lebensraum: Sümpfe und Grasland im Hochgebirge
Größe: 56–61 cm

Punaibisse haben ein dunkles Gefieder, das braun und grün glänzt. Ihr Vorkommen beschränkt sich auf die Hochebenen in 3 500–4 800 m Höhe, einige fliegen aber im Winter bis zur peruanischen Küste hinunter. Gruppenweise marschieren sie durch ihren sumpfigen Lebensraum und stochern mit dem langen Schnabel nach Beutetieren.

Rosalöffler *(unten rechts)*

Lateinisch: *Ajaja ajaja*
Familie: Ibisse – Threskiornithidae
Verbreitung: S-USA bis N-Argentinien
Lebensraum: Mangroven, Wattflächen, Lagunen, Feuchtgebiete
Größe: 69–86 cm

Mit seinem rosafarbenen Gefieder weicht der einzige amerikanische Löffler von seinen weißen Verwandten der Alten Welt ab. Der löffelförmige Schnabel wird bei der Nahrungssuche seitlich in langen Bögen durch das Wasser gezogen, um kleine Fische, Garnelen und Insekten zu fangen. Zum Brüten suchen Rosalöffler Kolonien anderer Schreitvögel auf.

Andenflamingo *(oben)*

Lateinisch: *Phoenicopterus andinus*
Familie: Flamingos – Phoenicopteridae
Verbreitung: Anden von S-Peru bis N-Chile
Lebensraum: Hoch gelegene Salzseen
Größe: 102–110 cm

Die gelbbeinigen Flamingos kommen nur an wenigen, in 3 500 – 4 500 m Höhe gelegenen Salzseen in den zentralen Anden vor. Der einzige regelmäßig besetzte Brutplatz ist ein See in Chile. Im flachen Wasser ernähren sie sich fast ausschließlich von Kieselalgen. In den Brutkolonien reihen sich viele der kegelförmigen Schlammnester aneinander, die jeweils ein Ei enthalten.

Chileflamingo *(unten)*

Lateinisch: *Phoenicopterus chilensis*
Familie: Flamingos – Phoenicopteridae
Verbreitung: Peru bis Feuerland
Lebensraum: Küstenlagunen, Salzseen
Größe: 105 cm

In Kolonien von bis zu 6 000 Paaren brüten die an ihrem roten „Knie" erkennbaren Chileflamingos sowohl im Flachland als auch bis zu 4 500 m hoch in den Anden. Für ihr Ei bauen sie ein kegelförmiges Nest aus Schlamm oder legen es einfach auf den Boden. Aus dem Gewässergrund filtern sie Krebstierchen und Wasserinsekten, wobei sie oft den ganzen Hals unter Wasser halten.

Halsband-Wehrvogel *(oben)*

Lateinisch: *Chauna torquata*
Familie: Wehrvögel – Anhimidae
Verbreitung: Bolivien bis N-Argentinien
Lebensraum: Seen, Sümpfe, überflutetes Grasland
Größe: 83–94 cm

Wie die beiden anderen Wehrvögel tragen diese Vögel knochige Sporne am Flügelbug, mit denen sie ihr Brutrevier gegen Eindringlinge und Feinde verteidigen. Erst außerhalb der Brutzeit schließen sie sich mit Artgenossen zu Trupps zusammen. Sie führen eine lebenslange Ehe und bebrüten jedes Jahr 3–5 Eier. Ihre lauten Rufe sind 3 km weit zu hören.

Weißwangen-Wehrvogel *(unten links)*

Lateinisch: *Chauna chavaria*
Familie: Wehrvögel – Anhimidae
Verbreitung: N-Kolumbien, NW-Venezuela
Lebensraum: Sümpfe, Lagunen, bewaldete Flussufer
Größe: 76–91 cm

Die kleinsten Wehrvögel sind am weißen Kopf erkennbar. Sie ernähren sich rein vegetarisch und reißen mit dem Schnabel Wurzeln und Blätter von Wasserpflanzen heraus. Die 2–7 Küken einer Brut verlassen schnell das Nest und werden nur in den ersten Tagen von den Altvögeln gehudert. Entwässerungsprojekte engen die Lebensräume dieser Art immer weiter ein.

Hornwehrvogel *(unten rechts)*

Lateinisch: *Anhima cornuta*
Familie: Wehrvögel – Anhimidae
Verbreitung: Nordhälfte S-Amerikas
Lebensraum: Feuchte Tropenwälder, Sümpfe
Größe: 84–94 cm

Obwohl sie von ihrer langbeinigen Gestalt her an Hühnervögel erinnern, sind Wehrvögel primitive Entenvögel, denen die Schwimmhäute fehlen. Ähnlich Gänsen waten sie grasend durch nasse Wiesen. Sie brüten einzeln und verteidigen ihr Brutrevier vehement gegen Eindringlinge. In einem großen Pflanzenhaufen werden die 3–5 Eier sechs Wochen lang bebrütet.

Rotschnabel-Pfeifgans *(oben rechts)*

Lateinisch: *Dendrocygna autumnalis*
Familie: Entenvögel – Anatidae
Verbreitung: Texas bis N-Argentinien
Lebensraum: Tropische Lagunen mit Bäumen
Größe: 43–53 cm

Wie bei anderen Pfeifgänsen sind bei den rotschnäbeligen Vertretern dieser Gattung Hals und Beine recht lang. Auch sind im Flug permanent die pfeifenden Rufe zu hören. Die bis zu 16 Eier werden in Baumhöhlen ausgebrütet, gelegentlich auch am Boden und meist in lockeren Kolonien. Gras und Samen finden sie an Land oder in Flachwasserbereichen.

Andengans *(Mitte)*

Lateinisch: *Chloephaga melanoptera*
Familie: Entenvögel – Anatidae
Verbreitung: Anden von Peru bis Mittelargentinien
Lebensraum: Feuchtgebiete im Hochgebirge
Größe: 70–80 cm

Durch ihren kurzen Schwanz und den langen Hals haben die schwarzweißen Andengänse eine aufrechte Körperhaltung. Sie leben oberhalb von 3 300 m und beweiden dort paarweise oder in kleinen Gruppen das Grasland rund um Seen und andere Feuchtgebiete. Das Nest wird am Boden gebaut und enthält 5–10 Eier. Im Winter weichen sie bei zu hoher Schneedecke in tiefer gelegene Bereiche aus.

Magellangans *(unten)*

Lateinisch: *Chloephaga picta*
Familie: Entenvögel – Anatidae
Verbreitung: S-Südamerika, Falklandinseln
Lebensraum: Grasland, Ackerland
Größe: 60–72 cm

Bei Magellangänsen unterscheiden sich die schwarzweißen Männchen deutlich von den rostbraunen Weibchen. Da sie Wiesen und Felder intensiv beweiden, werden sie vielfach von Farmern bekämpft. Ihr Bestand ist aber nicht gefährdet, denn sie kommen auch in vielen unzugänglichen Gebieten vor.

Falkland-Dampfschiffente *(oben links)*

Lateinisch: *Tachyeres brachypterus*
Familie: Entenvögel – Anatidae
Verbreitung: Falklandinseln
Lebensraum: Schroffe Felsküsten
Größe: 61–74 cm

Die flugunfähigen Vögel setzen ihre Flügel beim schnellen Schwimmen als Ruder ein. Sie bleiben immer im Uferbereich, um nach Muscheln und Krebsen zu tauchen. An Land brüten sie zwischen Pflanzen oder in einer Pinguinhöhle. Von den 5–10 Küken fallen viele Dominikaner- und Raubmöwen zum Opfer, Altvögel haben nur Seelöwen zum Feind.

Sturzbachente *(oben)*

Lateinisch: *Merganetta armarta*
Familie: Entenvögel – Anatidae
Verbreitung: Anden von Venezuela bis Feuerland
Lebensraum: Gebirgsbäche
Größe: 43–46 cm

In reißenden Bächen tauchen Sturzbachenten nach Insektenlarven und Schnecken. Dabei kommen ihnen ihre stromlinienförmige Gestalt, kräftige Beine, breite Steuerfedern sowie scharfe Krallen zu Gute. Auch die Küken können sich schon kurz nach dem Schlüpfen gegen die Strömung behaupten. Das Nest befindet sich in Felsspalten.

Moschusente *(unten links)*

Lateinisch: *Cairina moschata*
Familie: Entenvögel – Anatidae
Verbreitung: S-Mexiko bis Uruguay
Lebensraum: Bewaldete Feuchtgebiete, Küstenlagunen
Größe: 66–84 cm

Obwohl Zuchtformen der häufig in Gefangenschaft gehaltenen Moschusenten sogar ganz weiß sein können, beschränkt sich diese Farbe bei den scheuen Wildvögeln auf die Flügeldecken. Im flachen Wasser suchen sie nach verschiedenen Kleintieren und Pflanzenteilen, doch sind sie auch grasend an Land zu sehen. Sie brüten in Baumhöhlen.

Bahamaente *(unten rechts)*

Lateinisch: *Anas bahamensis*
Familie: Entenvögel – Anatidae
Verbreitung: S-Amerika
Lebensraum: Mangroven, Brackwasserlagunen
Größe: 38–51 cm

Bei den kleinen, gepunkteten Enten erkennt man die Männchen am verlängerten Schwanz und am rötlich braunen Gefieder. Bahamaenten bevorzugen Lebensräume mit Salz- oder Brackwasser und ernähren sich von Wasserpflanzen und Gras. Die 5–12 Eier werden in dichter Vegetation nah am Wasser bebrütet.

Rabengeier (oben rechts)

Lateinisch:	*Coragyps atratus*
Familie:	Neuweltgeier – Cathartidae
Verbreitung:	S-USA bis S-Südamerika
Lebensraum:	Vielfältig, oft bei Siedlungen
Größe:	56–68 cm

Die schwarzen Geier mit nacktem grauen Kopf leben in enger Nachbarschaft zu Menschen und profitieren sehr von deren Abfällen. Sie erscheinen auf Märkten, in Fischereihäfen und auf Müllkippen, suchen aber auch Aas in der offenen Landschaft, z.B. überfahrene Tiere neben Straßen. Sie brüten zwischen Felsen oder am Fuß von Bäumen, bauen für ihre beiden Eier aber kein Nest.

Andenkondor (rechte Seite links)

Lateinisch:	*Vultur gryphus*
Familie:	Neuweltgeier – Cathartidae
Verbreitung:	Anden von Venezuela bis Feuerland
Lebensraum:	Hochgebirge
Größe:	100–130 cm

Mit einer Spannweite von bis zu 320 cm kreisen die schwarzweiß befiederten Aasfresser in den Gipfelregionen der Anden, um nach verendeten Tieren Ausschau zu halten. In Peru und Chile dringen sie bis an die Küste vor, wo sie an gestrandeten Walen fressen oder Eier aus Seevogelkolonien rauben. Das einzige Ei wird zwei Monate lang bebrütet.

Königsgeier (rechte Seite oben rechts)

Lateinisch:	*Sarcorhamphus papa*
Familie:	Neuweltgeier – Cathartidae
Verbreitung:	Mexiko bis N-Argentinien
Lebensraum:	Tropische Wälder, Grasland
Größe:	71–81 cm

Mit ihrem schwarzweißen Gefieder und den verschiedenfarbigen nackten Hautpartien an Kopf und Hals wirken Königsgeier recht bunt. Obwohl sie Aasfresser sind, haben sie nicht den guten Geruchssinn anderer Geierarten, weshalb sie diesen zu Tierkadavern nachfolgen. Mit ihrem kräftigen Schnabel können sie diese aber besser als die anderen Geier öffnen, die sie auch neben sich dulden.

Schwalbenweih (unten)

Lateinisch:	*Elanoides forficatus*
Familie:	Habichtartige – Accipitridae
Verbreitung:	SO-USA bis N-Argentinien
Lebensraum:	Wälder, Sümpfe
Größe:	56–66 cm

Die schlanke Gestalt der schwarzweißen Greifvögel wird durch ihren langen, tief gegabelten Schwanz unterstrichen. Sie fliegen elegant, fast wie Schwalben und fangen im Flug Insekten, kleine Vögel und Fledermäuse, greifen aber auch Mäuse und Schlangen vom Boden. Aus Schutz vor räuberischen Säugern wird das Nest auf dünnen Zweigen im Baum gebaut.

Schneckenweih (linke Seite oben links)

Lateinisch: *Rostrhamus sociabilis*
Familie: Habichtartige – Accipitridae
Verbreitung: S-Florida bis N-Argentinien
Lebensraum: überschwemmte Wiesen; Reisfelder
Größe: 40–45 cm

Diese Greifvögel haben sich darauf spezialisiert, Apfelschnecken mit den Füßen aus dem flachen Wasser zu greifen und mit ihrem ausgeprägten Hakenschnabel aus dem Gehäuse zu ziehen. Gibt es viele Schnecken, so bilden sich schnell Brutkolonien von bis zu 90 Paaren; bei Trockenheit sind die Vögel schnell wieder verschwunden.

Krabbenbussard (unten rechts)

Lateinisch: *Buteogallus anthracinus*
Familie: Habichtartige – Accipitridae
Verbreitung: S-USA bis N-Südamerika
Lebensraum: Flache Küsten, Mangroven, bewaldete Flüsse
Größe: 43–52 cm

Je nach Lebensraum variiert die Nahrung der schwarzbraunen Greifvögel mit weißer Schwanzbinde. An Flüssen fressen sie fast ausschließlich Fisch, an Küsten überwiegend Krabben, deren Panzer sie mit ihrem Hakenschnabel öffnen. Auch Mäuse und Reptilien stehen auf ihrem Speisezettel. Zur Brutzeit zeigen sie akrobatische Flugspiele, ihr Nest befindet sich hoch in Bäumen.

Savannenbussard (linke Seite Mitte)

Lateinisch: *Buteogallus meridionalis*
Familie: Habichtartige – Accipitridae
Verbreitung: Panama bis N-Argentinien
Lebensraum: Offenes Grasland, Waldland, Mangroven
Größe: 46–60 cm

Die recht langbeinigen Greifvögel haben ein rostrotes Gefieder. Eine Spezialität ist die Nahrungssuche in unmittelbarer Nähe von Savannenbränden, wo sie die geröstete Beute zu sich nehmen. Kleine Säuger, Frösche, Reptilien und große Insekten können sie aber auch vom Ansitz aus fangen oder sie jagen anderen Vögeln die Beute ab.

Wüstenbussard *(oben)*

Lateinisch: *Parabuteo unicinctus*
Familie: Habichtartige – Accipitridae
Verbreitung: SW USA bis S-Südamerika
Lebensraum: Offene Landschaften, Wüsten
Größe: 48–56 cm

Die hübsch schwarz, rostrot und weiß befiederten Bussarde erbeuten aus dem flachen Jagdflug heraus eine Vielzahl von kleinen Tieren (u. a. Kleinsäuger, Vögel, Reptilien). Eine Besonderheit ist die Jagd in Gruppen: 2–6 Wüstenbussarde durchkämmen im flachen Flug das Gelände, um Hasen aufzuscheuchen, die sie dann gemeinsam attackieren und schlagen.

Galapagosbussard *(unten)*

Lateinisch: *Buteo galapagoensis*
Familie: Habichtartige – Accipitridae
Verbreitung: Galapagosinseln
Lebensraum: Lavafelder, Laubwälder, Berge
Größe: 55 cm

Als einzige Taggreifvögel sind diese Bussarde auf der Inselgruppe konkurrenzlos und mussten sich nicht auf bestimmte Beute spezialisieren. Entsprechend fressen sie Nagetiere, Eidechsen, Vögel und vieles andere mehr. Die Nester befinden sich meist am Boden und werden bei wiederholter Nutzung bis zu 3 m hoch. Viele Weibchen haben mehrere Männchen.

Fischbussard *(rechte Seite links)*

Lateinisch: *Busarellus nigricollis*
Familie: Habichtartige – Accipitridae
Verbreitung: Mexiko bis N-Argentinien
Lebensraum: Gewässer in offenem Gelände bis Regenwald
Größe: 46–49 cm

Das Gefieder ist fast vollständig orangebraun, nur der Kopf ist weißlich. Vom Ansitz aus stürzen sich Fischbussarde auf Fische in flachen Gewässern. Hornstacheln an den Fußsohlen helfen gegen ein Entkommen der glitschigen Fische. Sie bauen ein Nest in Mangroven oder hohen Bäumen. Das Gelege besteht aus nur einem Ei.

Harpyie *(rechte Seite unten rechts)*

Lateinisch: *Harpia harpyja*
Familie: Habichtartige – Accipitridae
Verbreitung: Mexiko bis N-Argentinien
Lebensraum: Tropenwälder
Größe: 89–105 cm

Trotz ihrer Größe und kräftigen Statur können die mit ihrer Federhaube unverwechselbaren Greifvögel geschickt durch die dichten Baumkronen fliegen. Sie überwältigen bis zu 7 kg schwere Affen, aber auch Faultiere, Stachelschweine und Opossums sowie Schlangen und Papageien. Ihr 150 cm breites Nest bauen sie in großen Bäumen in 50–75 m Höhe. Dort wachsen die beiden Jungvögel auf.

Elsteradler *(Mitte rechts)*

Lateinisch:	*Spizastur melanoleucus*
Familie:	Habichtartige – Accipitridae
Verbreitung:	S-Mexiko bis NO-Argentinien
Lebensraum:	Waldland, Savannen
Größe:	51–61 cm

Der Name des Elsteradlers stammt zweifellos vom schwarzweißen Gefieder. Bei der Jagd kreisen sie in 200 m Höhe, um sich auf ein erblicktes Beutetier zu stürzen, selbst wenn sich dies im Wald aufhält. So erbeuten sie verschiedene Vogelarten, Säugetiere, Reptilien und Kröten. Erst einmal konnte ein Nest des Elsteradlers gefunden werden. Es befand sich 40 m hoch in einem Baum.

Prachtadler *(oben rechts)*

Lateinisch:	*Spizaetus ornatus*
Familie:	Habichtartige – Accipitridae
Verbreitung:	S-Mexiko bis NO-Argentinien
Lebensraum:	Feuchte Wälder
Größe:	58–67 cm

Die Haube und ein recht buntes Gefieder verleihen den Prachtadlern ein auffälliges Aussehen, obwohl sie eher versteckt in dichtem Wald leben. Dort jagen sie vom Ansitz aus in erster Linie Vögel wie Papageien oder Rallen, aber auch Kleinsäuger. Das Futter für den einzigen Jungvogel fangen beide Altvögel, wobei das Männchen die Beute weit vom Nest entfernt an das Weibchen übergibt.

Aplomadofalke *(oben)*

Lateinisch: *Falco femoralis*
Familie: Falken – Falconidae
Verbreitung: S-USA bis Feuerland
Lebensraum: Grasland, Savannen
Größe: Männchen 37–38 cm,
Weibchen 43–45 cm

Vom Ansitz aus jagen Aplomadofalken Vögel, wobei Paare oft erfolgreich zusammenarbeiten. Das Weibchen greift zunächst an und scheucht Vögel auf, das Männchen folgt und ergreift die Beute. Am Brutgeschäft beteiligen sich beide Partner, doch sparen sie sich den Bau eines Nestes und benutzen stattdessen ein altes Krähen- oder Greifvogelnest.

Schopfkarakara *(unten rechts)*

Lateinisch: *Polyborus plancus*
Familie: Falken – Falconidae
Verbreitung: S-USA bis Feuerland
Lebensraum: Offene und halboffene Landschaften
Größe: 49–59 cm

Karakaras sind große, langbeinige Greifvögel, die sich überwiegend von Aas ernähren. Die weit verbreiteten Schopfkarakaras sind an der schwarzen Haube sowie am nackten roten Gesicht zu erkennen. Anders als die ebenfalls Aas fressenden Geier fliegen sie mit kräftigen Flügelschlägen und sind nicht auf Thermik angewiesen. So können sie Tierkadaver schon frühmorgens aufsuchen.

Falklandkarakara *(unten links)*

Lateinisch: *Phalcoboenus australis*
Familie: Falken – Falconidae
Verbreitung: Feuerland, Falklandinseln
Lebensraum: Offenes Gelände
Größe: 53–65 cm

Während der Brutzeit von Seevögeln suchen Falklandkarakaras deren Kolonien auf und ernähren sich von verendeten Küken und Altvögeln. Fehlt diese Nahrungsquelle, so durchstöbern sie den Boden nach Insekten oder suchen am Strand nach Essbarem. Gebrütet wird in lockeren Kolonien in selbst gebauten Bodennestern, die zwei Eier enthalten.

Glattschnabelhokko *(oben)*

Lateinisch: *Crax alector*
Familie: Hokkohühner – Cracidae
Verbreitung: N-Südamerika
Lebensraum: Feuchte Wälder, Dickichte an Flüssen
Größe: 85–95 cm

Die langen Beine weisen die schwarzweiß befiederten Hühnervögel als Bodenbewohner aus. Tatsächlich gehen sie dort einzeln oder paarweise auf die Suche nach Nahrung. Sie fressen neben einigen Insekten fast ausschließlich Früchte. Zum Brüten verlassen Glattschnabelhokkos den Boden und bauen 5 m hoch im Baum ein Nest aus Stöckchen und Borke, in das sie zwei Eier legen.

Rostbauchguan *(unten rechts)*

Lateinisch: *Penelope purpurascens*
Familie: Hokkohühner – Cracidae
Verbreitung: Mittelamerika, N-Südamerika
Lebensraum: Feuchte Wälder, buschige Waldränder
Größe: 72–91 cm

Neben dem langen Schwanz fällt bei diesem schwarzbraunen Hühnervogel ein roter Kehllappen auf, der eine Rolle beim Balzritual spielt. Rostbauchguane klettern meist im Geäst von Bäumen umher, um dort Feigen, Beeren und andere Früchte zu verzehren. Da sie die Kerne später wieder hervorwürgen, tragen sie zu deren Ausbreitung bei. Auch zum Nisten bleiben die Vögel hoch in den Bäumen.

Pfauentruthuhn *(unten links)*

Lateinisch: *Meleagris ocellata*
Familie: Truthühner – Meleagrididae
Verbreitung: Mittelamerika
Lebensraum: Dichte Wälder mit angrenzendem Grasland
Größe: 71–91 cm

Im Vergleich zum Truthuhn haben die viel bunter befiederten Pfauentruthühner ein sehr kleines Verbreitungsgebiet, das sich auf die Yucatanhalbinsel beschränkt. In einer flachen Mulde am Waldboden brüten sie 8–15 Eier aus. Auch bei der Ernährung halten sich die Vögel am Boden auf und suchen nach Samen, Früchten und Insekten. Die Nacht verbringen sie dagegen schlafend in Bäumen.

Hoatzin *(rechts)*

Lateinisch: *Opisthocomus hoazin*
Familie: Hoatzine – Opisthocomidae
Verbreitung: N-Südamerika
Lebensraum: Überschwemmte Wälder, Mangroven
Größe: 62–70 cm

Die extravagant befiederten Hoatzine bewegen sich meist kletternd durch das Geäst von Bäumen, wobei sich Jungvögel auch mit einer Kralle an der Flügelspitze festklammern können. Bei Gefahr springen die Jungvögel ins Wasser und klettern später wieder den Baum hinauf. Als reine Blattfresser haben Hoatzine ein ähnliches Verdauungssystem wie Wiederkäuer.

KRANICHVÖGEL

Rotfußseriema *(oben)*

Lateinisch: *Cariama cristata*
Familie: Seriemas – Cariamidae
Verbreitung: Zentralbrasilien bis N-Argentinien
Lebensraum: Grasland, offenes Buschland
Größe: 75–90 cm

Obwohl sich die langbeinigen Vögel bei der Nahrungssuche am Boden aufhalten, brüten sie in Nestern auf Bäumen. Nach zwei Wochen verlassen die 2–3 Jungvögel das Nest und werden zwei Wochen später flügge. Stellenweise werden Seriemas wegen ihres Fleisches bejagt, anderswo wissen es Farmer zu schätzen, dass sie Schlangen und Mäuse vertilgen.

Sonnenralle *(unten)*

Lateinisch: *Eurypyga helias*
Familie: Sonnenrallen – Eurypygidae
Verbreitung: Guatemala bis Zentralbrasilien
Lebensraum: Bewaldete Flüsse und Seen
Größe: 43–48 cm

Die langhalsige und -schnäbelige, graubraun befiederte Art zeigt bei der Balz sonnenförmige, orangefarbene Abzeichen auf den gespreizt gehaltenen Flügeln. Meist waten sie vorsichtig durch flaches Wasser oder feuchte Ufer und erfassen kleine Beutetiere blitzschnell mit dem Schnabel. Das Nest wird aus Schlamm und Gras auf schmalen Ästen von Bäumen gebaut.

Grauflügel-Trompetervogel *(oben rechts)*

Lateinisch: *Psophia crepitans*
Familie: Trompetervögel – Psophiidae
Verbreitung: S-Kolumbien bis N-Brasilien
Lebensraum: Tropischer Regenwald
Größe: 45–52 cm

Die hühnerähnlichen Trompetervögel erhielten ihren Namen aufgrund der lauten Rufe, die weit hörbar im Regenwald erklingen. Sie leben in Gruppen von 20 Vögeln, von denen nur ein Weibchen drei Eier legt, die von drei dominanten Männchen befruchtet sind. Alle Gruppenmitglieder beteiligen sich aber bei der Jungenbetreuung. Ihre Nahrung suchen sie am Waldboden in Form von Früchten.

Rallenkranich *(oben links)*

Lateinisch: *Aramus guarauna*
Familie: Rallenkraniche – Aramidae
Verbreitung: Florida bis N-Argentinien
Lebensraum: Flussufer, Mangroven, Sümpfe
Größe: 56–71 cm

Rallenkraniche tragen ein braunes, am Hals weiß geflecktes Federkleid. Sie haben einen langen, seitlich zusammengedrückten Schnabel, mit dem sie im flachen Wasser Schnecken und Muscheln aus ihren Schalen ziehen können. An Land fressen sie auch Eidechsen und Insekten. Die Nistplatzwahl ist variabel. Die 5–7 Jungen sind Nestflüchter und werden noch 15 Wochen betreut.

Cayenneralle *(oben Mitte)*

Lateinisch: *Aramides cajanea*
Familie: Rallen – Rallidae
Verbreitung: S-Mexiko bis Uruguay
Lebensraum: Sumpfige Wälder, Mangroven, Reisfelder
Größe: 33–40 cm

Cayennerallen sind grauorange gefärbt und haben einen gelben Schnabel. Nachts sind sie sehr ruffreudig und äußern ihre Laute im Duett oder gar im Chor. Sie waten auf der Suche nach Kleintieren, Früchten und Beeren durch flaches Wasser oder Sumpf, bleiben dabei aber meist in dichter Vegetation verborgen. Zum Brüten wird ein Nest in dichtem Gebüsch gebaut.

Riesenblässhuhn *(unten)*

Lateinisch: *Fulica gigantea*
Familie: Rallen – Rallidae
Verbreitung: Anden von S-Peru bis N-Chile
Lebensraum: Bergseen über 3 600 m
Größe: 48–59 cm

Riesenblässhühner sind durch einen gelben Stirnschild, Höcker am Kopf und rote Beine gekennzeichnet. Sie fressen Wasserpflanzen, die sie von der Oberfläche picken. Zum Brüten bauen sie riesige, 3 m lange und 50 cm hohe schwimmende Plattformen aus Wasserpflanzen. Im Winter weichen sie auf eisfreie Seen aus, die oft von heißen Quellen erwärmt sind.

Rotstirn-Blatthühnchen *(oben)*

Lateinisch: *Jacana jacana*
Familie: Blatthühnchen – Jacanidae
Verbreitung: Kolumbien bis N-Argentinien
Lebensraum: Binnengewässer mit Schwimmblattvegetation
Größe: 21–25 cm

Mit ihren übergroßen Füßen laufen Blatthühnchen über Wasserpflanzen und picken Insekten von der Wasseroberfläche auf. Zur Brutzeit beansprucht ein Weibchen drei Männchen, die in ihrem Territorium jeweils allein vier Eier ausbrüten und die Jungen aufziehen, während das Weibchen andere Weibchen fernhält. Außerhalb der Brutzeit werden Trupps gebildet.

Rotbauch-Höhenläufer *(unten)*

Lateinisch: *Attagis gayi*
Familie: Höhenläufer – Thinocoridae
Verbreitung: Anden von Ecuador bis Feuerland
Lebensraum: Felsige Hochplateaus
Größe: 27–30 cm

Mit ihrem plumpen Körper, den kurzen Beinen und einem dicken Schnabel erinnern diese Höhenläufer sehr an Hühnervögel. Wie diese fressen sie Samen und Pflanzenteile, die sie in den Hochlagen der Anden (bis 5 500 m) suchen. Bei Gefahr vertrauen sie zunächst ihrer Tarnfarbe, bevor sie fliegend flüchten. Höhenläufer leben paarweise und ziehen vier Jungvögel auf.

Magellanbekassine *(rechte Seite oben rechts)*

Lateinisch: *Gallinago paraguaiae*
Familie: Schnepfenvögel – Scolopacidae
Verbreitung: S-Amerika
Lebensraum: Sümpfe, feuchte Savannen
Größe: 22–29 cm

Von der braun gemusterten Schnepfenart gibt es drei Unterarten, die im Hochland der Anden bzw. in den Tropen oder im Süden des Kontinents leben. Alle sind relativ sesshaft, doch wandern die im Gebirge brütenden Vögel im Winter in tiefer gelegene Gebiete ab. Den langen Schnabel benutzen sie, um im weichen Boden ruckartig nach Wirbellosen zu stochern.

Bronzekiebitz *(rechte Seite unten rechts)*

Lateinisch: *Vanellus chilensis*
Familie: Regenpfeifer – Charadriidae
Verbreitung: S-Amerika
Lebensraum: Wiesen, Flussufer, offene Sümpfe
Größe: 32–38 cm

Bronzekiebitze brüten in lockeren Kolonien, in denen ein Paar vier Jungvögel aufzieht. Im Koloniebereich sind sie äußerst wachsam und warnen bei Gefahr mit lauten Rufen. Dies machen sich Farmer zunutze und halten die Kiebitze als „Wachhunde". Ihre Nahrung, die vor allem aus Heuschrecken und Regenwürmern besteht, suchen Bronzekiebitze am Boden.

Heermannmöwe *(links)*

Lateinisch: *Larus heermanni*
Familie: Möwen – Laridae
Verbreitung: Pazifikküste von Mexiko bis USA
Lebensraum: Felsküsten, Strände, Küstengewässer
Größe: 43–49 cm

Heermannmöwen sind überwiegend grau befiedert, auffällig ist der weiße Kopf mit rotem Schnabel. Sie fressen überwiegend Fisch, den sie in flachen Gewässern von der Oberfläche fangen. Häufig halten sie sich aber in der Nähe von Seelöwen und Braunpelikanen auf, um deren Fang zu ergattern. Die 150 000 Brutpaare verteilen sich auf nur acht Kolonien, 90 % aller Vögel brüten auf einer kleinen mexikanischen Insel.

Lavamöwe *(oben)*

Lateinisch: *Larus fuliginosus*
Familie: Möwen – Laridae
Verbreitung: Galapagosinseln
Lebensraum: Sand- und Kiesstrände
Größe: 51–55 cm

Lavamöwen sind mit ihrem schwärzlich braunen Gefieder gut an ihren Lebensraum angepasst. Sie patrouillieren in 3–5 m Höhe entlang der Strände, um kleine Fische, Krebse oder Eier von Seevögeln zu erbeuten. Oft halten sie sich zur Nahrungssuche in Seelöwenkolonien oder bei Fischkuttern auf. Mit weniger als 400 Paaren sind Lavamöwen die weltweit seltensten Möwen.

Gabelschwanzmöwe *(unten links)*

Lateinisch: *Creagrus furcatus*
Familie: Möwen – Laridae
Verbreitung: Galapagosinseln, Malpeloinsel; nach Brutzeit Küsten von Ecuador bis N-Chile
Lebensraum: Küsten; im Winter offenes Meer
Größe: 51–57 cm

Ein tief gegabelter Schwanz hat dieser schwarzköpfigen Möwe den Namen verliehen. Ein weiteres Kennzeichen sind die relativ großen Augen, die eine Anpassung an die nächtliche Nahrungssuche sind. Gabelschwanzmöwen fressen bevorzugt Tintenfische, die nur nachts nahe an die Wasseroberfläche kommen. Ihre lockeren Kolonien liegen in Lavafeldern am Ufer.

Inkaseeschwalbe *(unten rechts)*

Lateinisch: *Larosterna inca*
Familie: Seeschwalben – Sternidae
Verbreitung: Pazifikküste von Peru bis Chile
Lebensraum: Felsige Küsten, Küstengewässer
Größe: 39–42 cm

Im Gegensatz zu anderen Seeschwalben erbrüten diese Vögel ihre beiden Eier in Höhlen, z. B. in Felsspalten oder in Pinguinbauten. Sie fressen hauptsächlich Fisch und sammeln sich oft in großen Trupps rund um Fischerboote, um deren Beifang zu ergattern. Auch Seelöwen begleiten sie gern, um den einen oder anderen Happen zu erwischen.

Sperlingstäubchen *(oben links)*

Lateinisch: *Columbina passerina*
Familie: Tauben – Columbidae
Verbreitung: S USA bis Brasilien
Lebensraum: Offenes Gelände, Siedlungen
Größe: 16–18 cm

Die winzigen Tauben fressen vor allem Samen und Beeren, die sie in typisch ruckartigem Gang am Boden auflesen. Um diese besser verdauen zu können, nehmen sie häufig am Straßenrand kleine Steinchen auf. Im Nest am Boden oder im Baum wachsen bis zu vier Jungvögel auf, die bereits im Alter von 79 Tagen ihrerseits brüten können.

Ohrflecktaube *(oben rechts)*

Lateinisch: *Zenaida auriculata*
Familie: Tauben – Columbidae
Verbreitung: S-Amerika
Lebensraum: Offenes Buschland, Felder, Städte
Größe: 22–28 cm

Über ganz Südamerika verteilt kommen elf Unterarten vor, deren Gefiederfärbung zwischen beige und kupferbraun variiert. Alle haben einen schwarzen Fleck an den Kopfseiten. Ohrflecktauben sind extrem zahlreich, in Argentinien gibt es Brutkolonien von bis zu 5 Millionen Vögeln. Da ihre Nahrung vor allem aus Getreidesaat besteht, werden sie in großer Zahl geschossen.

Galapagostaube *(unten)*

Lateinisch: *Zenaida galapagoensis*
Familie: Tauben – Columbidae
Verbreitung: Galapagosinseln
Lebensraum: Trockene Felslandschaften mit Bäumen und Kakteen
Größe: 18–23 cm

Am Boden suchen die bronzefarbenen Tauben nach Samen, die sie auch mit dem leicht gebogenen Schnabel ausgraben können. In der Regenzeit fressen sie zusätzlich Raupen und Kaktusblüten. Gebrütet wird in der Regenzeit, wobei die beiden Eier in Felshöhlungen oder in alte Nester der Galapagosspottdrossel gelegt werden.

Blauringtaube *(oben)*

Lateinisch: *Leptotila verreauxi*
Familie: Tauben – Columbidae
Verbreitung: Mexiko bis N-Argentinien
Lebensraum: Waldland, Dickichte
Größe: 24–29 cm

Blauringtauben leben stets in der Nähe von Bäumen, meiden aber das Innere des Waldes. In 1–3 m Höhe bauen sie aus Stöckchen, Halmen und Wurzeln in einem Gebüsch ein Nest, in dem sie in der Regel zwei Eier ausbrüten. Nach 14 Tagen schlüpfen die Küken, die 14 Tage später flugfähig sind. Als Nahrung dienen Samen und Insekten, die am Boden gesammelt werden.

Veraguataube *(unten links)*

Lateinisch: *Geotrygon veraguensis*
Familie: Tauben – Columbidae
Verbreitung: Costa Rica bis Ecuador
Lebensraum: Feuchte Wälder
Größe: 21–24 cm

Die kleinen, graubraunen Tauben fallen am ehesten durch ihre weißen Streifen an den Kopfseiten auf. Einzeln oder paarweise gehen sie am Waldboden umher und picken dort Samen, Beeren und Käfer auf. Auch bei Gefahr suchen sie zuerst zu Fuß das Weite, fliegen aber im Notfall mit heftigem Flügelklatschen auf. Ihr Nest ist kompakt aus Zweigen gebaut.

Inkatäubchen *(unten rechts)*

Lateinisch: *Scardafella inca*
Familie: Tauben – Columbidae
Verbreitung: SW-USA bis Costa Rica
Lebensraum: Offene Landschaften und Wälder
Größe: 19–22 cm

Eine Besonderheit der graubraunen Tauben ist die nächtliche Wärmekonservierung. In Pyramidenform kuscheln sich 5–12 Vögel in 2–3 Reihen übereinander und sitzen dabei auf den Rücken der Artgenossen. In sehr kalten Nächten können sie auch die Körpertemperatur um 5–12 °C senken. Am Boden suchen sie nach Samen, im Flug ist ein braunes Flügelfeld zu sehen.

Hyazinthara *(oben)*

Lateinisch: *Anodorhynchus hyacinthinus*
Familie: Papageien – Psittacidae
Verbreitung: Zentralbrasilien, NW-Paraguay, O-Bolivien
Lebensraum: Feuchte Wälder, trockene Galeriewälder, Palmenbestände
Größe: 100 cm

Die Nachfrage für die Käfighaltung bedroht die tief blau gefärbte, weltweit größte Papageienart; in den 1980er Jahren gelangten 10 000 Vögel in den Handel. Der wild lebende Bestand ist dadurch auf nur noch 3 000 Vögel geschrumpft. Für das langwierige Brutgeschäft in großen Baumhöhlen ist allein das Weibchen zuständig. Meist wird nur einer von zwei Jungvögeln flügge.

Ararauna *(unten links)*

Lateinisch: *Ara ararauna*
Familie: Papageien – Psittacidae
Verbreitung: Panama bis SO-Brasilien
Lebensraum: Auwälder, Galeriewälder, Palmenbestände
Größe: 86 cm

Die gelbblauen Aras ernähren sich von den verschiedensten Pflanzenteilen, darunter Samen, Früchte, Nektar, Blüten und Blätter. Ihre Bruthöhle befindet sich hoch in Bäumen und enthält 1–3 Eier. Da Ararauna zu tausenden für die Käfighaltung gefangen und exportiert wurden, sind sie in vielen Bereichen ihrer bedrohten Lebensräume verschwunden.

Bechsteinara *(unten rechts)*

Lateinisch: *Ara ambigua*
Familie: Papageien – Psittacidae
Verbreitung: Honduras bis W-Ecuador
Lebensraum: Tropischer Regenwald
Größe: 85–90 cm

Die hellgrünen Aras bewohnen Regenwälder des Flachlands und haben sich bei ihrer Brut in einer Baumhöhle und der Ernährung von Samen auf eine Baumart mit sehr hartem Holz spezialisiert. Neu entwickelte Technik in der Waldwirtschaft ermöglicht auch das Fällen dieser Bäume, so dass sie durch fortschreitende Rodungen bedroht sind.

Arakanga *(rechts)*

Lateinisch: *Ara macao*
Familie: Papageien – Psittacidae
Verbreitung: SO-Mexiko bis Zentralbrasilien
Lebensraum: Feuchte Wälder
Größe: 84–89 cm

Die prächtig rot-gelb-blau gefärbten Papageien leben gewöhnlich in Trupps von bis zu 30 Vögeln. Als Nahrung dienen verschiedene Pflanzenteile. Zusammen mit anderen Papageien nehmen sie gelegentlich Lehm zu sich. Es wird vermutet, dass dadurch Pflanzengifte neutralisiert werden. In Baumhöhlen, die sich bis zu 40 m über dem Boden befinden, werden 1–4 Eier ausgebrütet.

Brillensperlingspapagei *(unten links)*

Lateinisch: *Forpus conspicillatus*
Familie: Papageien – Psittacidae
Verbreitung: O-Panama bis W-Venezuela
Lebensraum: Offene Wälder, Savannen
Größe: 12–13 cm

Während die Weibchen einfarbig grün gefärbt sind, kann man die Männchen an einigen blauen Gefiederpartien erkennen. Als Bewohner von Lichtungen und anderen offenen Landschaftstypen profitieren sie von Rodungen des Regenwalds. Ihre bis zu sechs Eier werden in einer Baumhöhle, in einem Zaunpfahl oder gar in Termitenbauten ausgebrütet.

Goldsittich *(oben links)*

Lateinisch: *Aratinga guarouba*
Familie: Papageien – Psittacidae
Verbreitung: N-Brasilien
Lebensraum: Tropischer Regenwald
Größe: 34–36 cm

Goldsittiche brüten in Baumhöhlen, mitunter helfen bei der Aufzucht der 2–3 Jungen weitere Artgenossen. Goldsittiche ernähren sich vorwiegend von Früchten. Da sie auch Mais fressen, werden sie stellenweise als Schädlinge verfolgt. Bedroht sind sie aber besonders durch die großflächige Rodung der tropischen Regenwälder und ferner durch illegalen Handel.

Sonnensittich *(oben rechts)*

Lateinisch:	*Aratinga solstitialis*
Familie:	Papageien – Psittacidae
Verbreitung:	Guyana bis N-Brasilien
Lebensraum:	Savannen, überschwemmte Wälder
Größe:	30 cm

Altvögel tragen ein herrlich gelborangefarbenes Federkleid, bei jüngeren Vögeln überwiegen die grünen Farbtöne. Da die Art nicht besonders häufig ist, konnten viele Aspekte ihrer Lebensweise bisher nicht erforscht werden. Als Nahrung dienen hauptsächlich Früchte und Beeren. In Gefangenschaft legen die Weibchen vier Eier und bebrüten sie allein.

Mönchsittich *(oben links)*

Lateinisch:	*Myiopsitta monachus*
Familie:	Papageien – Psittacidae
Verbreitung:	S-Bolivien bis Zentralargentinien
Lebensraum:	Waldland, Buschland, Obstgärten
Größe:	28–29 cm

Als einzige Papageien sind Mönchsittiche keine Höhlenbrüter, sondern bauen Nester ins obere Geäst von Bäumen. Dabei bilden sie Kolonien, in denen mehrere Nester zu einem großen Nest zusammenwachsen können. Samen, Beeren, Früchte und Insekten sammeln sie in großen Trupps, in denen stets einige Vögel nach Feinden Ausschau halten.

Schwarzohrpapagei *(unten)*

Lateinisch:	*Pionus menstruus*
Familie:	Papageien – Psittacidae
Verbreitung:	N-Südamerika
Lebensraum:	Feuchtes Waldland, Felder
Größe:	24–28 cm

Die grünblauen Papageien gehören zu den häufigsten ihrer Familie in Südamerika. Im Waldland ernähren sie sich vor allem von Samen, aber auch von nektarreichen Blüten. Auf Feldern nehmen sie Mais- und Reiskörner zu sich. Ihre vier Eier brüten sie in bis zu 30 m Höhe in Baumhöhlen aus. Außerhalb der Brutzeit sammeln sich Schwarzohrpapageien in Trupps.

Fächerpapagei *(oben rechts)*

Lateinisch: *Deroptyus accipitrinus*
Familie: Papageien – Psittacidae
Verbreitung: N-Südamerika
Lebensraum: Wälder, Savannen
Größe: 35–36 cm

Ihren Namen tragen diese Papageien, weil sie ihre rotblauen Nackenfedern zu einer Halskrause abspreizen können. Sie brüten in hohlen Baumstümpfen und Baumhöhlen. Nach vierwöchigem Brüten schlüpfen 2–3 Jungvögel, die anschließend noch neun Wochen im Nest verbringen. Verschiedene Früchte, aber auch Schösslinge und Blätter sind als Nahrung bekannt.

Weißstirnamazone *(oben links)*

Lateinisch: *Amazona albifrons*
Familie: Papageien – Psittacidae
Verbreitung: NW-Mexiko bis Costa Rica
Lebensraum: Waldland, Mangroven
Größe: 25–29 cm

Weißstirnamazonen gehören zu den häufigsten Papageien Mittelamerikas und besiedeln auch Gebiete, in denen die Landschaft durch Waldrodungen aufgelockert worden ist. Sie brüten in natürlichen oder von Spechten gezimmerten Baumhöhlen und ziehen 3–5 Jungvögel auf. Als Nahrung dienen vor allem Samen und Beeren; unter Früchten bevorzugen sie Feigen.

Gelbscheitelamazone *(unten)*

Lateinisch: *Amazona ochrocephala*
Familie: Papageien – Psittacidae
Verbreitung: Mexiko bis Peru;
eingebürgert in Kalifornien, Florida
Lebensraum: Feuchte Wälder, Mangroven, Savannen
Größe: 35–38 cm

Die Fähigkeit, die menschliche Sprache zu imitieren, hat diese Papageien zu beliebten Käfigvögeln gemacht. Illegaler Handel sowie Waldrodungen haben dazu geführt, dass die Art stellenweise recht selten geworden ist. Von großen Schlafplätzen aus verteilen sich Gelbscheitelamazonen morgens truppweise auf Baumkronen, um dort Früchte und Blüten zu fressen.

Riefenschnabelani *(oben)*

Lateinisch:	*Crotophaga sulcirostris*
Familie:	Kuckucke – Cuculidae
Verbreitung:	S-Texas bis NW-Argentinien
Lebensraum:	Buschland, Felder, Sümpfe, Wälder
Größe:	32 cm

Wie ihre etwas größeren Verwandten leben Riefenschnabelanis in Gruppen und benutzen zu mehreren Paaren ein Gemeinschaftsnest, das schließlich bis zu 18 Eier enthalten kann. Nach der Brutzeit streifen sie in Trupps umher, stets auf der Suche nach Heuschrecken, Zikaden und anderen Insekten. Abends sammeln sich bis zu 40 Vögel an Schlafplätzen.

Glattschnabelani *(Mitte)*

Lateinisch:	*Crotophaga ani*
Familie:	Kuckucke – Cuculidae
Verbreitung:	Florida bis N-Argentinien
Lebensraum:	Dickichte, Mangroven, Gewässerufer
Größe:	35 cm

Anis haben einen extrem dicken Schnabel, mit dessen Hilfe sie sich im dichten Gestrüpp einen Kletterweg bahnen. Dabei suchen sie nach verschiedenen Insekten, doch können sie auch in offenem Gelände dem Vieh folgen, um aufgeschreckte Beutetiere zu fangen. Sie brüten in Gemeinschaften, wobei teils mehrere Weibchen ihre Eier in ein Nest legen.

EULEN

Brillenkauz *(links)*

Lateinisch:	*Pulsatrix perspicillata*
Familie:	Eulen – Strigidae
Verbreitung:	Mittel- und S-Amerika
Lebensraum:	Tropischer Regenwald, trockene Wälder
Größe:	43–52 cm

Aufgrund der weißlichen Umrandung des dunkelbraunen Augenbereichs erhielt diese nachtaktive Eulenart ihren Namen. Von Sitzwarten aus jagen sie nach Wirbeltieren bis zur Größe von Opossums oder Tauben, die sie vom Boden oder aus dem Geäst von Bäumen greifen. In eine große Baumhöhle werden zwei Eier gelegt, doch gelingt meist nur die Aufzucht von einem Jungvogel.

Fettschwalm *(oben)*

Lateinisch: *Steatornis caripensis*
Familie: Fettschwalme – Steatornithidae
Verbreitung: Panama bis Bolivien
Lebensraum: Höhlen, tropische Wälder
Größe: 40–49 cm

Ähnlich wie Fledermäuse verbringen Fettschwalme den Tag in Höhlen, in denen sie sich echolotartig orientieren. Abends fliegen sie in Schwärmen in die umliegenden Wälder und finden mit ihrem hervorragenden Geruchssinn Bäume mit öligen Früchten. Die 2–4 Jungen bleiben mehr als zwei Monate im Nest und werden dabei so fett, dass sie von Ureinwohnern zur Ölgewinnung ausgekocht wurden.

Urutau-Tagschläfer *(unten)*

Lateinisch: *Nyctibius griseus*
Familie: Tagschläfer – Nyctibiidae
Verbreitung: Nicaragua bis N-Argentinien
Lebensraum: Offenes Waldland, Mangroven
Größe: 33–38 cm

Tagschläfer sitzen tagsüber regungslos und mit geschlossenen Augen auf dicken Ästen und sehen damit aus wie ein abgebrochener Ast. Auch beim Bebrüten des einzigen Eies in einer Astmulde behalten sie diese Position bei. Nachts werden sie aktiv und jagen im Flug und unter Zuhilfenahme ihrer großen Augen nach Käfern, Nachtfaltern und anderen Insekten.

Langschwanzeremit *(links)*

Lateinisch: *Phaethornis superciliosus*
Familie: Kolibris – Trochilidae
Verbreitung: NO-Südamerika
Lebensraum: Tropische Wälder
Größe: 14 cm

Diese häufigen Kolibris patrouillieren auf der Suche nach großen Blüten, in die sie mit ihren langen Schnäbeln hineinreichen können, entlang von Waldrändern und Wasserläufen. An Balzplätzen buhlen die Männchen um die Weibchen. Meist paaren sich die dominanten Männchen mit allen anwesenden Weibchen, die dann jeweils allein ihre beiden Eier ausbrüten.

Adlerschnabel *(rechts)*

Lateinisch: *Eutoxeres aquila*
Familie: Kolibris – Trochilidae
Verbreitung: Costa Rica bis N-Peru
Lebensraum: Unterwuchs feuchter Wälder, Waldränder
Größe: 12–14 cm

Mit ihrem gebogenen Schnabel, der nur noch bei einer anderen Kolibriart vorkommt, haben sich Adlerschnäbel an bestimmte röhrenförmige Blüten angepasst, die anderen Kolibris verschlossen bleiben. Beim Aussaugen des Nektars benetzen sie sich mit Blütenstaub, mit dem sie andere Blüten befruchten, so dass sowohl Vogel als auch Pflanze einen Vorteil haben.

Kupferbürzelamazilie *(oben links)*

Lateinisch: *Amazilia tobaci*
Familie: Kolibris – Trochilidae
Verbreitung: Venezuela, Trinidad, Tobago
Lebensraum: Wälder
Größe: 9–11 cm

Die am Rücken kupferrot leuchtenden Kolibris bewohnen die verschiedensten Waldtypen, vom tropischen Regenwald bis zu savannenartigen Baumbeständen und sind dort sehr häufig. Meist vertreiben sie nicht nur Artgenossen aus ihrem Revier, sondern auch andere Nahrungskonkurrenten. Außer Nektar fressen sie kleine Fliegen, die sie im Flug über verfaulenden Früchten fangen

Glitzeramazilie *(oben rechts)*

Lateinisch: *Amazilia fimbriata*
Familie: Kolibris – Trochilidae
Verbreitung: Kolumbien bis SO-Brasilien
Lebensraum: Offenes Waldland, Galeriewälder, Savannen, Gärten
Größe: 8–12 cm

Die überwiegend grünen Kolibris sind in weiten Teilen ihres großen Verbreitungsgebiets sehr häufig. Dies liegt sicherlich auch daran, dass sie in der Wahl ihres Lebensraums wenig anspruchsvoll und bei der Nektarsuche hinsichtlich der Blütenform vielseitig sind. Allein die Weibchen bauen Nester auf waagrechten Zweigen und brüten zwei Eier aus.

Purpurdegenflügel *(Mitte)*

Lateinisch: *Campylopterus hemileucurus*
Familie: Kolibris – Trochilidae
Verbreitung: S-Mexiko bis Panama
Lebensraum: Feuchte Bergwälder, Gärten, Bananenplantagen
Größe: 13–15 cm

Die relativ großen Kolibris sind recht friedliche Vögel, bei denen nur die Männchen gelegentlich Nahrungsreviere verteidigen. Besonders gern nehmen sie den Nektar von Bananenblüten zu sich, aber häufig jagen sie auch Insekten und Spinnen. Bis zu zwölf Männchen sammeln sich an Balzplätzen, aber das Brutgeschäft obliegt allein den Weibchen.

Zwergveilchenohr *(unten)*

Lateinisch: *Colibri thalassinus*
Familie: Kolibris – Trochilidae
Verbreitung: Mexiko bis NW-Argentinien
Lebensraum: Buschige Berghänge, Waldränder, Kaffeeplantagen
Größe: 10–11 cm

Die größtenteils grün schillernden Kolibris tragen ihren Namen wegen der blauvioletten Färbung der Kopfseiten. Bei der Suche nach Nektar fliegen sie an Büschen von Blüte zu Blüte. Von Bäumen aus überwachen sie günstige Bereiche und verteidigen sie gegen eindringende Artgenossen. Hoch in der Luft jagen sie aus dem Schwirrflug heraus Insekten.

Fahlbauchamazilie *(oben)*

Lateinisch:	*Amazilia yucatanensis*
Familie:	Kolibris – Trochilidae
Verbreitung:	O-Mexiko, S-Texas; im Winter auch S-USA
Lebensraum:	Offene Wälder, Gebüsche
Größe:	10–11 cm

Der Bauch der überwiegend grün schillernden Kolibris ist bei den nördlichsten Brutvögeln beige, bei den südlicheren orangefarben. Obwohl die meisten Fahlbauchamazilien Standvögel sind, ziehen einige im Herbst und Winter an die Küsten des Golfes von Mexiko. Sie saugen mit ihrem langen Schnabel Nektar aus Blüten, doch stehlen sie auch in Spinnennetzen gefangene Insekten.

Blaukehl-Breitschnabelkolibri *(unten)*

Lateinisch:	*Cynanthus latirostris*
Familie:	Kolibris – Trochilidae
Verbreitung:	Mexiko, S-Arizona
Lebensraum:	Buschiges Waldland
Größe:	9–10 cm

Die nur 3–4 Gramm leichten Vögel glänzen metallisch blau und grün. Mit dem langen roten Schnabel saugen sie Nektar aus Blüten, aber auch Fliegen und Spinnen zählen zu ihrer Nahrung. Ihr napfförmiges Nest besteht aus weichem Pflanzenmaterial und hat eine äußere Schicht aus Blättern und Borke. In 2–4 m Höhe ist es mit Spinnweben an Büschen befestigt und enthält zwei Eier. Im Nordteil des Verbreitungsgebiets sind Breitschnabelkolibris Zugvögel.

Bienenelfe *(oben links)*

Lateinisch: *Calypte helenae*
Familie: Kolibris – Trochilidae
Verbreitung: Kuba
Lebensraum: Waldland, Gärten
Größe: 5–6 cm

Die Männchen sind weltweit die kleinsten Vögel und wiegen nur 1,6 Gramm. Das etwas größere Weibchen bebrütet drei Wochen lang die beiden Eier. Zwei Wochen nach dem Schlüpfen beginnen die Jungvögel mit Flugübungen, im Alter von 18 Tagen verlassen sie schließlich das Nest. Neben Nektar werden auch kleine Insekten gefressen.

Rubinkolibri *(oben rechts)*

Lateinisch: *Clytolaema rubricauda*
Familie: Kolibris – Trochilidae
Verbreitung: O-Brasilien
Lebensraum: Wälder, Parks, Bananenplantagen
Größe: 11 cm

Bei den Weibchen dominieren rotbraune Farbtöne, Männchen sind überwiegend grün und haben einen rubinfarbenen Kehlfleck. Es gibt aber auch eine Variante mit schwärzlich überhauchtem Gefieder und violetter Kehle. Wie die meisten Kolibris ernähren sie sich von Nektar und Insekten. Ihr napfförmiges Nest dekorieren sie außen mit graugrünen Flechten und brüten darin zwei Eier aus.

Riesenkolibri *(unten)*

Lateinisch: *Patagona gigas*
Familie: Kolibris – Trochilidae
Verbreitung: Anden von SW-Kolumbien bis Zentralchile
Lebensraum: Offene Berglandschaften mit Bäumen
Größe: 20–22 cm

Die größten Kolibris schlagen viel langsamer mit den Flügeln als andere Kolibriarten und erwecken den Eindruck eines Schmetterlings. Das Saugen des Nektars erfolgt meist aus dem Sitzen heraus anstatt in dem für Kolibris typischen Schwirrflug. In Büschen oder Bäumen wird ein kleines Nest aus Moos, Flechten und Spinnweben gebaut; dort bebrütet das Weibchen zwei Eier.

Jungferntrogon *(oben)*

Lateinisch: *Trogon collaris*
Familie: Trogone – Trogonidae
Verbreitung: S-Mexiko bis Bolivien, O-Brasilien
Lebensraum: Waldränder, Plantagen
Größe: 25–29 cm

Die bunt schillernden Trogone brüten in Baumhöhlen, die nach einer Weile übel riechen, da sie den Kot ihrer 2–3 Jungvögel nicht entfernen. Der Anteil von Insekten ist in ihrer Nahrung höher als bei anderen Trogonen, doch nehmen sie dennoch Früchte zu sich. Bei der Nahrungssuche schließen sie sich gern aus verschiedenen Vogelarten zusammengesetzten Trupps an.

Graukopftrogon *(unten rechts)*

Lateinisch: *Trogon citreolus*
Familie: Trogone – Trogonidae
Verbreitung: W-Mexiko
Lebensraum: Offenes Waldland, Küstenwälder, Mangroven, Plantagen
Größe: 27 cm

Wie alle Trogone haben diese Vögel einen langen, gerade abgeschnittenen Schwanz und einen kräftigen Schnabel. Mit diesem verzehren sie verschiedene Früchte als auch Insekten. Größere Früchte werden zunächst zerkleinert, kleinere dagegen komplett verschluckt und deren unverdauliche Reste ausgewürgt. Zum Brüten benutzen sie Bauten von Termiten in Bäumen.

Quetzal *(unten links)*

Lateinisch: *Pharomachrus mocinno*
Familie: Trogone – Trogonidae
Verbreitung: S-Mexiko bis Panama
Lebensraum: Feuchte Nebelwälder im Bergland
Größe: 36–40 cm

Das schillernd grünrote Männchen hat bis zu 65 cm lange grüne Oberschwanzdecken, die im Flug hinterherflattern und beim Brüten aus der Baumhöhle hängen können. Die Fruchtfresser, die nur 1–2 Eier ausbrüten, waren schon bei den Azteken und Mayas heilige Vögel und sind noch heute ein nationales Symbol in Guatemala. Leider sind sie durch Wilderei und Abholzungen bedroht.

Amazonasfischer *(ganz oben links)*

Lateinisch: *Chloroceryle amazona*
Familie: Eisvögel – Alcedinidae
Verbreitung: Mexiko bis Zentralargentinien
Lebensraum: Flüsse, Lagunen, Mangroven
Größe: 30 cm

Der mächtige Schnabel ist 7 cm lang, mit ihm können Amazonasfischer beim Stoßtauchen vom Ansitz aus bis zu 17 cm große Fische fangen. Diese werden mit dem Kopf gegen einen Ast geschlagen und anschließend komplett verschluckt. In steile Ufer graben Männchen und Weibchen eine 1,5 m tiefe Niströhre, in der 3–4 Eier ausgebrütet werden.

Grünfischer *(oben links)*

Lateinisch: *Chloroceryle americana*
Familie: Eisvögel – Alcedinidae
Verbreitung: S-USA bis N-Argentinien
Lebensraum: Flüsse und Seen im Wald, Mangroven, Küsten
Größe: 20 cm

Von Steinen am Ufer oder über das Wasser hängenden Ästen aus stürzen sich Grünfischer steil ins Wasser, sobald sie einen kleinen Fisch, eine Garnele oder eine Insektenlarve erspäht haben. Im Durchschnitt ist aber nur jeder dritte Fangversuch erfolgreich. Ihre 3–6 Eier bebrüten Männchen und Weibchen abwechselnd in einer selbst gegrabenen Erdröhre.

Blauscheitelmotmot *(oben rechts)*

Lateinisch: *Momotus momota*
Familie: Sägeracken – Momotidae
Verbreitung: NO-Mexiko bis N-Argentinien
Lebensraum: Waldland, Plantagen, Gärten
Größe: 38–43 cm

Die bunten Vögel bauen zum Brüten eine bis zu 4 m lange Höhle in den Erdboden, deren Eingang sich gut versteckt hinter Wurzeln befindet. Bei der Nahrungssuche schaufeln sie am Boden störendes Laub mit dem Schnabel beiseite oder ergreifen ihre Beute aus dem Flug heraus. Sie fressen vor allem Insekten, Reptilien und kleine Säuger.

Andenbartvogel *(oben)*

Lateinisch:	*Eubucco bourcierii*
Familie:	Bartvögel – Capitonidae
Verbreitung:	Costa Rica bis N-Peru
Lebensraum:	Wälder, Dickichte
Größe:	16 cm

Akrobatisch klettern Andenbartvögel im Geäst umher, um auch schwer zugängliche Früchte und Beeren zu erreichen. Auch zerren sie an trockenen Blättern, um Wirbellose herauszuschütteln. Männchen und Weibchen bauen eine Bruthöhle in einen Baum, mitunter vergrößern sie einfach eine Spechthöhle. Der Gesang ist ein schnelles Trillern mit 27 Tönen pro Sekunde.

Blauzügelarassari *(unten links)*

Lateinisch:	*Aulacorhynchus sulcatus*
Familie:	Tukane – Ramphastidae
Verbreitung:	N-Kolumbien, N-Venezuela
Lebensraum:	Feuchte Bergwälder
Größe:	33–37 cm

Der aus krächzenden Tönen bestehende Gesang wird von den Partnern gleichzeitig vorgetragen, wobei das Weibchen eine höhere Tonlage hat. Auch ein Schnabelklappern dient dem Zusammenhalt der Paare. In Bäumen suchen sie hauptsächlich verschiedene Früchte, doch rauben sie gern auch Eier und Jungvögel aus Nestern oder erbeuten Insekten.

Laucharassari *(unten rechts)*

Lateinisch:	*Aulacorhynchus prasinus*
Familie:	Tukane – Ramphastidae
Verbreitung:	SO-Mexiko bis N-Bolivien
Lebensraum:	Bergwälder, Plantagen, Gärten
Größe:	30–37 cm

Die kleinen grünen Tukane brüten in Baumhöhlen, die sie in morschem Holz selbst zimmern können. Oft benutzen sie auch Spechthöhlen, deren Eingänge sie auf die passende Größe erweitern. Über 120 Arten von Früchten wurden als Nahrung nachgewiesen, zusätzlich fressen sie Blüten und eine ganze Reihe von Kleintieren, von Insekten bis hin zu Schlangen.

Goldtukan *(unten)*

Lateinisch: *Baillonius bailloni*
Familie: Tukane – Ramphastidae
Verbreitung: O-Brasilien bis NO-Argentinien
Lebensraum: Feuchte subtropische Wälder
Größe: 35–39 cm

Die Männchen der goldgelben Tukane haben ein breites Repertoire an Gesangselementen, das sie häufig zum Besten geben. Bei der Balz putzt das Männchen sanft das Gesicht des Weibchens und füttert es. Zum Brüten bauen beide Partner eine alte Spechthöhle aus. Gruppenweise gehen sie auf die Suche nach Früchten, häufig in Gesellschaft anderer Vogelarten.

Braunohrarassari *(rechte Seite oben links)*

Lateinisch: *Pteroglossus castanotis*
Familie: Tukane – Ramphastidae
Verbreitung: Kolumbien bis NO-Argentinien
Lebensraum: Sumpfige Wälder
Größe: 43–47 cm

Die äußerst bunten Tukane fressen nicht nur Früchte, sondern vielfach auch Eier und Junge anderer Vögel, die sie aus deren Nestern rauben. Selbst Spechte vertreiben sie zu diesem Zweck aus ihren Höhlen. Spechthöhlen benutzen sie ihrerseits, um zwei Eier auszubrüten. Außerhalb der Brutzeit streifen sie in Trupps auf der Suche nach fruchtenden Bäumen umher.

Fischertukan *(rechte Seite oben rechts)*

Lateinisch: *Ramphastos sulfuratus*
Familie: Tukane – Ramphastidae
Verbreitung: SO-Mexiko bis N-Kolumbien
Lebensraum: Feuchte Wälder
Größe: 46–51 cm

Die farbenprächtigen Tukane brüten in Baumhöhlen, die sie zuvor mehrere Wochen lang säubern und mit Blättern auslegen. Beim Bebrüten der 1–4 Eier wechseln sich die Eltern ab, auch das Füttern mit Früchten und Insekten übernehmen sie gemeinsam. Altvögel fressen ebenfalls Früchte, die sie ganz herunterschlucken, gelegentlich aber vorher mit dem Schnabel schälen.

Swainsontukan *(rechte Seite unten)*

Lateinisch: *Ramphastos swainsonii*
Familie: Tukane – Ramphastidae
Verbreitung: Honduras bis Ecuador
Lebensraum: Wälder, Plantagen, Gärten
Größe: 53–56 cm

Fütterungen mit Früchten und behutsames Putzen des Partners sind Bestandteile des Balzspiels, das der Aufzucht von 2–3 Jungvögeln vorausgeht. Durch nachgeahmte Pfiffe lassen sie sich leicht anlocken, was ihnen bei Jägern oft zum Verhängnis wird. Neben Insekten und anderen Kleintieren fressen sie Früchte, gern auch heruntergefallene Bananen in Plantagen.

Riesentukan *(rechte Seite Mitte links)*

Lateinisch: *Ramphastos toco*
Familie: Tukane – Ramphastidae
Verbreitung: Guyana bis N-Argentinien
Lebensraum: Offenes Waldland, kleinere Gehölze, Plantagen
Größe: 55–61 cm

Die größte aller 37 Tukanarten lebt als einzige nicht in dichten Wäldern. In Gruppen gehen sie auf Suche nach Früchten, Insekten, Eidechsen oder Vogeleiern und halten durch Rufe ständig Kontakt zueinander. Die Brut findet in Baumhöhlen statt, jedoch fallen die 2–3 Eier und die zunächst noch nackten Jungen häufig räuberischen Affen zum Opfer.

Weißspecht *(rechte Seite oben Mitte)*

Lateinisch: *Melanerpes candidus*
Familie: Spechte – Picidae
Verbreitung: Brasilien bis N-Argentinien
Lebensraum: Offenes Waldland, Savannen, Obstgärten, Palmenplantagen
Größe: 24–29 cm

Wie die meisten Spechte brüten diese weißköpfigen Vertreter in Baumhöhlen, können aber in baumarmen Lebensräumen auch Felsspalten nutzen. Ihre Nahrung besteht größtenteils aus Früchten, die sie auch in Plantagen zu sich nehmen, so dass sie stellenweise als Schädlinge bejagt werden. Auf ihrer Speiseliste stehen aber auch Samen, Honig und Insekten (vor allem Bienen und Wespen).

Rosttöpfer *(oben links)*

Lateinisch:	*Furnarius rufus*
Familie:	Töpfervögel – Furnariidae
Verbreitung:	O-Südamerika
Lebensraum:	Offenes Gelände mit Baumgruppen
Größe:	16–23 cm

Für seine Brut errichtet der schlicht rotbraun gefärbte Vogel aus Schlamm und Stroh ein 20–30 cm messendes, ofenartiges Gebäude auf einem Zaunpfahl. Im Inneren führt ein spiralförmiger Gang in die mit Gras ausgelegte Brutkammer. Beide Eltern bebrüten dort die 2–4 Eier, anschließend werden die Jungen über drei Wochen lang mit Grillen, Käfern und Raupen gefüttert.

Rindenpicker *(oben rechts)*

Lateinisch:	*Glyphorhynchus spirurus*
Familie:	Baumsteiger – Dendrocolpatidae
Verbreitung:	S-Mexiko bis O-Brasilien
Lebensraum:	Tropische Wälder
Größe:	13–16 cm

Ähnlich wie die auch in Europa vorkommenden Baumläufer sind Baumsteiger Singvögel, die wie Spechte an Bäumen emporklettern können und zu diesem Zweck versteifte Schwanzfedern als Stütze haben. Aus Ritzen in der Baumrinde picken sie Käfer, Ameisen, Spinnen und andere Wirbellose. Nester werden in natürliche Baumhöhlen gebaut, doch gehen die Bruten häufig bei starken Regenfällen verloren.

Grauscheitel-Ameisenvogel

(rechte Seite oben rechts)

Lateinisch:	*Myrmeciza laemosticta*
Familie:	Ameisenvögel – Thamnophilidae
Verbreitung:	Costa Rica bis Venezuela
Lebensraum:	Immergrüne Wälder
Größe:	13–14 cm

Die graubraun befiederten Vögel mit weißen Punkten auf den Flügeln leben im Unterholz und hüpfen mit ihren kräftigen Beinen am Boden umher, um Insekten zu fangen. Dabei schlagen sie regelmäßig ihren kurzen Schwanz nach unten. Gelegentlich picken sie auch an tief hängenden Blättern Insekten auf. An den kurzen Gesang des Männchens schließt das Weibchen seine Strophe unmittelbar an.

Schwarzscheitel-Ameisenpitta

(rechte Seite oben links)

Lateinisch:	*Pittasoma michleri*
Familie:	Ameisendrosseln und Ameisenpittas – Formicariidae
Verbreitung:	Costa Rica bis NW-Kolumbien
Lebensraum:	Feuchte Wälder
Größe:	18–19 cm

Der extrem kurze Schwanz verleiht den größten Ameisenpittas eine eigentümliche Gestalt. Die mit einem kräftigen Schabel ausgestatteten Vögel leben überwiegend am Waldboden und halten sich in der Deckung der Vegetation auf. Erst ein einziges Mal wurde ein Nest gefunden. Es befand sich 1 m hoch auf einer kleinen Palme, bestand aus Wurzeln und Blättern und enthielt zwei Eier.

Cayenneklippenvogel *(linke Seite unten)*

Lateinisch: *Rupicola rupicola*
Familie: Schmuckvögel – Cotingidae
Verbreitung: N-Südamerika
Lebensraum: Felsige Tropenwälder
Größe: 32 cm

Die Männchen der auch als Felsenhähne bekannten Vögel haben ein leuchtend orangefarbenes Gefieder mit eigentümlicher Federhaube auf dem Kopf. An Balzplätzen sammeln sich 5–25 Männchen und führen ritualisierte Drohgebärden vor. Die dunkelbraunen Weibchen ziehen sich anschließend zum Brüten in ihr aus Schlamm und Pflanzen gebautes Nest in einer Felsspalte zurück.

Andenklippenvogel *(unten)*

Lateinisch: *Rupicola peruviana*
Familie: Schmuckvögel – Cotingidae
Verbreitung: Anden von W-Venezuela bis W-Bolivien
Lebensraum: Bergwälder
Größe: 30 cm

Das prächtige Gefieder hat zwar seine Bedeutung bei der Balz, erhöht aber auch die Gefahr, von Greifvögeln, Pumas und Schlangen entdeckt zu werden. Mit kräftigen Zehen und Beinen können sich die Vögel gut an Felsen festhalten. Sie fressen vor allem Früchte. Da deren Kerne nicht verdaut werden, spielen die Vögel eine wichtige Rolle bei der Ausbreitung der Pflanzen.

Langschwanzpipra *(oben)*

Lateinisch: *Chiroxiphia linearis*
Familie: Schmurrvögel – Pipridae
Verbreitung: S-Mexiko bis Costa Rica
Lebensraum: Offenes Waldland
Größe: Männchen 20–22 cm, Weibchen 11 cm

Durch die langen Schwanzspieße sind die Männchen doppelt so lang wie die olivgrünen Weibchen. Zusätzlich haben sie im schwarzen Alterskleid eine rote Kopfkappe und einen blauen Rücken, doch erreichen sie dies prächtige Kleid erst im Alter von 3–4 Jahren. Zu zweit oder zu dritt führen Männchen auf einem Ast ein Balzspiel durch; das Weibchen erwählt einen von ihnen zur Paarung.

Rohrspottdrossel *(rechte Seite oben rechts)*

Lateinisch: *Donacobius atricapillus*
Familie: Zaunkönige – Troglodytidae
Verbreitung: Panama bis N-Argentinien
Lebensraum: Sümpfe, Feuchtwiesen, Gewässerufer
Größe: 23 cm

Die Gefiederfärbung und die langschwänzige Gestalt dieser Vögel erinnern eher an Spottdrosseln, doch gehören sie zu den Zaunkönigen und sind die größten Vertreter dieser Familie. Sie sind sehr ruffreudig, Paare singen häufig im Duett und wippen dabei mit Kopf und Schwanz. In ihren feuchten Lebensräumen ernähren sie sich vor allem von Insekten.

Sumpftyrann *(rechte Seite oben links)*

Lateinisch: *Fluvicola leucocephala*
Familie: Tyrannen – Tyrannidae
Verbreitung: Kolumbien bis N-Argentinien, Trinidad
Lebensraum: Sümpfe, Schilfgürtel
Größe: 12 cm

Die Männchen der Sumpftyrannen sind schwarz, haben aber einen weißen Kopf. Die Weibchen sind dagegen unterseits weiß und oberseits graubraun gefärbt. Sie leben in Paaren oder kleinen Gruppen und ernähren sich von Fliegen, die sie in der Luft fangen. Das Nest wird zwischen Grasbüschel gebaut und enthält 2–3 Eier.

Purpurtyrann *(linke Seite unten links)*

Lateinisch: *Pyrocephalus rubinus*
Familie: Tyrannen – Tyrannidae
Verbreitung: SW-USA bis Argentinien
Lebensraum: Trockenes Buschland, Savannen, Wüsten, Farmland
Größe: 14–16 cm

Im Gegensatz zu den feuerroten Männchen fallen die grünen Weibchen weit weniger auf. In wendigen Verfolgungsflügen jagen sie fliegende Insekten und kehren mit der Beute an ihren Ansitz zurück. Während das Weibchen 2–3 Eier in einem Baumnest ausbrütet, wird es vom Männchen gefüttert. Aus dem Brutrevier werden andere Singvögel mit Nachdruck vertrieben.

Bentevi *(linke Seite unten rechts)*

Lateinisch: *Pitangus sulphuratus*
Familie: Tyrannen – Tyrannidae
Verbreitung: S-Texas bis Argentinien
Lebensraum: Gewässerufer mit Gebüsch, Waldränder, Obstgärten
Größe: 23–25 cm

Die großen, farbenfrohen Tyrannen können sehr aggressiv werden, wenn es darum geht, das Brutrevier zu verteidigen. Selbst viel größere Greifvögel werden heftig attackiert. Ihre vier Eier werden in ein überdachtes Nest mit seitlichem Eingang gelegt. Neben Insekten und Früchten fressen sie auch Fische, die sie wie Eisvögel durch Stoßtauchen erbeuten.

Zitterdrossel *(oben links)*

Lateinisch: *Cinclocerthia ruficauda*
Familie: Spottdrosseln – Mimidae
Verbreitung: Kleine Antillen
Lebensraum: Wälder
Größe: 23–26 cm

Warum diese langschnäbeligen Vögel mit Körper und Flügeln zittern ist nicht bekannt. Sie hüpfen am Boden umher und suchen dabei nach Früchten, Samen, Insekten sowie kleinen Fröschen und Eidechsen. Für ihre 2–3 Eier bauen sie ein Nest in Baumhöhlen. Durch Waldrodungen sind Zitterdrosseln auf fast allen von ihnen bewohnten Inseln selten geworden.

Rotfußdrossel *(unten links)*

Lateinisch: *Turdus plumbeus*
Familie: Drosseln – Turdidae
Verbreitung: Karibik
Lebensraum: Wälder, Parks, Gärten
Größe: 25–28 cm

Auf den karibischen Inseln kommt die meist recht häufige Art in verschiedenen Unterarten vor, die sich in der Färbung von Kehle und Brust unterscheiden. Während sie auf einigen Inseln zurückgezogen in Bergwäldern leben, sind sie auf anderen eine gewöhnliche Erscheinung, z.B. auf Grünstreifen mitten in der Stadt. Am Boden suchen sie nach Insekten und Früchten.

Magellandrossel *(rechte Seite unten)*

Lateinisch: *Turdus falcklandii*
Familie: Drosseln – Turdidae
Verbreitung: Chile, Argentinien
Lebensraum: Waldränder, Parks, Felder mit Bäumen
Größe: 25–27 cm

Ähnlich wie Amseln in Europa und Wanderdrosseln in Nordamerika kann man Magellandrosseln im Südteil Südamerikas auf Grünflächen bei der Nahrungssuche beobachten. Sie fressen Regenwürmer, Insekten und andere Wirbellose. Von September bis Januar brüten sie bis zu dreimal, wobei sich das Männchen allerdings nur an den Fütterungen beteiligt.

Grünhäher *(oben)*

Lateinisch: *Cyanocorax yncas*
Familie: Rabenvögel – Corvidae
Verbreitung: S-Texas bis Honduras, Kolumbien bis N-Bolivien
Lebensraum: Feuchte Wälder, offenes Waldland
Größe: 30 cm

Die grün leuchtenden Häher leben auch zur Brutzeit in kleinen Gruppen, in denen das Brutpaar von mehreren Jungvögeln der Vorjahre bei der Revierverteidigung und beim Füttern der meist vier Jungvögel unterstützt wird. Auf der Suche nach Wirbellosen, Samen und Früchten klettern Grünhäher spiralförmig im Geäst von Bäumen nach oben.

Kapuzenzeisig *(linke Seite rechts)*

Lateinisch: *Carduelis cucullata*
Familie: Finken – Fringillidae
Verbreitung: N-Kolumbien, N-Venezuela
Lebensraum: Waldland
Größe: 10 cm

Das hübsche Gefieder wurde dieser Art zum Verhängnis, denn als beliebten Käfigvögeln wurde ihnen so stark nachgestellt, dass es heute nur noch weniger als 1000 frei lebende Exemplare gibt. Zweimal im Jahr, im Mai und Juni sowie im November und Dezember, schreiten Kapuzenzeisige zur Brut und legen dabei 3–4 Eier in ein Nest, das hoch in Bäumen angelegt wird.

Zuckervogel *(oben)*

Lateinisch: *Coereba flaveola*
Familie: Zuckervögel – Coerebidae
Verbreitung: Karibik bis N-Argentinien
Lebensraum: Offene Wälder, Gärten, Parks
Größe: 11 cm

Mit ihrem gebogenen Schnabel durchstechen Zuckervögel die Basis von röhrenförmigen Blüten und saugen dann den Nektar heraus. Damit umgehen sie die Staubblätter der Blüten und tragen somit nicht zu deren Bestäubung bei. Auch an den Saft von Beeren gelangen sie, indem sie diese anstechen, während Insekten und Spinnen komplett verschluckt werden.

Kleingrundfink *(Mitte)*

Lateinisch: *Geospiza fuliginosa*
Familie: Ammern – Emberizidae
Verbreitung: Galapagosinseln
Lebensraum: Trockenes Gelände
Größe: 15 cm

Der Kleingrundfink ist eine von 13 Arten der Darwinfinken, die den berühmten Naturforscher in der Entwicklung seiner Evolutionstheorie beflügelten. Die Darwinfinken unterscheiden sich vor allem in der Schnabelform, die ihnen eine verschiedenartige Nahrungswahl erlaubt. Der Kleingrundfink hat sich mit seinem relativ kleinen Schnabel auf weiche Samen spezialisiert.

Spechtfink *(rechte Seite oben rechts)*

Lateinisch: *Camarhynchus pallidus*
Familie: Ammern – Emberizidae
Verbreitung: Galapagosinseln
Lebensraum: Feuchtes Hochland
Größe: 15 cm

Die zu den Darwinfinken gehörenden Spechtfinken tragen ihren Namen, weil sie in Holz und in abgestorbenen Kakteen mit ihrem langen Schnabel nach Insekten und Samen stochern. Sie gehören zu den weltweit ganz wenigen Vogelarten mit Werkzeuggebrauch, denn mit Kaktusstacheln oder kleinen Zweigstücken erweitern sie die Reichweite ihres Schnabels.

Graukardinal *(rechte Seite links)*

Lateinisch: *Paroaria coronata*
Familie: Ammern – Emberizidae
Verbreitung: Bolivien bis Mittelargentinien
Lebensraum: Feuchtes Gebüsch, Wälder
Größe: 19 cm

Ihr Brutrevier, das meist in Gewässernähe liegt, verteidigen Graukardinäle nicht nur gegen Artgenossen, sondern auch gegen andere, ebenfalls Samen fressende Singvögel. Männchen und Weibchen halten stets mit Rufen Kontakt zueinander. Das aus Pflanzenmaterial gebaute Nest enthält 2–4 Eier, die größtenteils vom Weibchen bebrütet werden.

Türkisnaschvogel (linke Seite unten)

Lateinisch: *Cyanerpes cyaneus*
Familie: Tangaren – Thraupidae
Verbreitung: Mexiko bis Brasilien
Lebensraum: Waldränder
Größe: 12 cm

Am kräftig blauschwarz gefärbten Männchen fallen besonders die knallroten Beine und eine schwarze Maske auf. Die Weibchen haben ebenso wie die Männchen einen nach unten gebogenen Schnabel, sind aber unscheinbar grün und damit gut im Laub der Bäume getarnt. Das Nest der Nektarfresser ist napfförmig und wird vor allem aus Pflanzenfasern gebaut.

Purpurtangare (unten rechts)

Lateinisch: *Ramphocelus carbo*
Familie: Tangaren – Thraupidae
Verbreitung: S-Venezuela bis Paraguay
Lebensraum: Waldränder, Savannen, Gärten
Größe: 16–17 cm

Gegenüber den prächtig rot bis purpurfarben glänzenden Männchen sind die braunen Weibchen weniger spektakulär anzusehen. Sie leben in kleinen Trupps von 4–8 Vögeln und sind ständig auf der Suche nach Früchten. Außerdem sammeln sie Insekten von Blättern ab und nehmen Nektar zu sich. Ihre beiden Eier werden zwölf Tage lang bebrütet.

Orangeblaufink *(oben)*

Lateinisch: *Passerina leclancherii*
Familie: Kardinäle – Cardinalidae
Verbreitung: SW-Mexiko
Lebensraum: Gebüsche, Felder
Größe: 12–13 cm

Die ausschließlich in Mexiko vorkommenden, unterseits gelb bis orangefarben befiederten Vögel brüten in Büschen und Bäumen in aus Pflanzenmaterialien gebauten Nestern. Ein Gelege besteht aus 2–5 Eiern. Mit ihrem kräftigen Schnabel fressen sie Samen, doch zählen auch Insekten zu ihrer Nahrung.

Azurbischof *(linke Seite oben rechts)*

Lateinisch: *Guiraca caerulea*
Familie: Kardinäle – Cardinalidae
Verbreitung: USA bis Costa Rica
Lebensraum: Felder, Hecken, Waldränder
Größe: 15–19 cm

Die prächtig blauen Männchen und rötlich braunen Weibchen sind im Norden ihres Verbreitungsgebiets Zugvögel, kommen aber in Mittelamerika ganzjährig vor. Ihre Nahrungssuche findet am Boden oder in Bäumen statt. Dabei nehmen sie mit ihrem kräftigen Schnabel neben Samen und Früchten auch Insekten zu sich. Das napfförmige Nest wird aus Pflanzenteilen im Gebüsch oder in bis zu 6 m Höhe in Bäumen gebaut.

Krähenstirnvogel *(linke Seite oben links)*

Lateinisch: *Psarocolius decumanus*
Familie: Stärlinge – Icteridae
Verbreitung: Panama bis N-Argentinien
Lebensraum: Wälder, Plantagen
Größe: Männchen 45 cm, Weibchen 35 cm

Die Männchen tragen einen melodischen Gesang vor und sind erheblich größer als die gleich gefärbten Weibchen. Krähenstirnvögel brüten in Kolonien von bis zu 100 Paaren, die ihre bis zu 1 m langen, von Ästen herabhängenden Nester alle in einem Baum bauen. Die Nahrung besteht aus Früchten, Samen, Insekten und anderen Wirbellosen.

Rotaugen-Kuhstärling *(linke Seite unten)*

Lateinisch: *Molothrus aeneus*
Familie: Stärlinge – Icteridae
Verbreitung: USA bis Panama
Lebensraum: Savannen, Felder, Siedlungen
Größe: 17–22 cm

Ähnlich wie Kuckucke sind Kuhstärlinge Brutschmarotzer. Nach der Paarung mit einem Männchen legt das Weibchen seine Eier in Nester anderer Vogelarten, immer nur eines pro Nest. Die fremden Eier werden meist zerstört, damit der Jungvogel konkurrenzlos aufwachsen kann. Kuhstärlinge leben in Trupps und sammeln am Boden Samen und Insekten.

Chopistärling *(unten)*

Lateinisch: *Gnorimopsar chopi*
Familie: Stärlinge – Icteridae
Verbreitung: SO-Peru bis Uruguay
Lebensraum: Offenes Gelände mit Palmen, Farmland, Savannen
Größe: 21–23 cm

Das einfarbig schwarze Gefieder hat einen metallischen Glanz, zudem wirken die langen, spitzen Federn an Scheitel und Nacken wie mit Haargel gekämmt. In ihre Nester werden häufig Eier von Kuhstärlingen gelegt, die sie dann anstatt ihres eigenen Nachwuchses ausbrüten und aufziehen.

Australien und Ozeanien

Kakadu und Kakapo, Kasuar und Emu, Lachender Hans und Laubenvogel, Thermometerhuhn und Paradiesvogel – die Liste der eigenartigen Vögel in Australien, Neuguinea und Neuseeland ist beträchtlich. Lang andauernde Isolation von anderen Kontinenten und ein breit gefächertes Angebot an Lebensräumen machten die Vielfalt von 930 Arten möglich.

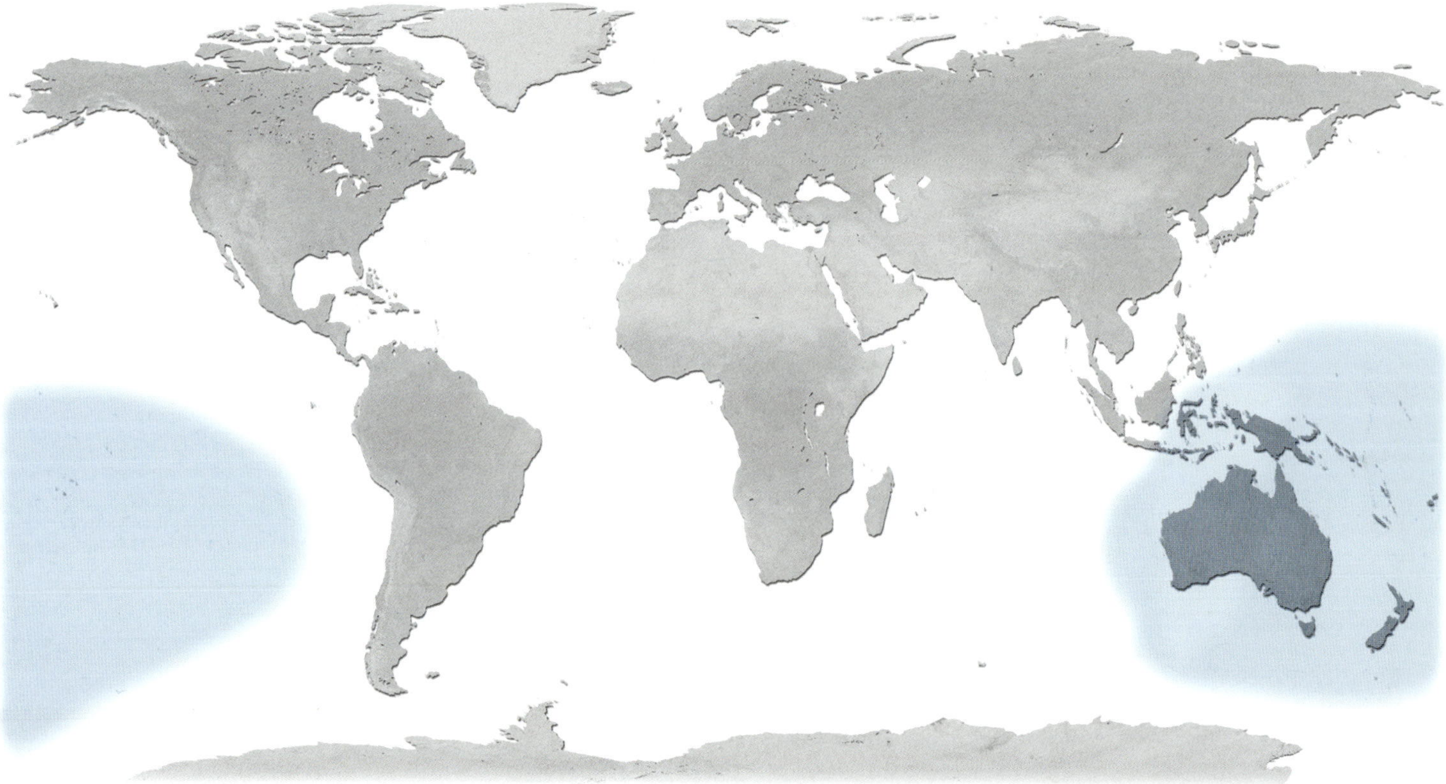

Helmkasuar *(links)*

Lateinisch: *Casuarius casuarius*
Familie: Kasuare – Casuariidae
Verbreitung: Neuguinea, NO-Australien
Lebensraum: Feuchte Wälder, Regenwälder
Größe: 130–170 cm

Ähnlich wie bei den anderen Kasuaren ist das Gefieder schwarz, Kopf und Hals sind nackt und blaurot gefärbt. Der „Helm" auf dem Kopf besteht aus Horn und dient möglicherweise dazu, Laub beiseite zu schaufeln und damit Früchte und Insekten freizulegen. Nach Ablage von 3–5 Eiern überlassen die Weibchen das Brutgeschäft dem Männchen und verpaaren sich mit einem neuen Partner.

Einlappenkasuar *(oben)*

Lateinisch: *Casuarius unappendiculatus*
Familie: Kasuare – Casuariidae
Verbreitung: Neuguinea
Lebensraum: Regenwälder
Größe: 120–150 cm

Hinsichtlich der Körpergröße und der Ausprägung des „Helms" nehmen Einlappenkasuare eine Mittelstellung unter den drei flugunfähigen Kasuararten ein. Das Weibchen überlässt die Brut und Aufzucht allein dem Männchen und verpaart sich mittlerweile mit dem nächsten Männchen. Wie bei anderen Kasuaren werden Früchte, aber auch Pilze, Wirbellose und kleine Wirbeltiere aufgesammelt.

Bennettkasuar *(unten rechts)*

Lateinisch: *Casuarius bennetti*
Familie: Kasuare – Casuariidae
Verbreitung: Neuguinea
Lebensraum: Wälder
Größe: 100–110 cm

Benettkasuare gelten als sehr gefährlich, weil sie während der Brutzeit andere Tiere und auch Menschen mit ihren langen Krallen angreifen. Abgesehen von der geringeren Körpergröße ähnelt diese Art den anderen Kasuaren, doch ist der hornartige „Helm" nur klein. Auch beim Benettkasuar überlässt das Weibchen das Brutgeschäft vollständig dem Männchen.

Emu *(Mitte)*

Lateinisch: *Dromaius novaehollandiae*
Familie: Emus – Dromaiidae
Verbreitung: Australien
Lebensraum: Buschland, Halbwüsten, Felder
Größe: 150–190 cm

Die nach dem Strauß zweitgrößte Vogelart hat ein braunes Gefieder, ist flugunfähig und lebt mit einem Bestand von 700 000 Vögeln in Australien. Zur Brutzeit verpaart sich ein Männchen mit bis zu drei Weibchen, die ihre Eier in eine gemeinsame Nestmulde legen. Die bis zu 20 Eier brütet das Männchen allein aus und verzichtet dabei acht Wochen lang auf Nahrung und Wasser.

Zwergkiwi *(oben)*

Lateinisch: *Apteryx owenii*
Familie: Kiwis – Apterygidae
Verbreitung: Neuseeland
Lebensraum: Wälder mit dichtem Unterholz
Größe: 35–45 cm

Bejagung, Lebensraumzerstörung und die Einführung von Katzen und Ratten haben die kleinste der drei Kiwiarten nahezu ausgerottet. Heute kommt sie nur noch auf sechs kleinen Inseln vor. Im Vergleich zur Körpergröße legen Zwergkiwis mit 25 % des Körpergewichts die größten Eier aller Vogelarten. Das Bebrüten der 1–2 in Höhlungen gelegten Eier ist Sache des Männchens.

Streifenkiwi *(unten links)*

Lateinisch: *Apteryx australis*
Familie: Kiwis – Apterygidae
Verbreitung: Neuseeland
Lebensraum: Wälder
Größe: 50–65 cm

Da Schwanz und Flügel im braunen Gefieder verborgen sind, sehen die flugunfähigen Kiwis mit ihren dicken Beinen und dem langen, dünnen Schnabel eigenartig aus. Bei der Suche nach Würmern, Insekten und Spinnen setzen sie ihren ausgeprägten Geruchssinn mit Nasenlöchern an der Schnabelspitze ein. Die Jungen sind nach 20 Tagen selbstständig, aber erst nach 18 Monaten ausgewachsen.

Dickschnabelpinguin *(rechts)*

Lateinisch: *Eudyptes pachyrhynchus*
Familie: Pinguine – Spheniscidae
Verbreitung: Neuseeland
Lebensraum: Felsküsten, Regenwälder, Ozeane
Größe: 55–71 cm

Dickschnabelpinguine brüten vor allem in steilen, bewaldeten Hängen und legen dort ihre beiden Eier unter Büsche, hinter Wurzeln oder in Erdhöhlen. Sie bilden nur kleinere Kolonien, zumal man ihren Bestand insgesamt auf nur 5000–10000 Paare schätzt. Bei der Jagd nach Tintenfischen und Fischen bleiben sie in der Regel in küstennahen Gewässern.

Sclaterpinguin *(unten)*

Lateinisch: *Eudyptes sclateri*
Familie: Pinguine – Spheniscidae
Verbreitung: Inseln südl. Neuseeland
Lebensraum: Felsküsten, Ozeane
Größe: 63–68 cm

Mit 115 000 Paaren finden sich mehr als die Hälfte der zu Ehren eines britischen Zoologen benannten Pinguine auf einer kleinen Insel, wo die Vögel ihre beiden Eier in einer Mulde ausbrüten. Die Brutplätze befinden sich bis zu 75 m über dem Meer und müssen wegen der Flugunfähigkeit zu Fuß erreicht werden – auch während der 75-tägigen Fütterungszeit.

Zwergpinguin (oben)

Lateinisch: *Eudyptula minor*
Familie: Pinguine – Spheniscidae
Verbreitung: S-Australien, Neuseeland
Lebensraum: Klippen, Dünen, Ozeane
Größe: 40–45 cm

Die kleinsten Pinguine können bis etwa 70 m tief tauchen und fangen dabei kleine Fische sowie Tintenfische und Krebstierchen. Ihre Brutkolonien, die bis zu 300 m vom Wasser entfernt sein können, besuchen sie nur im Schutz der Dunkelheit. Sie brüten in selbst in den Sand gegrabenen Bauten, in bereits vorhandenen Höhlungen oder unter dichter Vegetation.

Gelbaugenpinguin (links)

Lateinisch: *Megadyptes antipodes*
Familie: Pinguine – Spheniscidae
Verbreitung: Neuseeland
Lebensraum: Dicht bewachsene Küsten, Küstengewässer
Größe: 66–76 cm

Gelbaugenpinguine brüten einzeln oder in lockeren Gruppen in dichter Vegetation. Da viele ihrer Brutgebiete zu Farmland umgewandelt wurden, sind sie selten geworden. Die verbliebenen 5 000 Vögel schwimmen zur Nahrungssuche nicht weit auf den Ozean hinaus, sondern fangen Fische und Krebstierchen in küstennahen Gewässern in der Nähe der Brutplätze.

LAPPENTAUCHER

Haarschopftaucher (links)

Lateinisch: *Podiceps poliocephalus*
Familie: Lappentaucher – Podicipedidae
Verbreitung: Australien, Neuseeland
Lebensraum: Große, offene Gewässer
Größe: 27–30 cm

Die kleine Taucherart ist unscheinbar gefärbt und nach den weißlichen Federbüscheln am Kopf benannt. Ihre Nahrung besteht aus Wirbellosen, seltener auch aus kleinen Fischen, die bei tiefen Tauchgängen erbeutet werden. Die Brut findet in dichten Kolonien auf einer Plattform aus Wasserpflanzen statt und beginnt erst, wenn nach der Regenzeit der Wasserstand ausreichend hoch ist.

Königsalbatros *(oben)*

Lateinisch: *Diomedea epomorpha*
Familie: Albatrosse – Diomedeidae
Verbreitung: Neuseeland, S-Pazifik
Lebensraum: Grasbewachsene Hänge, Ozeane
Größe: 107–122 cm

Trotz ihrer bis zu 350 cm messenden Flügelspannweite brauchen die 9 kg schweren Vögel Aufwinde, um in die Luft abheben zu können. Daher brüten sie bevorzugt an Hängen und bauen dort Nester aus Schlamm und Gras. Erst 9–11 Jahre nach dem Ausfliegen kehren die Jungvögel zur Kolonie zurück und treiben sich solange im Südpazifik umher.

Großer Entensturmvogel *(rechts)*

Lateinisch: *Pachyptila vittata*
Familie: Sturmvögel – Procellariidae
Verbreitung: Neuseeland, S-Atlantik
Lebensraum: Felsige Hänge, Ozeane
Größe: 25–30 cm

Entensturmvögel haben kammartige Lamellen am Oberschnabel, mit denen sie kleine Krebstierchen aus dem Wasser filtern. Ihre großen Brutkolonien befinden sich auf kleinen Inseln bei Neuseeland und weit südwestlich von Südafrika. Mit Ausnahme der Vögel, die gerade auf einem Ei brüten, besuchen sie die Kolonie nur nachts, um schmarotzenden Raubmöwen zu entgehen.

Australtölpel *(oben links und unten)*

Lateinisch: *Morus serrator*
Familie: Tölpel – Sulidae
Verbreitung: Australien, Neuseeland
Lebensraum: Kleine Inseln, Küstengewässer
Größe: 84–91 cm

Der Australtölpel ist den nahen Verwandten aus dem Nordatlantik und Südafrika sehr ähnlich, hat aber einen kräftiger blau gefärbten Augenring. Die 53 000 Brutpaare verteilen sich auf 33 Kolonien, die aus Tangnestern am Boden bestehen. Das einzige Ei wird 44 Tage bebrütet, die Nestlingszeit dauert etwa 102 Tage. Auch nach der Brutzeit bleiben die meisten Australtölpel in der Nähe ihrer Kolonien, wo sie nach Fischen stoßtauchen oder Fischtrawlern folgen.

Brillenpelikan *(oben rechts)*

Lateinisch: *Pelecanus conspicillatus*
Familie: Pelikane – Pelecanidae
Verbreitung: Australien; nach Brutzeit auch Neuguinea
Lebensraum: Flache Küsten- und große Binnengewässer
Größe: 152–188 cm

Im Vergleich zu den anderen Pelikanen mit weißem Gefieder sind die Flügel überwiegend schwarz. Der Kehlsack ist gelblich oder rosa, verfärbt sich zur Brutzeit aber dunkelrot. Je nach Wasserstand ihres Brutgewässers können Brillenpelikane zu jeder Jahreszeit brüten. Die Nester befinden sich in Kolonien am Boden oder auf Büschen. Als Nahrung dienen Fische, die in gemeinschaftlicher Jagd gefangen oder auch Möwen abgejagt werden.

Schwarzgesichtscharbe *(unten)*

Lateinisch:	*Phalacrocorax fuscescens*
Familie:	Kormorane – Phalacrocoracidae
Verbreitung:	S-Australien
Lebensraum:	Kleine Inseln, Küstengewässer
Größe:	61–69cm

Obwohl sie von Fischern bekämpft und als Köder für den Langustenfang benutzt werden, sind diese Vögel noch häufig und brüten in großen Kolonien mit bis zu 3000 Nestern. Diese werden auf Felsen aus Seegras, Gras und Treibholz gebaut. Die Altvögel bleiben immer in der Nähe der Kolonie, doch verteilen sich die Jungen nach der Brutzeit entlang der Küste.

Elsterscharbe *(rechts)*

Lateinisch:	*Phalacrocorax varius*
Familie:	Kormorane – Phalacrocoracidae
Verbreitung:	Australien, Neuseeland
Lebensraum:	Küstenlagunen, Seen
Größe:	65–85 cm

Damit Fische die über ihnen schwimmenden Vögel schwerer entdecken können, haben Elsterscharben eine weiße Unterseite, die sich gegen den hellen Himmel wenig abhebt. An der Küste fischen sie oft in großen, dichten Trupps und treiben so Fischschwärme in die Enge. Als Koloniebrüter bauen sie ihre Nester in Bäume und ziehen jeweils bis zu drei Junge auf.

Elsterreiher *(links)*

Lateinisch: *Egretta picata*
Familie: Reiher – Ardeidae
Verbreitung: N-Australien, Sulawesi, Neuguinea
Lebensraum: Küstenlandschaften, Seen, Reisfelder
Größe: 43–55 cm

Truppweise durchkämmen Elsterreiher die Flachwasserzonen nach Wasserinsekten, Krebsen und kleinen Fischen. Auch auf dem Trockenen suchen sie nach Nahrung, gern auf kürzlich abgebrannten Flächen. Sie brüten in großen Kolonien gemeinsam mit anderen Reiherarten, Kormoranen und Löfflern, wobei sich ihre Nester 2–5 m über dem Boden befinden.

Weißhalsreiher *(oben)*

Lateinisch: *Ardea pacifica*
Familie: Reiher – Ardeidae
Verbreitung: Australien
Lebensraum: Flache Binnengewässer
Größe: 76–106 cm

Weißhalsreiher halten sich am liebsten auf Überschwemmungsflächen und anderen Flachwasserbereichen auf, wo sie langsam watend kleine Fische, Amphibien und Krebse erbeuten. In Abhängigkeit von der Wasserführung ihrer Lebensräume nomadisieren sie durch Australien und ziehen ihre 3–4 Jungvögel in kleinen Kolonien von bis zu 30 Paaren auf.

Stachelibis *(ganz oben links)*

Lateinisch: *Threskiornis spinicollis*
Familie: Ibisse – Threskiornithidae
Verbreitung: Australien
Lebensraum: Grasland, offene Wälder, Feuchtgebiete
Größe: 59–76 cm

Der Name stammt von den strohgelben, stachelartigen Federn am Hals. Stachelibisse brüten in großen Kolonien, in der größten wurden 150 000 Paare gezählt. Beim Füttern der Jungen wird die Beute nur bis in den Schlund gewürgt, aus dem die Jungen dann die Nahrung picken. Bei der Nahrungssuche sind die Vögel gesellig und picken Insekten, Schnecken und Amphibien vom Boden auf.

Gelbschnabellöffler *(ganz oben rechts)*

Lateinisch: *Platalea flavipes*
Familie: Ibisse – Threskiornithidae
Verbreitung: Australien
Lebensraum: Binnengewässer
Größe: 76–100 cm

Da sich ihre Nasenlöcher nahe am Schnabelansatz befinden, können diese Vögel auch dann noch atmen, wenn sich der Schnabel bei der für alle Löffler typischen Nahrungssuche im Wasser befindet. Wegen der unregelmäßigen Wasserstände beginnen sie ihr Brutgeschäft erst, wenn eine Versorgung der Nestlinge mit Wasserinsekten, Krebsen und Fischen gewährleistet ist.

Königslöffler *(oben)*

Lateinisch: *Platalea regia*
Familie: Ibisse – Threskiornithidae
Verbreitung: O-Australien bis Java, Neuseeland
Lebensraum: Süßgewässer, Küstenlagunen, Mangroven
Größe: 74–81 cm

Mit seitlichen Schnabelbewegungen durchstöbern die am nackten schwarzen Gesicht erkennbaren Königslöffler flache Gewässer nach Beutetieren. In Süßgewässern fressen sie meist Fische, an flachen Meeresküsten vor allem Garnelen. Sie brüten in kleinen Kolonien von bis zu 50 Paaren. Außerhalb der Brutzeit besuchen Königslöffler auch Gebiete abseits der Kolonien.

Trauerschwan *(oben)*

Lateinisch: *Cygnus atratus*
Familie: Entenvögel – Anatidae
Verbreitung: Australien, Neuseeland
Lebensraum: Große Seen, Lagunen, Flüsse
Größe: 110–140 cm

Die Brutzeit der Trauerschwäne ist von den Wasserständen im Brutgebiet abhängig. Bei Trockenheit kann die Brut ganz ausfallen; bei ausreichendem Wasserangebot bebrüten beide Eltern 5–6 Eier in einem großen, aus Pflanzen gebauten Nest. In den kleinen Brutkolonien sind die Nester nur eine Halslänge voneinander entfernt. Trauerschwäne sind reine Vegetarier, die mit untergetauchtem Kopf Wasserplanzen oder an Land Gras fressen.

Spaltfußgans *(unten)*

Lateinisch: *Anseranas semipalmata*
Familie: Entenvögel – Anatidae
Verbreitung: N-Australien, Neuguinea
Lebensraum: Sümpfe und Feuchtwiesen an großen Flüssen
Größe: 70–90 cm

Im Gegensatz zu allen anderen Entenvögeln haben die auffällig schwarzweißen Vögel nur angedeutete Schwimmhäute zwischen den Zehen. In sumpfigen Wiesen fressen sie Gras und Samen oder reißen mit dem hakenförmigen Schnabel Wurzeln aus dem Boden. Zu Beginn der Regenzeit legen die Weibchen 5–11 Eier in einen großen Pflanzenhaufen. In der Trockenzeit wird das Brutgebiet mitunter verlassen, um noch bestehende Feuchtgebiete aufzusuchen.

Hühnergans *(rechts)*

Lateinisch: *Cereopsis novaehollandiae*
Familie: Entenvögel – Anatidae
Verbreitung: S-Australien
Lebensraum: Kleine Inseln, Küstenwiesen, Gewässerufer
Größe: 75–100 cm

Die kräftig gebauten Hühnergänse haben graues Gefieder und einen kurzen, dicken Schnabel. Mit ihren Jungen gehen sie ins Wasser, doch sonst halten sie sich fast immer an Land auf, um Gras zu fressen. Zeitweise wurden sie von Farmern stark verfolgt, durch rechtzeitige Schutzmaßnahmen gibt es heute noch knapp 17 000 Vögel. Sie brüten in lockeren Kolonien und legen fünf Eier.

Affengans *(unten links)*

Lateinisch: *Stictonetta naevosa*
Familie: Entenvögel – Anatidae
Verbreitung: S-Australien
Lebensraum: Seen, Sümpfe, Küstenlagunen
Größe: 50–55 cm

Obwohl sich das Brüten auf wenige Gebiete beschränkt, treten Affengänse im Südosten und Südwesten Australiens weiträumig auf. Zur Brut schreiten sie aber nur dann, wenn der Wasserstand eines Gewässers die Aufzucht der bis zu zehn Jungvögel erlaubt. Im flachen Wasser ernähren sich diese Vögel von Algen, Samen und Wasserpflanzen.

Aucklandente *(unten rechts)*

Lateinisch: *Anas aucklandica*
Familie: Entenvögel – Anatidae
Verbreitung: Neuseeland
Lebensraum: Küstengewässer, Teiche, Sümpfe, Flüsse mit Bäumen
Größe: 36–48 cm

Wie viele Vogelarten Neuseelands haben auch die Aucklandenten stark unter der Einfuhr europäischer Säugetiere gelitten, in diesem Fall besonders Schweine und Katzen. Heute leben nur noch weniger als 2 000 der flugunfähigen Enten, die sich an Spülsäumen der Küsten ernähren, zum Brüten und Rasten aber einige 100 m ins Binnenland zurückziehen.

Schwarzachselaar *(oben links)*

Lateinisch: *Elanus scriptus*
Familie: Habichtartige – Accipitridae
Verbreitung: Australien
Lebensraum: Grasland mit einzelnen Bäumen
Größe: 34–37 cm

Als einzige Greifvögel sind Schwarzachselaare nächtliche Jäger. Ihre wichtigste Beute sind Ratten, so dass sie besonders in Regionen brüten, wo Rattenplagen herrschen. Sind diese eingedämmt, breiten sich die Jungvögel vom zentralaustralischen Brutgebiet bis zur Küste aus, wo sie aber vielfach verhungern. Nur wenige Altvögel überleben im Brutgebiet.

Fleckenweihe *(ganz oben rechts)*

Lateinisch: *Circus assimilis*
Familie: Habichtartige – Accipitridae
Verbreitung: Australien, Molukken
Lebensraum: Offenes Grasland
Größe: 50–61 cm

Das Gefieder der Fleckenweihen ist hübsch weinrot und grau mit heller Fleckung. Als einzige Weihenart bauen sie ihre Nester nicht auf dem Boden, sondern bis zu 15 m hoch in Bäumen. Auf der Suche nach bodenlebenden Vögeln, Mäusen und kleinen Reptilien fliegen Fleckenweihen flach über dem Boden umher und stürzen sich mit schneller Wendung auf die erblickte Beute.

Schwarzbrustmilan *(oben rechts)*

Lateinisch: *Hamirostra melanosternon*
Familie: Habichtartige – Accipitridae
Verbreitung: Australien
Lebensraum: Waldland, Savannen, Wüsten
Größe: 51–61 cm

Da Schwarzbrustmilane auch Aas zu sich nehmen, kamen viele von ihnen durch ausgelegte Giftköder ums Leben. Dagegen profitierten sie von der massenhaften Zunahme der eingebürgerten Kaninchen, die inzwischen ihre wichtigste Nahrungsquelle darstellen. Als vielseitige Jäger haben sie auch gelernt, Steine gegen Vogeleier zu schleudern, um sie zu öffnen.

Keilschwanzadler *(oben)*

Lateinisch: *Aquila audax*
Familie: Habichtartige – Accipitridae
Verbreitung: Australien, Neuguinea
Lebensraum: Waldland, Savannen, Wüsten
Größe: 81–104 cm

Unter den echten Adlern sind Keilschwanzadler die größten. Entsprechend groß sind auch die Beutetiere, die sie aus dem Suchflug heraus am Boden greifen. Obwohl Kaninchen ihre Hauptnahrung sind, fangen sie Säuger bis zur Größe eines jungen Kängurus, aber auch Vögel bis zur Größe von Trappen und Kranichen.

Mantelhabicht *(unten links)*

Lateinisch: *Accipiter melanochlamys*
Familie: Habichtartige – Accipitridae
Verbreitung: Neuguinea
Lebensraum: Bergregenwälder
Größe: 30–43 cm

Die kräftig gefärbten Mantelhabichte brüten zurückgezogen im dichten Bergregenwald bis in 3 000 m Höhe. Nur wenige Ornithologen haben sie bisher zu Gesicht bekommen, so dass über ihre Lebensweise wenig bekannt ist. Sie verfolgen Vögel (besonders Tauben) im Flug durch den dichten Wald, jagen gelegentlich aber auch an Waldrändern und in Gärten.

Graubartfalke *(Mitte)*

Lateinisch: *Falco cenchroides*
Familie: Falken – Falconidae
Verbreitung: Australien, Neuguinea
Lebensraum: Offenes Waldland, Grasland, Farmland, Städte
Größe: 30–35 cm

Die australischen Verwandten des Turmfalken sind recht häufig in fast allen Lebensräumen anzutreffen. Auch sie jagen oft im Rüttelflug und bringen erbeutete Heuschrecken, Grillen, Mäuse und Kleinvögel zum Nest, dass sie meist von anderen Vögeln übernehmen. Ebenso dienen Baumhöhlen und Felsvorsprünge zur Aufzucht der 3–5 Jungvögel.

Habichtfalke *(unten rechts)*

Lateinisch: *Falco berigoa*
Familie: Falken – Falconidae
Verbreitung: Australien, Neuguinea
Lebensraum: Offenes Waldland, Grasland, Farmland, Wüsten
Größe: 41–51 cm

Habichtfalken kommen in dunklen und hellen Färbungsvarianten vor. Sie sind in Australien weit verbreitet und profitieren von der Landwirtschaft. So folgen sie den Landmaschinen, um aufgeschreckte Mäuse und Vögel zu fangen. Ihre Beute ergreifen sie meist aus dem Flug heraus, Insekten jagen sie auch zu Fuß. Gebrütet wird in alten Greifvogel- oder Krähennestern.

Buschhuhn (oben)

Lateinisch: *Alectura lathami*
Familie: Großfußhühner – Megapodiidae
Verbreitung: O-Australien
Lebensraum: Regenwald und andere Wälder
Größe: 60–70 cm

Die langschwänzigen Buschhühner sind Allesfresser und haben ein schwarzes Gefieder, Hals und Kopf sind jedoch nackt und rot. Zur Brutzeit errichten die Männchen einen knapp 1 m hohen Hügel aus Erde und Laub, zu dem sie mehrere Weibchen locken. Diese legen ihre Eier in den Hügel, der fortan vom Männchen bewacht wird. Die Wärme des vermodernden Laubes ersetzt hier einen brütenden Vogel. Nach dem Schlüpfen wachsen die Küken ohne elterliche Fürsorge auf.

Thermometerhuhn (rechts)

Lateinisch: *Leipoa ocellata*
Familie: Großfußhühner – Megapodiidae
Verbreitung: S-Australien
Lebensraum: Wälder, Eukalyptusdickicht
Größe: 60 cm

Das tarnfarbene Thermometerhuhn hat seinen Namen von der ungewöhnlichen Brutpflege. Aus Laub, Zweigen, Borke und Sand baut das Männchen eine Brutkammer, in die das Weibchen bis zu 24 Eier legt. Das modernde Pflanzenmaterial wärmt die Eier, wobei das Männchen mit dem Schnabel die Temperatur prüft und durch Lüften bzw. Hinzufügen von Pflanzen bei etwa 33 °C hält. Nach dem Schlüpfen sind die Küken völlig selbstständig und können schon am ersten Tag fliegen.

Brolgakranich *(rechts)*

Lateinisch: *Grus rubicunda*
Familie: Kraniche – Gruidae
Verbreitung: Australien, Neuguinea
Lebensraum: Feuchtwiesen, Sümpfe
Größe: 160 cm

Der grau befiederte Brolgakranich hat lange dunkle Beine und einen kleinen Bereich nackter roter Haut am Kopf. Diese Art verlässt ihr Brutgebiet nicht. Die Hauptnahrung stellen Knollen von Seggen dar, die besonders in ausgetrockneten Gewässerbereichen gesucht werden. Daneben können aber auch Insekten, Krebse, Frösche und Getreide gefressen werden.

Wekaralle *(unten links)*

Lateinisch: *Gallirallus australis*
Familie: Rallen – Rallidae
Verbreitung: Neuseeland
Lebensraum: Wälder, Gebüsche, Grasland
Größe: 46–60 cm

Auch wenn sie etliche Bereiche ihrer ursprünglichen Verbreitung einbüßen musste, konnte sich die flugunfähige Wekaralle einigermaßen gegen eingeführte Tierarten behaupten. Dazu mögen die kräftigen Beine und der starke Schnabel dieser graubraunen Art beigetragen haben. Zudem ernährt sie sich sehr vielseitig (u. a. Blätter, Früchte, Pilze, Würmer, Insekten, Eier und Küken).

Bindenralle *(unten rechts)*

Lateinisch: *Gallirallus philippensis*
Familie: Rallen – Rallidae
Verbreitung: Australien bis Philippinen, Neuseeland, Südsee
Lebensraum: Sümpfe, Seen, Flüsse, Mangroven, Wattflächen
Größe: 25–33 cm

Die kleinen Rallen bauen ihr Nest in dichtes Gras oder unter Büsche. Wird die Brut gestört, so tragen sie ihre 4–8 Eier rasch in ein flüchtig gebautes Ersatznest. Die Küken werden drei Wochen lang von den Eltern geführt, dann aber aus dem Revier verscheucht, obwohl sie erst im Alter von zwei Monaten fliegen können. Sie fressen neben Kleintieren auch Aas, Vogeleier und Samen.

Takahe *(oben)*

Lateinisch: *Porphyrio mantelli*
Familie: Rallen – Rallidae
Verbreitung: Neuseeland
Lebensraum: Bergiges Grasland
Größe: 63 cm

Die weltweit größte Rallenart – unverwechselbar durch ihren riesigen roten Schnabel – galt 1930 schon als ausgestorben, konnte aber 1948 wiederentdeckt werden. Der Bestand von nur 190 Vögeln leidet auch heute noch unter den von Europäern eingeschleppten Säugetieren. Mit Hirschen konkurrieren sie um das Gras, von Hermelinen können die flugunfähigen Rallen leicht erbeutet werden.

Kagu *(unten links)*

Lateinisch: *Rhynochetos jubatus*
Familie: Kagus – Rhynochetidae
Verbreitung: Neukaledonien
Lebensraum: Dichte Wälder
Größe: 55 cm

Nachdem Europäer die Insel erreichten, schienen die Tage dieses flugunfähigen, an eine langbeinige Taube erinnernden Vogels gezählt, denn für eingeschleppte Hunde waren sie eine leichte Beute. Heute gibt es noch 650 Vögel, die glücklicherweise stark geschützt werden. Am Waldboden fressen sie allerlei Wirbellose. Sie ziehen meist nur einen Jungvogel pro Jahr auf.

Wammentrappe *(unten rechts)*

Lateinisch: *Ardeotis australis*
Familie: Trappen – Otidae
Verbreitung: Australien, S-Neuguinea
Lebensraum: Grasland, offenes Waldland
Größe: Männchen 120 cm, Weibchen 90 cm

Einstmals starke Bejagung und die Veränderung ihres Lebensraums durch die eingeschleppten Kaninchen haben das Verbreitungsgebiet in Australien verkleinert. Wie andere Trappen nehmen die bis zu 8 kg schweren Männchen bei der Balz eigentümliche Haltungen mit abgepreizten Federn und hängenden Flügeln ein. Sie fressen kleine Pflanzenteile und Samen sowie verschiedene Kleintiere.

Schiefschnabel *(ganz oben)*

Lateinisch: *Anarhynchus frontalis*
Familie: Regenpfeifer – Charadriidae
Verbreitung: Neuseeland
Lebensraum: Flüsse; im Winter Wattflächen, Küstenlagunen
Größe: 20–21 cm

Einzigartig in der Vogelwelt ist der zur Seite gebogene Schnabel, eine Anpassung an das Aufspüren von kleinen Beutetieren unter Kieselsteinen. Diese Form der Nahrungssuche kommt nur zur Brutzeit zum Tragen, wenn Kiesbänke in Flüssen auf der Südinsel Neuseelands bewohnt werden. Nach der Aufzucht der beiden Jungvögel ziehen sie zum Überwintern an die Küsten der Nordinsel.

Schlammstelzer *(rechte Seite unten)*

Lateinisch: *Cladorhynchus leucocephalus*
Familie: Stelzenläufer – Recurvirostridae
Verbreitung: S-Australien
Lebensraum: Kurzlebige Gewässer, Küsten
Größe: 35–43 cm

Schlammstelzer leben extrem nomadisch. Nach starken Regenfällen sammeln sie sich an kurzlebigen Gewässern in der Wüste, die plötzlich viele Krebstierchen als Nahrung bieten und brüten in dichten Kolonien von mehreren tausend Paaren. Dabei haben die Nester nur wenige Zentimeter Abstand voneinander. Nach dem Austrocknen des Brutgebiets werden Küstenregionen aufgesucht.

Rotkopf-Säbelschnäbler *(oben rechts)*

Lateinisch: *Recurvirostra novaehollandiae*
Familie: Stelzenläufer – Recurvirostridae
Verbreitung: Australien
Lebensraum: Salzseen, Lagunen, Flussufer, Sümpfe
Größe: 40–48 cm

Die langbeinigen Watvögel leben gesellig, sowohl bei der Suche nach kleinen Wassertieren als auch beim Brüten. Obwohl sie auch einzeln brüten können, sammeln sie sich meist zu Kolonien von bis zu 150 Paaren. Die vier Jungvögel sind Nestflüchter und werden schon wenige Stunden nach dem Schlüpfen von ihren Eltern ins Flachwasser geführt, wo sie ihre Nahrung selbst finden müssen.

Rußseeschwalbe (oben)

Lateinisch: *Sterna fuscata*
Familie: Seeschwalben – Sternidae
Verbreitung: Tropische und subtropische Meere
Lebensraum: Inseln, offenes Meer
Größe: 36 – 45 cm

Rußseeschwalben brüten nicht nur an Australiens Küsten, sondern kommen weltweit in warmen Meeren vor und sind dort meist die häufigsten Seevögel. Sie brüten in riesigen Kolonien von bis zu 10 Millionen Paaren. Entsprechend müssen sie sich zur Nahrungssuche verteilen, so dass Nahrungsflüge bis zu 500 km weit auf See führen können. Fische und Tintenfische picken sie fliegend von der Wasseroberfläche, z. T. nachts, wenn diese an die Oberfläche kommen.

Silberkopfmöwe (linke Seite unten links)

Lateinisch: *Larus novaehollandiae*
Familie: Möwen – Laridae
Verbreitung: Australien, Neukaledonien
Lebensraum: Küsten, Binnengewässer
Größe: 38 – 43 cm

Wichtige Erkennungsmerkmale der Silberkopfmöwen sind der kräftige rote Schnabel, die sehr helle Iris und die roten Beine. Sie sind Allesfresser, die Meerestiere wie Fisch (auch Fischabfälle von Fischereifahrzeugen) als auch terrestrische Nahrung wie Insekten und Beeren zu sich nehmen. Regelmäßig sind sie auch zur Nahrungssuche auf Müllkippen. Brutkolonien befinden sich auf kleinen Inseln und können bis zu 3 000 Paare umfassen.

Rotschopftaube *(oben)*

Lateinisch: *Geophaps plumifera*
Familie: Tauben – Columbidae
Verbreitung: Australien
Lebensraum: Trockenes Grasland, offenes Waldland mit Felsen
Größe: 20–24 cm

Geschützt durch Felsen oder Büsche brüten Rotschopftauben in einer Bodenmulde. Bereits eine Woche nach dem Schlüpfen verlassen die beiden Jungvögel das Nest und folgen ihren Eltern, die zu Fuß den Boden nach Samen und Körnern absuchen. Da Rotschopftauben häufig trinken müssen, leben sie nur in der Nähe von Wasserstellen und brüten bevorzugt nach Regenfällen.

Perlenfruchttaube *(unten links)*

Lateinisch: *Ptilinopus perlatus*
Familie: Tauben – Columbidae
Verbreitung: Neuguinea
Lebensraum: Lichtungen im Regenwald, Galeriewälder
Größe: 25–27 cm

Perlenfruchttauben fressen Baumfrüchte und bevorzugen besonders Feigen. An fruchtenden Bäumen sammeln sie sich zu Trupps, die mehrere hundert Vögel umfassen können. Da die Trupps immer auf der Suche nach Nahrung sind, schwankt die Zahl der Tauben in einzelnen Gebieten erheblich. Das Nest wird im Baum gebaut und enthält nur ein einziges Ei.

Maorifruchttaube *(unten rechts)*

Lateinisch: *Hemiphaga novaeseelandiae*
Familie: Tauben – Columbidae
Verbreitung: Neuseeland
Lebensraum: Wälder, Parks, Gärten
Größe: 46–50 cm

Die dunkle Oberseite der 600–800 g schweren Tauben schillert je nach Lichteinfall bronzefarben, grün oder grau. Sie turnen lautstark und in Trupps durch das Geäst der Bäume, um dort vor allem Früchte, aber auch andere Pflanzenteile zu fressen. Bei Gefahr verharren sie bewegungslos und hoffen, nicht gesehen zu werden. Das Nest ist eine kümmerliche Plattform aus einigen Zweigen.

Fächertaube *(links)*

Lateinisch: *Goura victoria*
Familie: Tauben – Columbidae
Verbreitung: Neuguinea
Lebensraum: Regenwälder
Größe: 66–74 cm

Zusammen mit den ähnlichen Krontauben, die ebenfalls nur auf Neuguinea vorkommen, sind Fächertauben die größten Tauben. Ihre hübschen Schmuckfedern sind nicht nur bei den Ureinwohnern beliebt. Durch die Jagd sind die über 2 kg schweren Vögel inzwischen selten. In Trupps von 2–10 Vögeln sammeln sie am Waldboden Früchte und Samen, bei Gefahr fliegen sie in Bäume hinauf.

Fasantaube *(unten links)*

Lateinisch: *Otidiphaps nobilis*
Familie: Tauben – Columbidae
Verbreitung: Neuguinea
Lebensraum: Regenwälder
Größe: 45–50 cm

Fasantauben sehen nicht nur aus als wären sie Hühnervögel, sie sind auch sehr gute Läufer und halten sich stets am Boden auf. Dort gehen sie gemächlich umher und fressen Früchte und Samen. In Mägen wurden bis zu 1 cm große Kiesel gefunden, die beim Zermahlen der Nahrung hilfreich sind. Für ihr einziges Ei bauen Fasantauben eine Nestplattform am Fuß eines Busches oder Baumes.

Diamanttäubchen *(unten rechts)*

Lateinisch: *Geopelia cuneata*
Familie: Tauben – Columbidae
Verbreitung: Australien
Lebensraum: Leicht bewaldetes Grasland
Größe: 19–24 cm

Die kleinen Täubchen leben nomadisch und legen oft größere Entfernungen zurück, um Gebiete mit ausreichend Wasser und Nahrung zu finden. Letztere besteht fast ausschließlich aus Grassamen und wird in Trupps von 20–30 Vögeln gesucht. Nach Regenfällen bauen Männchen und Weibchen in einem Busch aus Zweigen und trockenem Gras ein Nest, in dem sie ihre beiden Jungvögel aufziehen.

Helmkakadu *(ganz oben links)*

Lateinisch: *Callocephalon fimbriatum*
Familie: Kakadus – Cacatuidae
Verbreitung: SO-Australien
Lebensraum: Bewaldete Küsten, Bergwälder
Größe: 32–37 cm

Der rote „Helm" des Männchens hat der Art den Namen gegeben, der Kopf des Weibchens ist wie das restliche Gefieder grau. In Bergwäldern brüten Helmkakadus in Höhlen, die sich sehr hoch in Eukalyptusbäumen befinden. Dadurch sind ihre beiden Eier gut vor Nesträubern geschützt. Zum Überwintern wandern sie an die Küste und kommen inzwischen häufig in die Vororte von Canberra.

Arakakadu *(oben rechts)*

Lateinisch: *Probosciger aterrimus*
Familie: Kakadus – Cacatuidae
Verbreitung: Neuguinea, NO-Australien
Lebensraum: Waldränder, Lichtungen, Savannen
Größe: 55–60 cm

Der Arakakadu hat ein schwarzes Gefieder mit großer Haube und nackte, rote Wangen. Der größte Papagei Australiens ernährt sich von Früchten und Knospen verschiedener Pflanzen, besonders aber von Palmen. Zur Balzzeit trommelt das Männchen mit einem Stöckchen, das es im Schnabel hält. Zusammen mit dem Weibchen wird in einer großen Baumhöhle ein Nest aus Zweigen gebaut.

Nacktaugenkakadu *(oben links)*

Lateinisch: *Cacatua sanguinea*
Familie: Kakadus – Cacatuidae
Verbreitung: Australien, S-Neuguinea
Lebensraum: Waldland, Grasland
Größe: 36–39 cm

Nacktaugenkakadus bewohnen den tropischen Norden und das trockene Innere Australiens und gelten vielerorts als Plage, da sie in Schwärmen von bis zu 32 000 Vögeln über Getreidefelder herfallen. Sie ernähren sich aber auch von anderen Samen sowie von Insekten. Künstlich angelegte Wasserstellen haben die Besiedlung trockener Gebiete noch gefördert.

Gelbhaubenkakadu *(oben links)*

Lateinisch: *Cacatua galerita*
Familie: Kakadus – Cacatuidae
Verbreitung: N- und O-Australien, Neuguinea
Lebensraum: Wälder, Felder
Größe: 45–55 cm

In einem Nest aus Holzspänen, das sich in einer Baumhöhle befindet, brüten die großen weißen Papageien mit gelber Federhaube 2–3 Eier aus. Nach der Brutzeit sammeln sie sich zu großen Trupps und fallen in Gärten und Felder ein. Während die meisten Vögel am Boden fressen, halten einige auf Bäumen Wache und warnen ihre Artgenossen mit rauchiger Stimme bei nahender Gefahr.

Inkakakadu *(oben rechts)*

Lateinisch: *Cacatua leadbeateri*
Familie: Kakadus – Cacatuidae
Verbreitung: Zentral- und S-Australien
Lebensraum: Trockenes Buschland
Größe: 35 cm

Überall dort, wo das trockene Buschland von Wasserläufen durchzogen wird, kommen Inkakakadus vor. Nur dort wachsen Bäume, in deren Höhlen sie brüten können. Wenn die 2–5 Jungvögel flügge sind, schließen sich mehrere Familien zu Trupps zusammen, in denen die Jungen noch drei Monate lang von den Eltern gefüttert werden. Auf der Suche nach Körnern streifen sie nun weiträumig umher.

Rosakakadu *(ganz oben rechts)*

Lateinisch: *Eolophus roseicapillus*
Familie: Kakadus – Cacatuidae
Verbreitung: Australien
Lebensraum: Waldland, Parks, Felder
Größe: 35–36 cm

Der kleine Kakadu ist einer der häufigsten Papageien in Australien und hat erfolgreich die dort vom Menschen geschaffenen Lebensräume besiedelt. In großen, bis zu 1 000 Vögel umfassenden Trupps suchen sie auf Feldern nach Getreidekörnern und werden deshalb von Farmern als Plage angesehen. Rosakakadus brüten in Baumhöhlen und haben 2–6 Junge, die sieben Wochen im Nest bleiben.

Nymphensittich *(oben)*

Lateinisch: *Nymphicus hollandicus*
Familie: Kakadus – Cacatuidae
Verbreitung: Australien
Lebensraum: Waldland, Gebüsche
Größe: 33 cm

Die Männchen der beliebten Käfigvögel sind grau mit gelber Haube, die Weibchen haben überwiegend braunes Gefieder. Truppweise fressen sie auf Feldern Getreide und Sonnenblumenkerne und sind damit bei den Farmern keine gern gesehenen Gäste. In einer Baumhöhle brüten beide Eltern 3–7 Eier aus. Im Gegensatz zu anderen Vögeln klettern Nymphensittiche rückwärts in die Höhle.

Schuppenlori *(rechts)*

Lateinisch: *Trichoglossus chlorolepidotus*
Familie: Papageien – Psittacidae
Verbreitung: O-Australien
Lebensraum: Wälder, Parks, Gärten
Größe: 23 cm

Die gelb geschuppte Unterseite gab den überwiegend grün befiederten Papageien ihren Namen. Sie brüten 25 Tage lang in hohlen Ästen oder anderen Baumhöhlen, bevor aus den 2–3 Eiern die Jungen schlüpfen. Ihre Nahrung besteht zu 99 % aus Blüten, wobei mindestens 25 Pflanzenarten nachgewiesen wurden. Auch die Blüten und Beeren eingeführter Arten in Parks werden verzehrt.

Buntlori *(oben)*

Lateinisch: *Trichoglossus versicolor*
Familie: Papageien – Psittacidae
Verbreitung: N-Australien
Lebensraum: Waldland
Größe: 18–19 cm

Als Hauptnahrung der kleinen Papageien wurden Pollen und Nektar von Eukalyptusbäumen festgestellt. Je nachdem wo diese gerade blühen, halten sich auch Buntloris auf, so dass ihre Lebensweise als nomadisch bezeichnet werden muss. Ihre bis zu fünf Jungvögel wachsen in Baumhöhlen auf.

Allfarblori *(unten links)*

Lateinisch: *Trichoglossus haematodus*
Familie: Papageien – Psittacidae
Verbreitung: SO-Indonesien, Neuguinea, N- bis SO-Australien, westpazifische Inseln
Lebensraum: Wälder, Plantagen, Gärten, Vorstädte
Größe: 25–30 cm

Vom Allfarblori gibt es 20 Unterarten, denen eine sehr bunte Gefiederfärbung gemein ist. In der Wahl des Lebensraums sind sie sehr flexibel. Die 1–3 Jungen werden in Baumhöhlen aufgezogen, nur auf kleinen Inseln ohne Raubtiere auch in Erdhöhlen. Außerhalb der Brutzeit ziehen sie gruppenweise umher und sind überall anzutreffen, wo ausreichend Nektar und Pollen zu finden ist.

Saphirlori *(Mitte)*

Lateinisch: *Vini peruviana*
Familie: Papageien – Psittacidae
Verbreitung: Cookinseln, Gesellschaftsinseln, Tuamotu-Archipel
Lebensraum: Wälder, Plantagen
Größe: 18 cm

Die prächtigen Papageien leben nur in kleiner Zahl auf verschiedenen Südseeinseln. Nachdem Ratten und Katzen eingeschleppt worden waren, sind Saphirloris von einigen Inseln verschwunden. Die wenigen tausend Vögel kommen heute nur noch auf vor solchen Räubern sicheren Inseln vor. Sie ernähren sich von Blüten und Früchten und brüten in Baumhöhlen.

Frauenlori *(unten rechts)*

Lateinisch: *Lorius lory*
Familie: Papageien – Psittacidae
Verbreitung: Neuguinea
Lebensraum: Feuchte Wälder
Größe: 29–33 cm

Das Körpergefieder der Frauenloris ist überwiegend rot, auffallend ist die schwarze Kopfkappe. In kleinen Gruppen besuchen sie blühende Bäume, um dort Nektar und Pollen zu verzehren. Die Nahrung schließt aber auch Früchte und kleine Insekten ein. Zu Beginn der Brutzeit tanzt das aufrecht sitzende Männchen vor dem Weibchen, öffnet die Flügel und dreht den Kopf zur Seite.

Kakapo *(ganz oben links)*

Lateinisch: *Strigops habroptilus*
Familie: Papageien – Psittacidae
Verbreitung: Neuseeland
Lebensraum: Wälder, Gebüsche
Größe: 64 cm

Die großen, grünbraun gefärbten Kakapos sind in vielerlei Hinsicht ungewöhnliche Papageien. Sie sind Bodenbewohner, die nicht fliegen können und zudem nachtaktiv sind. Als Einzelgänger treffen sie sich nur an Balzplätzen, wo sich Weibchen die passenden Männchen aussuchen. Durch vom Menschen eingeschleppte Raubtiere waren Kakapos fast ausgestorben und überlebten nur, da sie auf raubtierfreie Inseln umgesiedelt wurden.

Rotwangen-Zwergpapagei *(oben links)*

Lateinisch: *Cyclopsitta diophthalma*
Familie: Papageien – Psittacidae
Verbreitung: Neuguinea, NO-Australien
Lebensraum: Wälder, Mangroven, Parks, Gärten
Größe: 13–16 cm

Von den winzigen Papageien gibt es acht Unterarten, die sich bei beiden Geschlechtern in der Färbung des Kopfmusters unterscheiden. In Trupps besuchen sie bevorzugt Feigenbäume, um sich von deren Früchten zu ernähren. Daneben nehmen sie aber auch Samen, Beeren, Nektar und Insekten zu sich. Die beiden Eier werden in einer Baumhöhle, oft in einem morschen Ast, ausgebrütet.

Springsittich *(oben Mitte)*

Lateinisch: *Cyanoramphus auriceps*
Familie: Papageien – Psittacidae
Verbreitung: Neuseeland
Lebensraum: Wälder
Größe: 23 cm

Springsittiche sind den etwas größeren Ziegensittichen sehr ähnlich, bewohnen Wälder mit einheimischen Baumarten und ernähren sich von Samen, Beeren, Blüten und Wirbellosen. Auf Inseln, die frei von eingeführten Katzen und Ratten sind, suchen sie auch am Boden nach Nahrung. Sie brüten in hohlen Ästen und Stämmen und legen 5–9 Eier.

Ziegensittich *(links)*

Lateinisch:	*Cyanoramphus novaezelandiae*
Familie:	Papageien – Psittacidae
Verbreitung:	Neuseeland, Neukaledonien
Lebensraum:	Wälder, Gebüsche
Größe:	27 cm

Mit der Ankunft europäischer Siedler waren die geruhsamen Zeiten der Ziegensittiche vorbei. Eingeschleppte Tiere veränderten die Lebensräume oder wurden Konkurrenten um die zum Brüten benutzten Baumhöhlen, so dass sie auf manchen Inseln ausstarben und auf anderen selten wurden. Samen und Blüten sind die wichtigste Nahrung dieser Vögel.

Kea *(oben)*

Lateinisch:	*Nestor notabilis*
Familie:	Papageien – Psittacidae
Verbreitung:	Neuseeland
Lebensraum:	Bergwälder
Größe:	48 cm

Seinen langen, gebogenen Oberschnabel setzt der braun gefärbte Kea zum Aufreißen von Aas und Früchten ein. Im Sommer und Herbst leben Keas teilweise oberhalb der Baumgrenze und suchen dort nach Beeren, im Winter wandern sie in tiefere Lagen. In Spalten, unter Felsen oder Baumwurzeln brüten sie 2–4 Eier aus. Da man früher annahm, Keas würden Schafe töten, wurden sie stark verfolgt. Inzwischen hat sich der Irrtum aufgeklärt und die Vögel sind wieder geschützt.

Rosellasittich *(oben links)*

Lateinisch: *Platycercus eximius*
Familie: Papageien – Psittacidae
Verbreitung: SO-Australien
Lebensraum: Offenes Waldland, Farmland, Gärten, Parks
Größe: 30 cm

Die sehr bunten Sittiche fressen überwiegend Samen und haben deshalb sehr von der Rodung dichter Wälder zugunsten von Getreidefeldern profitiert. Im gesamten Verbreitungsgebiet sind sie häufig und brüten in Baumhöhlen ebenso wie in Kaninchenlöchern, Brutröhren von Bienenfressern, Termitenbauten und an Gebäuden. Die Gelegegröße schwankt von 4–9 Eiern.

Schwalbensittich *(ganz oben rechts)*

Lateinisch: *Lathamus discolor*
Familie: Papageien – Psittacidae
Verbreitung: Tasmanien; im Winter SO-Australien
Lebensraum: Eukalyptuswälder, Parks, Gärten; im Winter auch offene Wälder, Vorstädte
Größe: 25 cm

Obwohl viele australische Papageien nomadisch leben, gibt es nur wenige, die wie die Schwalbensittiche einen regelrechten Zug zwischen Brut- und Überwinterungsgebieten durchführen. Der recht kleine Bestand von nur 2 000 Vögeln ist durch Abholzen der Eukalyptuswälder gefährdet, auch sind die in Tasmanien eingebürgerten Stare Brutkonkurrenten in Baumhöhlen.

Wellensittich *(oben rechts)*

Lateinisch: *Melopsittacus undulatus*
Familie: Papageien – Psittacidae
Verbreitung: Australien
Lebensraum: Offene Wälder, Savannen, Gestrüpp, Felder
Größe: 18 cm

Von den vielen Farbvarianten des beliebten Käfigvogels kommt in der Natur nur die grüne vor. In Australien ist die Art stellenweise so häufig, dass Schwärme den Himmel verdunkeln und an dicht besetzten Schlafplätzen dicke Äste unter dem Gewicht der Vögel abbrechen. Am Boden suchen sie nach Samen und obwohl sie lange ohne Wasser auskommen können, bleiben sie meist in seiner Nähe.

Edelpapagei *(oben links)*

Lateinisch:	*Eclectus roratus*
Familie:	Papageien – Psittacidae
Verbreitung:	Neuguinea und umliegende Inselgruppen
Lebensraum:	Wälder, Parks, Gärten
Größe:	35–42 cm

Nur bei wenigen Papageien sind Männchen und Weibchen so unterschiedlich gefärbt wie beim Edelpapagei. Ganz ungewöhnlich ist dabei, dass das rotblaue Weibchen viel farbenprächtiger ist als das grüne Männchen. Edelpapageien fressen Früchte, Samen, Nüsse und Knospen. Bei der Brut in einer Baumhöhle beteiligen sich bis zu acht Vögel an der Aufzucht der beiden Jungvögel.

Goldbauchsittich *(oben rechts)*

Lateinisch:	*Neophema chrysogaster*
Familie:	Papageien – Psittacidae
Verbreitung:	Tasmanien; im Winter SO-Australien
Lebensraum:	Baumbestände neben Feuchtgrasland; im Winter Salzwiesen, Dünen
Größe:	20–21 cm

Mit nur noch 180 Vögeln gehören Goldbauchsittiche zu den seltensten Papageien. Während sie im Brutgebiet einigermaßen sicher sind, gehen ihre Überwinterungsgebiete durch Beweidung und Urbarmachung verloren. Sie brüten in Baumhöhlen, die sich 8–25 m hoch in Eukalyptusbäumen befinden. Zur Nahrungssuche halten sie sich stets am Boden auf und sammeln Samen verschiedener Gräser.

Pennantsittich *(unten)*

Lateinisch:	*Platycercus elegans*
Familie:	Papageien – Psittacidae
Verbreitung:	S- und O-Australien; eingebürgert auf Neuseeland
Lebensraum:	Wälder, Vorstädte
Größe:	36 cm

Die kräftig rot und blau gefärbten Sittiche brüten in Höhlen der Eukalyptusbäume. Wenn die Jungvögel nach etwa fünfwöchiger Nestlingszeit flügge werden, ziehen sie zunächst umher, lassen sich dann aber für den Rest ihres Lebens an einem Ort nieder. Pennantsittiche fressen neben einigen Insekten in erster Linie Samen und können in Obstplantagen große Schäden anrichten.

Schildsittich (oben)

Lateinisch: *Polytelis swainsonii*
Familie: Papageien – Psittacidae
Verbreitung: SO-Australien
Lebensraum: Eukalyptuswälder
Größe: 40 cm

Schildsittiche meiden offenes Gelände und benutzen bei ihren bis zu 15 km weiten Nahrungsflügen baumbestandenes Gelände als Flugkorridore. Sie fressen in erster Linie Samen, gelegentlich auch Beeren und Blüten. Zum Bebrüten ihrer 4 – 6 Eier suchen sie hoch in Bäumen befindliche Höhlen in 10 – 50 m Höhe. Das fortschreitende Abholzen ihres Lebensraums hat den Bestand auf unter 5 000 Paare sinken lassen.

Königssittich (rechts)

Lateinisch: *Alisterus scapularis*
Familie: Papageien – Psittacidae
Verbreitung: O-Australien
Lebensraum: Regenwälder, Eukalyptuswälder, Savannen
Größe: 42–43 cm

Männliche Königssittiche sind überwiegend rot und grün befiedert, bei den Weibchen ist der Grünanteil erheblich größer. Sie brüten zwar einzeln in Baumhöhlen, wo sie 3–6 Jungvögel aufziehen, doch an Stellen mit günstigem Nahrungsangebot kann es zu größeren Ansammlungen kommen. Sie nehmen verschiedene Samen, Früchte und Beeren zu sich und sind dafür berüchtigt, über Obstgärten und Getreidefelder herzufallen.

Neuhollandeule *(ganz links)*

Lateinisch: *Tyto novaehollandiae*
Familie: Schleiereulen – Tytonidae
Verbreitung: Australien, S-Neuguinea
Lebensraum: Offene Wälder
Größe: 33–42 cm

Obwohl die fast weltweit verbreitete Schleiereule auch ganz Australien besiedelt, gibt es auf diesem Kontinent mit der Neuhollandeule eine sehr ähnliche Art. Sie bewohnt hochstämmige Wälder, in denen Schleiereulen nicht vorkommen. Zum Brüten werden große Baumhöhlen aufgesucht. Sie jagen vor allem verschiedene Säuger, die sie im Suchflug oder von einem Ansitz aus erspähen.

Kuckuckskauz *(links)*

Lateinisch: *Ninox novaeseelandiae*
Familie: Eulen – Strigidae
Verbreitung: Tasmanien, Neuseeland
Lebensraum: Wälder
Größe: 29 cm

Tagsüber ruhen diese kleinen Eulen mit orangefarbener Iris verborgen im Laub oder in Baumhöhlen. Ihre Aktivität entfalten sie ab der Abenddämmerung, wenn sie vom Ansitz aus Insekten und kleine Wirbeltiere am Boden fangen. Mitunter verfolgen sie auch fliegende Insekten, gern im Schein von Straßenlaternen. Während der Balzzeit äußern sie kuckuckähnliche Rufe.

SCHWALMVÖGEL

Eulenschwalm *(links)*

Lateinisch: *Podargus strigoides*
Familie: Eulenschwalme – Podargidae
Verbreitung: Australien
Lebensraum: Baumbestandene Landschaft, Wälder
Größe: 34–53 cm

Eulenschwalme sind Meister der Tarnung: Das Gefieder ist wie Baumrinde gemustert, so dass sie während ihrer Ruhephase am Tag wie Äste aussehen. Nachts stürzen sie sich von Ansitzen aus auf Beutetiere am Boden, die sie mit ihren eulenartigen Augen erspähen. Durch ihren breiten Rachen können sie neben Insekten auch Mäuse komplett verschlingen. Ihr Nest bauen sie in eine Astgabel.

Götzenliest *(oben links)*

Lateinisch: *Halcyon sancta*
Familie: Eisvögel – Alcedinidae
Verbreitung: Australien, Neuseeland, Neukaledonien, Samoa; im Winter auch Indonesien, Neuguinea
Lebensraum: Offenes Waldland, Mangroven, Küsten
Größe: 22 cm

Götzenlieste gehören zu denjenigen Eisvögeln, die nicht an Gewässer gebunden sind. In lichten Wäldern jagen sie besonders nach großen Insekten. Sie brüten meist in Baumhöhlen und verteidigen ihr Revier vehement. Die 3–7 Jungvögel werden von beiden Eltern gefüttert. Südaustralische Götzenlieste fliegen bis zu 4 000 km nordwärts, um in Indonesien und Neuguinea zu überwintern.

Jägerliest *(oben rechts)*

Lateinisch: *Dacelo novaeguineae*
Familie: Eisvögel – Alcedinidae
Verbreitung: O- und SW-Australien
Lebensraum: Eukalyptuswälder, Parks, Gärten
Größe: 39–42 cm

Wegen ihrer lauten, oft im Chor vorgetragenen Rufe sind die großen Eisvögel auch als „Lachender Hans" bekannt. Sie fressen Kleintiere, auch Vögel und Schlangen, nach denen sie von Ästen oder Leitungen aus spähen. Mit angelegten Flügeln stürzen sie sich auf die Beute und packen sie mit dem kräftigen Schnabel. Paare bleiben ein Leben lang zusammen und brüten in Baumhöhlen.

Haubenliest *(unten)*

Lateinisch: *Dacelo leachii*
Familie: Eisvögel – Alcedinidae
Verbreitung: N-Australien
Lebensraum: Offenes Waldland, baumbestandene Flüsse, Mangroven, Parks
Größe: 38–41 cm

Haubenlieste vertreten den Jägerliest im Norden Australiens. Ein Paar brütet meist in einer Baumhöhle, 1–10 Nachkommen aus vorangegangenen Jahren helfen in allen Stadien des Brutgeschäfts. Ist die Nahrung knapp, so kann ein Küken seine beiden Geschwister töten. Im Sturzflug erbeuten Haubenlieste vor allem ein breites Spektrum an Insekten, aber auch Schlangen und Eidechsen.

Regenbogenspint *(links)*

Lateinisch: *Merops ornatus*
Familie: Spinte – Meropidae
Verbreitung: Australien, Neuguinea; im Winter auch O-Indonesien
Lebensraum: Ackerland, bewaldete Savannen und Gewässer, Parks
Größe: 19–21 cm

Regenbogenspinte sitzen auf Leitungen und kahlen Ästen, um von dort aus in kurzen Jagdflügen fliegende Insekten zu fangen. Sie brüten in lockeren Kolonien, in denen die selbst gegrabenen Bruthöhlen aber etliche Meter voneinander entfernt sind. An der Aufzucht der 3–7 Jungvögel ist oft ein Helfer beteiligt. Südaustralische Vögel legen nach der Brutzeit weite Strecken zurück, um in der Inselwelt nördlich des Kontinents zu überwintern.

Regenbogenpitta *(links)*

Lateinisch: *Pitta iris*
Familie: Pittas – Pittidae
Verbreitung: N-Australien
Lebensraum: Monsun-, Galerie- und Eukalyptuswälder, Bambusdickichte
Größe: 16–18 cm

Die schillernd gefärbten Pittas halten sich fast immer am Boden auf. Mit seitlichen Schnabelbewegungen räumen sie trockenes Laub beiseite, um besser an ihre wirbellosen Beutetiere heranzukommen. Schneckenhäuser zerschmettern sie an Baumwurzeln, große Beute wird mehrfach mit dem Schnabel geschüttelt. Aus Stöckchen, Gras und Borke bauen beide Partner ein überdachtes Nest am Boden, in dem 3–4 Jungvögel aufwachsen.

Graurücken-Leierschwanz *(oben links)*

Lateinisch: *Menura novaehollandiae*
Familie: Leierschwänze – Menuridae
Verbreitung: SO-Australien; eingeführt in Tasmanien
Lebensraum: Eukalyptuswälder, Regenwälder
Größe: Männchen 80–98 cm, Weibchen 74–84 cm

Vor der Brutzeit errichten die Männchen einen kleinen Hügel, auf dem sie ihren Balztanz vorführen und dabei mit ihren sehr langen Schwanzfedern wedeln. Mit angelegtem Schwanz sehen sie Fasanen ähnlich. Tatsächlich sind sie wie diese Bodenbewohner und scharren am Waldboden nach Insekten und anderen Kleintieren. Das Brutgeschäft obliegt allein den Weibchen.

Maskenmonarch *(oben rechts)*

Lateinisch: *Monarcha melanopsis*
Familie: Monarchen – Monarchidae
Verbreitung: O-Australien, Neuguinea
Lebensraum: Regenwälder, feuchte Eukalyptuswälder
Größe: 18 cm

Aus dem Dickicht des Regenwalds lässt das Männchen seinen Gesang, der aus einer Serie scharfer Pfeiftöne besteht, erklingen. Beide Geschlechter sind gleich gefärbt, wobei die schwarze Stirn und die schwarze Kehle für den Namen verantwortlich sind. Sie laufen auf Ästen entlang und picken dabei Insekten auf. Viele australische Brutvögel ziehen nach der Brutzeit nach Neuguinea.

Flammenbrustschnäpper *(unten)*

Lateinisch: *Petroica phoenicea*
Familie: Südseeschnäpper – Petroicidae
Verbreitung: SO-Australien, Tasmanien
Lebensraum: Hoch gelegene Eukalyptuswälder
Größe: 14 cm

Bei der Jagd nach Insekten sitzen Flammenbrustschnäpper aufrecht und bewegungslos auf einem erhöhten Stein oder Baumstumpf und fliegen kurz zu Boden, um ein Beutetier zu schnappen. Im Sommer leben sie paarweise im hoch gelegenen Waldland, das sie nach der Brutzeit verlassen. Das Winterhalbjahr verbringen sie in tieferen Lagen und offeneren Lebensräumen, dann oft in kleinen Trupps.

Südseeschwalbe *(oben)*

Lateinisch: *Hirundo tahitica*
Familie: Schwalben – Hirundinidae
Verbreitung: Tahiti, Neuguinea bis Indien
Lebensraum: Offene Landschaft
Größe: 14 cm

Südseeschwalben sind den Rauchschwalben recht ähnlich, doch fehlen ihnen deren lange Schwanzspieße. Sie halten sich oft in Gruppen auf und jagen dicht über dem Boden oder knapp über der Wasseroberfläche nach Insekten. Unter Felsvorsprüngen, meist aber unter Brücken oder Dächern, bauen sie aus vielen kleinen Lehmkügelchen ihr Nest, das mit einigen Grashalmen stabilisiert wird.

Australspornpieper *(Mitte)*

Lateinisch: *Anthus novaeseelandiae*
Familie: Stelzen und Pieper – Motacillidae
Verbreitung: Australien, Neuseeland
Lebensraum: Offenes Gelände
Größe: 18 cm

Die großen und langschwänzigen Pieper leben fast ausschließlich am Boden, wo sie durch ihr bräunliches Gefieder gut getarnt sind. So sind sie auf der Suche nach Insekten und anderen Wirbellosen gut im Gras verborgen. Auch das Nest befindet sich in einer Mulde am Boden und wird allein vom Weibchen gebaut. An den Fütterungen der Jungvögel sind aber beide Partner beteiligt.

Gartenfächerschwanz *(unten)*

Lateinisch: *Rhipidura leucophrys*
Familie: Fächerschwänze – Rhipiduridae
Verbreitung: Australien, Neuguinea
Lebensraum: Offenes Waldland, Gebüsche
Größe: 20 cm

Die schwarzweißen Singvögel gehören in Australien zu den beliebtesten Vogelarten, da sie recht zutraulich sind und sich gut beobachten lassen. Bei der Insektenjagd am Boden sind die Vögel ständig in Bewegung, schwenken den Schwanz umher und zucken mit den Flügeln. Ist die Brut in Gefahr, legen sie eine erstaunliche Wehrhaftigkeit gegen Greifvögel an den Tag.

Grauscheitelsäbler (oben)

Lateinisch: *Pomatostomus temporalis*
Familie: Timalien – Timaliidae
Verbreitung: N- und O-Australien
Lebensraum: Offenes Waldland
Größe: 25–29 cm

Grauscheitelsäbler leben in Gruppen von bis zu 15 Vögeln, die ein gemeinsames Revier verteidigen. Als Trupp gehen sie auf die Suche nach Wirbellosen und Eidechsen, die sie am Waldboden erbeuten. Aus Stöckchen bauen sie mehrere große, kugelförmige Nester, von denen eines für die Brut eines Paares benutzt wird. Bei der Aufzucht der 2–3 Jungvögel helfen alle Gruppenmitglieder.

Ockerpitohui (unten links)

Lateinisch: *Pitohui kirhocephalus*
Familie: Dickköpfe – Pachycephalidae
Verbreitung: Neuguinea
Lebensraum: Wälder
Größe: 23 cm

Ockerpitohuis bewohnen außer Neuguinea auch etliche kleine Inseln westlich davon und sind insgesamt mit 20 recht unterschiedlich gefärbten Unterarten vertreten. Allen gemeinsam ist ein in den Federn eingelagertes Gift, das Feinde abschrecken soll. Sie leben zurückgezogen in Büschen und Bäumen und machen in kleinen Trupps Jagd auf Insekten.

Prachtstaffelschwanz (unten rechts)

Lateinisch: *Malurus cyaneus*
Familie: Staffelschwänze – Maluridae
Verbreitung: SO-Australien
Lebensraum: Eukalyptuswälder
Größe: 13 cm

Den Artnamen verdient eigentlich nur das Männchen, das im Gegensatz zum graubraunen Weibchen ein prächtig blaues Federkleid trägt. Ein Paar kann drei- bis viermal im Jahr zur Brut schreiten und wird vom vorhergehenden Nachwuchs unterstützt. Bei der Suche nach Wirbellosen hüpfen sie am Boden umher, bleiben aber in der Nähe eines Gebüschs, in das sie sich bei Gefahr zurückziehen.

Steinhuscher *(oben)*

Lateinisch: *Origma solitaria*
Familie: Südsee-Grasmücken – Acanthizidae
Verbreitung: SO-Australien
Lebensraum: Sandsteinfelsen
Größe: 14 cm

Steinhuscher tragen ihren Namen, weil sie an den von ihnen bewohnten Sandsteinfelsen selbst an senkrechten Wänden emporklettern können. Einzeln oder in kleinen Gruppen fangen sie dabei Insekten und Spinnen. An der Decke von Höhlen oder unter die Überhänge in Felsspalten befestigen sie mit Spinnweben ein Hängenest.

Scharlachtrugschmätzer *(unten)*

Lateinisch: *Ephthianura tricolor*
Familie: Trugschmätzer – Ephthianuridae
Verbreitung: W- und Zentralaustralien
Lebensraum: Savannen, Buschland
Größe: 11–12 cm

Scharlachtrugschmätzer tragen ihren Namen wegen der roten Brust- und Kopffärbung der Männchen, die den Weibchen fehlt. Sie brüten in kleinen Kolonien, in denen sich die Nester in Büschen oder nahe am Boden in Grasbülten befinden. Nachdem die Jungen ausgeflogen sind, schließen sich die Vögel zu großen Schwärmen zusammen, die auf der Suche nach Insekten weiträumig durch die Gegend streifen.

Rotsteiß-Mistelfresser *(ganz oben)*

Lateinisch: *Dicaeum hirundinaceum*
Familie: Mistelfresser – Dicaeidae
Verbreitung: Australien
Lebensraum: Feuchte Wälder, Gebüsche
Größe: 10 cm

Die kleinen, kurzschwänzigen Vögel haben sich ganz auf die in Australien in vielen Arten vorkommenden Misteln spezialisiert. So ist ihre Zunge fast röhrenförmig, um Nektar aus Mistelblüten zu saugen. Zudem ist ihr Magen stark verkleinert, damit die Mistelbeeren zur schnellen Verdauung rasch in den Darm gelangen. Die Jungvögel werden aber anfangs mit Insekten gefüttert.

Fleckenpanthervogel *(oben rechts)*

Lateinisch: *Pardalotus punctatus*
Familie: Panthervögel – Pardalotidae
Verbreitung: O- und S-Australien
Lebensraum: Eukalyptuswälder
Größe: 8–10 cm

Panthervögel gehören zu den kleinsten australischen Vögeln. In Böschungen graben sie bis zu 60 cm tiefe Tunnel, an deren Ende sie ein kugelförmiges Nest bauen. Darin werden die vier Eier von beiden Partnern bebrütet. Bei der Nahrungssuche hält das Paar ständig Rufkontakt, was sich von Ferne wie der Ruf eines einzelnen Vogels anhört.

Weißbürzel-Honigfresser *(oben links)*

Lateinisch: *Lichenostomus penicillatus*
Familie: Honigfresser – Meliphagidae
Verbreitung: Australien
Lebensraum: Eukalyptuswälder, offenes Waldland, Parks, Gärten
Größe: 15–19 cm

Die überwiegend gelblich gefärbten Vögel haben eine charakteristische weiße Schmuckfeder hinter dem Auge. Weißbürzel-Honigfresser leben paarweise oder in kleinen Trupps und fressen neben Nektar auch Insekten. Das Nest ist napfförmig und wird in einem Baum errichtet.

Dreistreifen-Honigfresser *(oben links)*

Lateinisch: *Lichenostomus chrysops*
Familie: Honigfresser – Meliphagidae
Verbreitung: O- und SO-Australien
Lebensraum: Waldland
Größe: 15 cm

Honigfresser haben an der Zungenspitze kleine Borsten, mit denen sie beim Nektarsaugen auch die Pollen einsammeln können. Dreistreifen-Honigfresser bauen ihre Nester in Bäumen, doch werden die Gelege häufig ausgeraubt. Nachgelege werden dann meist höher im Baum und etwas entfernt vom ersten Versuch bebrütet.

Weißaugen-Honigfresser *(oben rechts)*

Lateinisch: *Phylidonyris novaehollandiae*
Familie: Honigfresser – Meliphagidae
Verbreitung: SW- und O-Australien, Tasmanien
Lebensraum: Waldland, Heiden
Größe: 17–19 cm

Bei ihren Blütenbesuchen bleibt meist etwas Blütenstaub an ihnen hängen, so dass sie eine Rolle bei der Blütenbestäubung spielen. Sie ernähren sich zusätzlich von Insekten und brüten in lockeren Kolonien, in denen aber der eigene Nestbereich gegen Artgenossen verteidigt wird. Das Brüten bleibt dem Weibchen überlassen, das Männchen beteiligt sich aber am Füttern der Jungen.

Spiegelkleiber *(ganz oben rechts)*

Lateinisch: *Neositta chrysoptera*
Familie: Spiegelkleiber – Neosittidae
Verbreitung: Australien
Lebensraum: Wälder, Gebüsche
Größe: 11 cm

Spiegelkleiber sind in Australien fast kontinentweit verbreitet, haben aber fünf ganz unterschiedlich gefärbte Unterarten ausgebildet. Sie können mit dem Kopf voran an Baumstämmen hinunterklettern und dabei Insekten und Spinnen aus der Borke picken. Unterstützt von Helfern brüten sie in einem in einer Astgabel gebauten Nest.

Feigenpirol *(unten links)*

Lateinisch: *Sphecotheres viridis*
Familie: Pirole – Oriolidae
Verbreitung: N- und O-Australien, S-Neuguinea, Timor
Lebensraum: Regenwälder, Parks, Gärten
Größe: 28 cm

Die bunt gefärbten Männchen haben stets einen nackten, roten Augenring; die Weibchen tragen dagegen ein schlicht bräunliches Gefieder. Feigenpirole brüten in kleinen Kolonien und gehen in der Regel in Gruppen von 20–40 Vögeln auf Nahrungssuche. Sie fressen neben Insekten vor allem Früchte, darunter bevorzugt Feigen.

Drosselstelze *(unten rechts)*

Lateinisch: *Grallina cyanoleuca*
Familie: Drosselstelzen – Grallinidae
Verbreitung: Australien
Lebensraum: Offenes Grasland, Weiden, Städte
Größe: 27 cm

Wie der Name andeutet, wirken sie von der Form her wie eine Drossel, erinnern aber mit ihrem schwarzweißen Gefieder an eine Bachstelze. Auf kurzem Gras suchen sie nach Insekten, Raupen und anderen Wirbellosen. Ihre Nester bauen sie aus Schlamm. Beim Bebrüten der 1–3 Eier wechseln sich beide Eltern ab. Ihr Brutrevier verteidigen sie heftig – auch gegen größere Vögel.

Drosselkrähe *(ganz unten)*

Lateinisch: *Corcorax melanorhamphus*
Familie: Drosselhäher – Corcoracidae
Verbreitung: Australien
Lebensraum: Offenes Waldland
Größe: 45 cm

Die schwarzen Vögel zeigen im Flug ein großes, weißes Flügelfeld. Sie suchen in kleinen Trupps am Waldboden nach Insekten und deren Larven, verzehren aber auch Körner. Das Nest besteht aus Schlamm und wird von drei oder mehr Vögeln gebaut. So ist es nicht ungewöhnlich, dass zwei Weibchen in ein einziges Nest legen, welches dann bis zu neun Eier enthalten kann.

Weißbürzel-Würgerkrähe *(oben links)*

Lateinisch: *Strepera graculina*
Familie: Würgerkrähen – Cracticidae
Verbreitung: O-Australien
Lebensraum: Waldland, Vorstädte
Größe: 44–51 cm

Zur Brutzeit leben diese Vögel paarweise oder in kleinen Gruppen, im Winter bilden sie dagegen größere Trupps, verlassen die höher gelegenen Regionen und dringen auch in die Vorstädte ein. Die Nahrung ist vielseitig und umfasst neben vielen Kleintieren auch Beeren. Beutetiere werden gelegentlich in Astgabeln oder Felsspalten gelagert und je nach Bedarf gefressen.

Mangrovewürgatzel *(oben rechts)*

Lateinisch: *Cracticus quoyi*
Familie: Würgerkrähen – Cracticidae
Verbreitung: Neuguinea, N-Australien
Lebensraum: Tropischer Regenwald, Mangroven
Größe: 42–44 cm

Die großen Würgerkrähen sind einfarbig schwarz befiedert, nur die Jungvögel sind braun gefärbt. Mit ihrem sehr kräftigen Schnabel erbeuten sie kleine Vögel und ihre Eier, große Insekten, Krebse, kleine Reptilien sowie Frösche und Früchte. Die 2–3 Eier werden in einem Baumnest vom Männchen und Weibchen bebrütet.

Flötenvogel *(unten)*

Lateinisch: *Gymnorhina tibicen*
Familie: Würgerkrähen – Cracticidae
Verbreitung: Australien, S-Neuguinea;
eingeführt in Neuseeland
Lebensraum: Wald-, Gras- und Farmland, Gärten, Städte
Größe: 40 cm

Die schwarzweißen Vögel haben erfolgreich die Kulturlandschaft besiedelt und selbst aus Städten ist ihr jubilierender Gesang nicht mehr wegzudenken. Sie leben in Gruppen, die ein gemeinsames Brut- und Nahrungsrevier verteidigen, das hohe Bäume und offene Flächen beinhaltet. Auf der Speiseliste stehen Würmer, Käfer und Ameisen, doch werden auch andere Kleintiere und Aas verzehrt.

Königsparadiesvogel *(oben links)*

Lateinisch: *Cicinnurus regius*
Familie: Paradiesvögel – Paradisaeidae
Verbreitung: Neuguinea
Lebensraum: Regenwälder
Größe: 16 cm

Wie bei allen Paradiesvögeln tragen die Männchen der kleinsten Art ein prächtiges Federkleid, während die Weibchen schlicht braun gefärbt sind. Bei der Balz sträuben die Männchen ihr Gefieder bis sie eine Kugelform erreicht haben, außerdem stellen sie die ungewöhnlich geformten Schwanzfedern auf. Nestbau, Brut und Jungenaufzucht obliegen dem Weibchen.

Kleiner Paradiesvogel *(ganz oben rechts)*

Lateinisch: *Paradisaea minor*
Familie: Paradiesvögel – Paradisaeidae
Verbreitung: N-Neuguinea
Lebensraum: Regenwälder
Größe: 30 cm

Das Körpergefieder von Männchen und Weibchen sieht sich sehr ähnlich, doch haben die Männchen zusätzlich ein buschiges, weißgelbes Schmuckgefieder. Dieses stellen sie bei der Gruppenbalz zur Schau. Nach der Paarung überlassen sie den Weibchen das Brutgeschäft. Diese tun sich zusammen und ziehen die Jungen in Gruppen auf.

Hüttengärtner *(oben Mitte)*

Lateinisch: *Amblyornis inornatus*
Familie: Laubenvögel – Ptilonorhynchidae
Verbreitung: W-Neuguinea
Lebensraum: Regenwälder
Größe: 25 cm

Die braun befiederten Hüttengärtner fallen vor allem durch ihre aufwändig gebaute Laube auf. Aus Zweigen und Stöckchen errichten sie diese in Form eines Indianerzelts, legen sie mit Moos, roten Beeren und silbrigen Schneckenhäusern aus und locken darin mit Rufen das Weibchen an. Dieses brütet später allein in einem kleinen Nest abseits der Laube.

Seidenlaubenvogel *(oben)*

Lateinisch:	*Ptilonorhynchus violaceus*
Familie:	Laubenvögel – Ptilonorhynchidae
Verbreitung:	O-Australien
Lebensraum:	Regenwälder
Größe:	30 cm

Die von den blau schillernden Männchen gebaute Laube hat die Form zweier Wände und dient ausschließlich der Balz. Mit blauen Teilen aller Art (auch Plastikstückchen) versucht das Männchen, die Attraktivität seines Bauwerks zu steigern. Das grünliche Weibchen erledigt das Brutgeschäft allein und zieht in einem Baumnest 1–3 Jungvögel auf. Seidenlaubenvögel ernähren sich sowohl von Früchten als auch von Insekten.

Graulaubenvogel *(rechts)*

Lateinisch:	*Chlamydera nuchalis*
Familie:	Laubenvögel – Ptilonorhynchidae
Verbreitung:	N-Australien
Lebensraum:	Flussufer, offene Wälder, Vorstädte
Größe:	36 cm

Die Laube der größten Laubenvögel besteht aus einer Plattform von Zweigen, in die zwei parallele Reihen von Stöckchen gesteckt werden. Ausgelegt wird sie mit weißen Schneckenhäusern und Steinchen sowie ausgebleichten Knochen. Die Geschlechter sind ähnlich gefärbt, doch tragen die Männchen violette Schmuckfedern im Nacken. Gefressen werden verschiedene Früchte und Insekten.

Weberstar *(ganz oben)*

Lateinisch: *Aplonis metallica*
Familie: Stare – Sturnidae
Verbreitung: Molukken, Neuguinea, N-Australien
Lebensraum: Wälder, Mangroven
Größe: 21–24 cm

Die Männchen erinnern mit ihrem metallisch schimmernden Gefieder an Glanzstare, die Weibchen sind dagegen matter und unterseits hell gefärbt. Ihren Namen tragen die Stare, weil sie wie Webervögel in Kolonien brüten, in denen sich hunderte von hängenden Nestern in einem Baum befinden. Sie nehmen vorwiegend Früchte und Insekten zu sich.

Finkenschnabelstar *(oben links)*

Lateinisch: *Scissirostrum dubium*
Familie: Stare – Sturnidae
Verbreitung: Sulawesi
Lebensraum: Offenes Waldland
Größe: 20 cm

Die grau befiederten Stare tragen einen sehr kräftigen, gelben Schnabel, der ihnen unter anderem dazu dient, in morsche Baumstämme eine Nisthöhle zu hämmern. Ebenso wie Spechte haben sie eine besonders stark ausgeprägte Kopf- und Halsmuskulatur. Meist bauen gleich mehrere Paare ihre Höhlen in einen Baum. Auch bei der Suche nach Früchten und Nektar sind sie sehr gesellig.

Binsenastrild *(oben rechts)*

Lateinisch: *Neochmia ruficauda*
Familie: Prachtfinken – Estrildidae
Verbreitung: N-Australien
Lebensraum: Grasland mit Gewässern
Größe: 11 cm

Der Bestand der Binsenastrilde wird zwar noch auf 200 000 Vögel geschätzt, doch hat die starke Beweidung ihres Lebensraums zu einem erheblichen Rückgang geführt. Heute fehlt vielerorts das als Deckung notwendige Gras; zudem gibt es nicht genügend Grassamen als Nahrung. Die Männchen sind an der ausgedehnteren Rotfärbung des Gesichts zu erkennen.

Dreifarben-Papageiamadine *(oben)*

Lateinisch: *Erythrura trichroa*
Familie: Prachtfinken – Estrildidae
Verbreitung: NO-Australien, Neuguinea, Indonesien, Mikronesien
Lebensraum: Regenwälder
Größe: 12 cm

Die blau-grün-rot befiederten Vögel geben sich mit ihrem dicken Schnabel als Körnerfresser zu erkennen. Sie sammeln diese in Büschen und Bäumen des Waldes, die die Vögel truppweise durchkämmen. Nachdem sie ein birnenförmiges Nest gebaut haben, teilen sich beide Altvögel das Bebrüten der vier Eier und ebenso das anschließende Füttern der Jungvögel.

Spitzschwanzamadine *(Mitte)*

Lateinisch: *Poephila acuticauda*
Familie: Prachtfinken – Estrildidae
Verbreitung: N-Australien
Lebensraum: Savannen, trockene Steppen
Größe: 17 cm

Die durch ihre Schwanzspieße eigentlich zierlichen Prachtfinken fallen durch ihre mächtigen Schnäbel auf, die je nach Unterart entweder gelb oder rot gefärbt sind. Sie brüten meist in Bäumen, wo diese fehlen auch in Büschen oder sogar im dichten Gras. Zwar halten sich Spitzschwanzamadinen vorwiegend in Gruppen auf, doch halten die Paare innerhalb der Gruppen eng zusammen.

Zebrafink *(unten)*

Lateinisch: *Taeniopygia guttata*
Familie: Prachtfinken – Estrildidae
Verbreitung: Australien, Kleine Sundainseln
Lebensraum: Grasland
Größe: 10 cm

Zebrafinken sind nicht nur häufige Käfigvögel, sondern besiedeln auch weite Teile Australiens in großer Zahl. Truppweise suchen sie am Boden nach Grassamen. Auch beim Brüten sind sie gesellig und bilden Kolonien. In trockenen Gebieten setzt ihr Brutgeschäft spontan nach Regenfällen ein, anderswo muss zumindest ein ausreichendes Nahrungsangebot für die Aufzucht vorhanden sein.

Antarktis und subantarktische Inseln

Pinguine und Albatrosse sind die bekanntesten, aber auch fast die einzigen Vögel, die die größtenteils von Eis bedeckte Landmasse am Südpol sowie die umgebenden Ozeane bewohnen. Ein großer Nahrungsreichtum unter Wasser mit dem massenhaft vorkommenden Krebstier Krill macht das Leben auch in dieser scheinbar so unwirtlichen Gegend für 43 Brutvogelarten möglich.

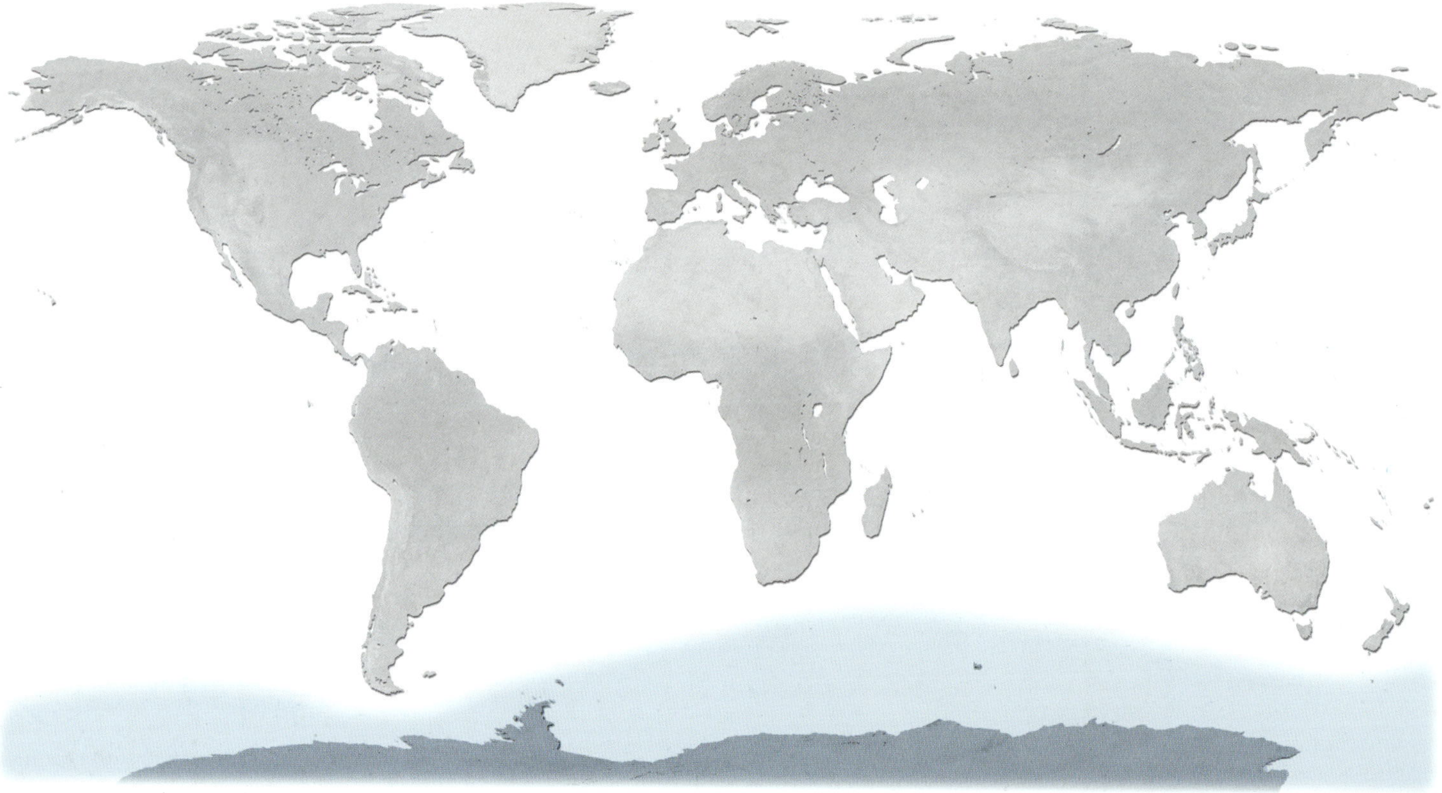

Königspinguin *(links und oben)*

Lateinisch: *Aptenodytes patagonicus*
Familie: Pinguine – Spheniscidae
Verbreitung: Subantarktische Inseln, Falklandinseln
Lebensraum: Strände, Ozeane
Größe: 95 cm

Königspinguine erkennt man am langen, teils rötlichen Schnabel, dem orangefarbenen Kragen und der rötlichen Brust. Ihre großen Brutkolonien befinden sich an flachen, leicht von See her zugänglichen Stränden. Innerhalb von drei Jahren brütet ein Paar zweimal und zieht dabei jeweils einen Jungvogel auf. Die meiste Zeit verbringen Königspinguine im Meer, wo sie beim Tauchen nach Fischen und Tintenfischen eine Tiefe von bis zu 240 m erreichen.

Kaiserpinguin *(unten und rechte Seite links)*

Lateinisch: *Aptenodytes forsteri*
Familie: Pinguine – Spheniscidae
Verbreitung: Antarktis
Lebensraum: Packeis, Ozeane
Größe: 115 cm

Die größte Pinguinart hat eine gelbliche Brust und einen rötlichen Nacken. In riesigen Kolonien brüten Kaiserpinguine auf dem Packeis. Während das Männchen 60 Tage lang das einzige Ei in einer Hautfalte warm hält und dabei fast die Hälfte des Körpergewichts verliert, gehen die Weibchen im Meer auf Nahrungssuche nach Fisch. Nach dem Schlüpfen des Jungvogels kommen die Weibchen zum Füttern, während die Männchen weit über das Eis zum Meer wandern müssen.

Eselspinguin *(rechte Seite oben rechts)*

Lateinisch: *Pygoscelis papua*
Familie: Pinguine – Spheniscidae
Verbreitung: Antarktis, subantarktische Inseln
Lebensraum: Felsküsten, Ozeane
Größe: 76–81 cm

Die kleinen Eselspinguine haben einen dicken, rötlichen Schnabel und einen weißen Fleck über dem Auge. Die Brutpaare verteilen sich auf viele kleinere Kolonien. Das Gelege besteht aus zwei Eiern und wird von beiden Altvögeln bebrütet. Die Brutvögel der Antarktischen Halbinsel ernähren sich größtenteils von Krill, weiter nördlich werden Fische und Krebstiere gefressen.

Adeliepinguin *(Mitte rechts)*

Lateinisch: *Pygoscelis adeliae*
Familie: Pinguine – Spheniscidae
Verbreitung: Antarktis
Lebensraum: Felsküsten, Ozeane
Größe: 71 cm

Die am schwarzen Kopf, weißen Augenring und kleinen Schnabel erkennbaren Adeliepinguine suchen zum Brüten die wenigen Strände mit freiem Zugang zum Wasser auf. Bei der Brut lösen sich die beiden Geschlechter ab. Nach dem Schlüpfen schaffen die Altvögel Krill und Fisch als Nahrung heran, in ihrer Abwesenheit versammeln sich die Jungen verschiedener Paare zu dichten „Schulen".

Kehlstreifpinguin *(unten rechts)*

Lateinisch: *Pygoscelis antarctica*
Familie: Pinguine – Spheniscidae
Verbreitung: Antarktis, subantarktische Inseln
Lebensraum: Felsküsten, Ozeane
Größe: 68–77 cm

Die mit 6,5 Millionen Paaren sehr häufige Pinguinart ist am weißen Gesicht mit schwarzem Kehlstreif zu erkennen. Bei der Nahrungssuche bleiben Kehlstreifpinguine meist in der Nähe der Küste, wo sie nach Krill tauchen. Die Art profitiert derzeit von einer Zunahme ihrer Nahrung, da Nahrungskonkurrenten wie Wale stark dezimiert wurden. Gebrütet wird an eisfreien, steinigen Stränden.

Felsenpinguin *(oben links)*

Lateinisch:	*Eudyptes chrysocome*
Familie:	Pinguine – Spheniscidae
Verbreitung:	Subantarktische Inseln, S-Südamerika
Lebensraum:	Felsküsten, Ozeane
Größe:	55–62 cm

Die kleinen Felsenpinguine haben einen schwarzen Kopf, roten Schnabel und goldgelbe Federbüschel über den Augen. Sie brüten in großen Kolonien an steilen Felsküsten, an denen sie etagenweise hochspringen. Für die beiden Eier bauen die Altvögel ein Nest aus Gras, Steinen und Knochen. Zur Nahrungssuche (Fische, Tintenfische, Krebstiere) schwimmen sie weit auf das Meer hinaus.

Goldschopfpinguin *(ganz oben rechts)*

Lateinisch:	*Eudyptes chrysolophus*
Familie:	Pinguine – Spheniscidae
Verbreitung:	Antarktische Halbinsel, subantarktische Inseln, S-Südamerika
Lebensraum:	Felsküsten, Ozeane
Größe:	70–71 cm

Ein schwarzer Kopf, ein dicker roter Schnabel und goldgelbe Federbüschel über den Augen kennzeichnen die mit 11,7 Millionen Paaren häufigste Pinguinart. Zu den oftmals riesigen Brutkolonien, die sich nahe der Küste an Gletschermoränen oder auf erkalteten Lavaströmen befinden, bewegen sich Goldschopfpinguine hüpfend fort. Sie tauchen nach Krebstieren und Fischen in 20–80 m.

Haubenpinguin *(oben rechts)*

Lateinisch:	*Eudyptes schlegeli*
Familie:	Pinguine – Spheniscidae
Verbreitung:	Macquarie-Inseln
Lebensraum:	Grasland, Ozeane
Größe:	73–76 cm

Der Haubenpinguin hat ein weißes Gesicht, einen kräftigen roten Schnabel sowie goldgelbe Federbüschel über den Augen. Trotz des nur sehr punktuellen Vorkommens auf einer kleinen Inselgruppe gibt es 850 000 Paare in 57 Kolonien. Noch vor hundert Jahren war die Situation für diese Art dramatisch, da sie zur Ölgewinnung massenhaft abgeschlachtet wurde.

Graukopfalbatros *(oben)*

Lateinisch: *Diomedea chrysostoma*
Familie: Albatrosse – Diomedeidae
Verbreitung: Subantarktische Inseln, südliche Ozeane
Lebensraum: Ozeane, steile Hänge, Klippen
Größe: 81 cm

Mit 500 000 Vögeln gehören die grauköpfigen Albatrosse zu den häufigsten Arten ihrer Familie. Sie brüten in großen Kolonien, die bis zu 10 000 Paare umfassen. Sie bevorzugen dabei steile Hänge und Klippen, um den Aufwind zum Starten zu nutzen. Weniger als andere Albatrosse folgen sie Fischerbooten, denn Tintenfische und Fische fangen sie selbst an der Wasseroberfläche.

Wanderalbatros *(unten links)*

Lateinisch: *Diomedea exulans*
Familie: Albatrosse – Diomedeidae
Verbreitung: Subantarktische Inseln, südliche Ozeane
Lebensraum: Ozeane, karge Hänge
Größe: 107–135 cm

Die überwiegend weiße, nur an den Flügeln teils schwarz gefärbte Art bringt es auf eine Flügelspannweite von 2,5–3,5 m und ist damit einer der größten Vögel überhaupt. Erst im Alter von 9–11 Jahren erscheinen sie erstmals in Brutkolonien, wo das einzige Ei fast drei Monate lang bebrütet wird. Jungvögel werden erst nach 278 Tagen flügge, doch werden sie dann meist 30–40 Jahre alt.

Schwarzbrauenalbatros *(unten rechts)*

Lateinisch: *Diomedea melanophris*
Familie: Albatrosse – Diomedeidae
Verbreitung: Subantarktische Inseln, S-Südamerika, südliche Ozeane
Lebensraum: Ozeane, steile Hänge
Größe: 83–93 cm

Der weiße Körper, fast ganz schwarze Flügel und ein gelber Schnabel kennzeichnen die mit 2,4 Millionen Vögeln häufigste Albatrosart. Nahrungsflüge können über tausende von Kilometern führen, doch sind sie auch nahe der Küste zu sehen. Krill und Fisch wird meist an der Wasseroberfläche oder tauchend gefangen, doch schmarotzen sie auch bei Kormoranen und Meeressäugern oder fressen Fischereiabfälle.

Graumantel-Rußalbatros *(linke Seite oben)*

Lateinisch: *Phoebetria palpebrata*
Familie: Albatrosse – Diomedeidae
Verbreitung: Subantarktische Inseln, südliche Ozeane
Lebensraum: Ozeane, steile Hänge
Größe: 78–79 cm

Der graue Rücken kennzeichnet die ansonsten schwarzbraun befiederten Albatrosse. Sie sind überwiegend nachts aktiv, weil dann ihre wichtigsten Beutetiere (Tintenfische, Krill) näher an die Wasseroberfläche kommen. Die Brut findet einzeln oder in lockeren Kolonien statt. In einem Nest aus Schlamm und Pflanzen wird ein Ei ausgebrütet.

Rußalbatros *(linke Seite links)*

Lateinisch: *Phoebetria fusca*
Familie: Albatrosse – Diomedeidae
Verbreitung: Südlicher Atlantik, südlicher Indischer Ozean
Lebensraum: Ozeane, steile Hänge
Größe: 84–89 cm

Die etwa 100 000 Vögel dieser schwarzbraunen Art verteilen sich auf lockere Kolonien auf wenigen Inseln. Dort brüten sie ab einem Alter von 9–15 Jahren nur alle zwei Jahre mit jeweils nur einem Jungvogel. Die Nahrung besteht größtenteils aus Tintenfischen, aber auch aus Fisch und im Wasser treibendem Aas (z. B. Pinguine, Meeressäuger). Hinter Fischkuttern werden Abfälle erbeutet.

Taubensturmvogel *(linke Seite Mitte)*

Lateinisch: *Pachyptila desolata*
Familie: Sturmvögel – Procellariidae
Verbreitung: Subantarktische Inseln
Lebensraum: Steinige Hänge, Ozeane
Größe: 25–27 cm

Taubensturmvögel haben eine weiße Unterseite und eine graublaue Oberseite mit einem schwarzen Flügelband. Sie gehören zu den häufigsten Seevögeln der Welt, allein auf Südgeorgien brüten 22 Millionen Paare in Felshöhlungen, Klippen oder auf Geröllhalden. Den größten Teil ihres Lebens verbringen sie aber auf hoher See, wo sie die Wasseroberfläche nach Krebstieren absuchen.

Schneesturmvogel *(linke Seite unten)*

Lateinisch: *Pagodroma nivea*
Familie: Sturmvögel – Procellariidae
Verbreitung: Antarktis, subantarktische Inseln
Lebensraum: Felsküsten, Packeis
Größe: 30–40 cm

Diese schneeweißen Vögel meiden die offene See und halten sich in der Nähe von Packeis auf. Dort ernähren sie sich von Krill, Fisch, Aas und Nachgeburten von Meeressäugern. Anstatt zu schwimmen, rasten Schneesturmvögel lieber auf Eisbergen oder Eisschollen. Zum Brüten sammeln sie sich in Kolonien an steilen Felswänden, die bis zu 325 km landeinwärts liegen können.

Kapsturmvogel *(oben)*

Lateinisch: *Daption capense*
Familie: Sturmvögel – Procellariidae
Verbreitung: Antarktis, subantarktische Inseln, südliche Ozeane
Lebensraum: Felsküsten, Ozeane
Größe: 38–40 cm

Diese schwarzweiß gescheckte Seevogelart kommt meist truppweise vor, z. B. hinter Fischtrawlern oder in Gebieten mit viel Nahrung – oft zusammen mit anderen Seevögeln und Walen. Brutkolonien befinden sich oft an steilen Felswänden, wo die Paare ihr einziges Ei in Felsspalten oder zwischen Steinen bebrüten. Im Alter von sechs Jahren kehren die Jungen zum Brüten zurück.

Riesensturmvogel *(unten)*

Lateinisch: *Macronectes giganteus*
Familie: Sturmvögel – Procellariidae
Verbreitung: Antarktis, subantarktische Inseln, S-Südamerika
Lebensraum: Offene Küstenlandschaften, Ozeane
Größe: 86–99 cm

Riesensturmvögel sind fast so groß wie Albatrosse und kommen in einer graubraunen und einer selteneren weißen Variante vor. Neben Fischen und Krebstieren fressen sie tote Vögel (Pinguine, Sturmtaucher usw.) und an Land gespülte Wale und Robben, deren Körper sie mit ihren kräftigen Schnäbeln aufbrechen können. Gebrütet wird in lockeren Kolonien von bis zu 300 Paaren.

Weißkinn-Sturmvogel *(Mitte)*

Lateinisch: *Procellaria aequinoctialis*
Familie: Sturmvögel – Procellariidae
Verbreitung: Subantarktische Inseln, S-Südamerika
Lebensraum: Bewachsene Hänge, Ozeane
Größe: 51–58 cm

Diese überwiegend braunen Sturmvögel sind in den subantarktischen Gewässern weit verbreitet. Sie halten sich gern in Auftriebsgebieten von Meeresströmungen auf. Tintenfische stellen die Hauptnahrung, doch werden auch nahezu alle anderen kleineren Meerestiere gefressen. Weißkinn-Sturmvögel sind Koloniebrüter, die Eier werden in Erdhöhlen gelegt.

Buntfuß-Sturmschwalbe *(oben links)*

Lateinisch: *Oceanites oceanicus*
Familie: Sturmschwalben – Hydrobatidae
Verbreitung: Antarktis, subantarktische Inseln, S-Südamerika, Ozeane
Lebensraum: Felsküsten, Ozeane
Größe: 15–19 cm

Der kleine, dunkelbraune Seevogel mit weißem Bürzel und langen Beinen kommt in fast allen Meeresgebieten vor und gehört zu den häufigsten marinen Vogelarten. Trotz der sehr weit südlichen Brutgebiete gelangen die Vögel bis in den Nordatlantik. Im Flatterflug picken sie Plankton jeglicher Art von der Wasseroberfläche auf. Gebrütet wird in Felsspalten.

Lummensturmvogel *(oben rechts)*

Lateinisch: *Pelecanoides urinatrix*
Familie: Lummensturmvögel – Pelecanoididae
Verbreitung: Inseln der südlichen Ozeane, Neuseeland
Lebensraum: Steile Hänge, Ozeane
Größe: 20–25 cm

Lummensturmvögel haben ihren Namen von ihrer Gestalt, Färbung und Flugweise, die sehr an kleine Alkenarten der Nordhalbkugel erinnern. Ihre Nahrung besteht größtenteils aus verschiedenen Krebstierchen, die sie schwimmend oder tauchend erbeuten. Brutkolonien können eine hohe Dichte von Erdhöhlen aufweisen. Für Seevögel ist ihre Lebenserwartung von 3–5 Jahren nur gering.

RUDERFÜSSER

Antarktikscharbe *(unten)*

Lateinisch: *Phalacrocorax bransfieldensis*
Familie: Kormorane – Phalacrocoracidae
Verbreitung: Antarktische Halbinsel
Lebensraum: Felsküsten, Packeis
Größe: 75–77 cm

Wie einige ähnliche Arten, die auf den subantarktischen Inseln brüten, haben Antarktiskormorane einen weißen Bauch und eine schwarze Oberseite mit kleiner Federhaube. Die dicht besiedelten Brutkolonien befinden sich oft in der Nähe von Pinguinen. Die mehrjährig benutzten Nester werden aus Tang und Grashalmen gebaut und mit dem eigenen Kot zementiert.

Weißgesicht-Scheidenschnabel *(oben)*

Lateinisch: *Chionis alba*
Familie: Scheidenschnäbel – Chionididae
Verbreitung: Antarktische Halbinsel; im Winter S-Südamerika
Lebensraum: Felsküsten, Strände
Größe: 34–41 cm

Die durch weißes Gefieder und einen starken Schnabel gekennzeichneten Scheidenschnäbel halten sich in Kolonien von Pinguinen und Robben auf. Dort fressen sie jede erdenkliche Art von Abfall und Aas, nehmen Pinguinen die Beute ab und töten sogar deren Jungvögel. Nach der Brutzeit verlassen viele die Antarktis und ziehen zum Überwintern an die Küsten Südamerikas.

Antarktikskua *(unten rechts)*

Lateinisch: *Catharacta maccormicki*
Familie: Raubmöwen – Stercorariidae
Verbreitung: Antarktis, nördliche Ozeane
Lebensraum: Küsten, Ozeane
Größe: 50–55 cm

Die kräftigen, hellbraun gefärbten Antarktikskuas brüten oft in der Nähe von Pinguinkolonien, wo sie deren Eier und Jungvögel erbeuten. Ihre Hauptnahrung besteht aber aus Fisch. Ab November werden zwei Eier bebrütet, aus denen nach 30 Tagen die Jungen schlüpfen. Ist die Brutzeit beendet, beginnen sie ihre langen Ozeanflüge, die sie bis nach Grönland und Alaska führen.

Antarktikseeschwalbe *(unten links)*

Lateinisch: *Sterna vittata*
Familie: Seeschwalben – Sternidae
Verbreitung: Antarktische Halbinsel, subantarktische Inseln; im Winter S-Südamerika, S-Afrika
Lebensraum: Felsige Strände, Küstengewässer
Größe: 35–40 cm

Mit ihrem grauweißen Gefieder, der schwarzen Kopfkappe und dem spitzen, roten Schnabel ähneln Antarktikseeschwalben den Küstenseeschwalben, die auf der Nordhalbkugel brüten und rund um die Antarktis überwintern. Antarktikseeschwalben nisten in kleinen Kolonien in der Nähe anderer Seevögel und fangen in den nahe gelegenen Küstengewässern kleine Fische.

Register

A

B

C

Q

R

S